"十二五"职业教育国家规划教材

经全国职业教育教材审定委员会审定

住房城乡建设部土建类学科专业"十三五"规划教材

住房和城乡建设部中等职业教育建筑施工与建筑装饰专业指导委员会规划推荐教材

建筑装饰施工图识读
（第二版）

（建筑装饰专业）

上海市建筑工程学校　组织编写

王　萧　主　编

中国建筑工业出版社

图书在版编目（CIP）数据

建筑装饰施工图识读 / 上海市建筑工程学校组织编写；王萧主编 .—2 版 .—北京：中国建筑工业出版社，2020.8（2025.2 重印）

"十二五"职业教育国家规划教材　经全国职业教育教材审定委员会审定　住房城乡建设部土建类学科专业"十三五"规划教材　住房和城乡建设部中等职业教育建筑施工与建筑装饰专业指导委员会规划推荐教材（建筑装饰专业）

ISBN 978-7-112-25369-2

Ⅰ.①建⋯　Ⅱ.①上⋯②王⋯　Ⅲ.①建筑装饰—工程施工—建筑制图—识图—中等专业学校—教材　Ⅳ.① TU767

中国版本图书馆 CIP 数据核字（2020）第 151898 号

教材内容包括现场踏勘与测绘、调查研究、建筑装饰施工图识读和建筑装饰施工图绘制四个学习项目。教材内容的选取紧紧围绕完成工作任务的需要循序渐进，通过任务引领活动来组织编写，倡导学生在实践中体验与感悟并掌握相关技能，使学生认识建筑装饰施工图手工绘图、CAD 与建筑制图的技能在建筑装饰专业中的重要地位，以实现专业课程学习过程与实际岗位工作过程的有效对接。

为便于教学和提高学习效果，本书作者制作了教学课件，索取方式为：1. 邮箱：jckj@cabp.com.cn；2. 电话：（010）58337285；3. 建工书院：http：//edu.cabplink.com；4. 交流 QQ 群 796494830。

责任编辑：刘平平　李　阳　杨　琪
责任校对：姜小莲

"十二五"职业教育国家规划教材
经全国职业教育教材审定委员会审定
住房城乡建设部土建类学科专业"十三五"规划教材
住房和城乡建设部中等职业教育建筑施工与建筑装饰专业指导委员会规划推荐教材

建筑装饰施工图识读（第二版）
（建筑装饰专业）
上海市建筑工程学校　组织编写
王　萧　主　编
＊
中国建筑工业出版社出版、发行（北京海淀三里河路 9 号）
各地新华书店、建筑书店经销
北京京点图文设计有限公司制版
北京市密东印刷有限公司印刷
＊
开本：787 毫米 ×1092 毫米　1/16　印张：19½　字数：425 千字
2020 年 10 月第二版　2025 年 2 月第十次印刷
定价：**68.00** 元（赠教师课件、含配套图集）
ISBN 978-7-112-25369-2
（36078）

主　任：诸葛棠

副主任：（按姓氏笔画排序）

姚谨英　黄民权　廖春洪

秘　书：周学军

委　员：（按姓氏笔画排序）

于明桂　王　萧　王永康　王守剑　王芷兰　王灵云

王昌辉　王政伟　王崇梅　王雁荣　付新建　白丽红

朱　平　任萍萍　庄琦怡　刘　英　刘　怡　刘兆煌

刘晓燕　孙　敏　严　敏　巫　涛　李　淮　李雪青

杨建华　何　方　张　强　张齐欣　欧阳丽晖　金　煜

郑庆波　赵崇晖　姚晓霞　聂　伟　钱正海　徐永迫

郭秋生　崔东方　彭江林　蒋　翔　韩　琳　景月玲

曾学真　谢　东　谢　洪　蔡胜红　黎　林

序言 ◆◆
Preface

　　住房和城乡建设部中等职业教育专业指导委员会是在全国住房和城乡建设职业教育教学指导委员会、住房和城乡建设部人事司的领导下，指导住房城乡建设类中等职业教育（包括普通中专、成人中专、职业高中、技工学校等）的专业建设和人才培养的专家机构。其主要任务是：研究建设类中等职业教育的专业发展方向、专业设置和教育教学改革；组织制定并及时修订专业培养目标、专业教育标准、专业培养方案、技能培养方案，组织编制有关课程和教学环节的教学大纲；研究制订教材建设规划，组织教材编写和评选工作，开展教材的评价和评优工作；研究制订专业教育评估标准、专业教育评估程序与办法，协调、配合专业教育评估工作的开展等。

　　本套教材是由住房和城乡建设部中等职业教育建筑施工与建筑装饰专业指导委员会（以下简称专指委）组织编写的。该套教材是根据教育部2014年7月公布的《中等职业学校建筑工程施工专业教学标准（试行）》《中等职业学校建筑装饰专业教学标准（试行）》编写的。专指委的委员专家参与了专业教学标准和课程标准的制定，并将教学改革的理念融入教材的编写，使本套教材能体现最新的教学标准和课程标准的精神。教材编写体现了理论实践一体化教学和做中学、做中教的职业教育教学特色。教材中采用了最新的规范、标准、规程，体现了先进性、通用性、实用性的原则。本套教材中的大部分教材，经全国职业教育教材审定委员会的审定，被评为"十二五"职业教育国家规划教材。

　　教学改革是一个不断深化的过程，教材建设是一个不断推陈出新的过程，需要在教学实践中不断完善，希望本套教材能对进一步开展中等职业教育的教学改革发挥积极的推动作用。

住房和城乡建设部中等职业教育建筑施工与建筑装饰专业指导委员会

2015年6月

本教材按照《建筑装饰专业教学标准》并结合教学实际、岗位需求对教材内容进行了梳理，同时，按照国家最新标准规范更新了教材涉及的建筑装饰装修项目施工图设计文件中的编制规范、设计说明等有关内容。其次，对项目3任务2、项目3任务3、项目4任务2、项目4任务5中建筑装饰施工图识读、绘制中部分图例及相应的文字描述进行了更新。最后，对项目1任务5、项目2任务1、项目3任务2、项目3任务3中建筑装饰材料、建筑装饰装修施工现场、建筑装饰空间环境等照片，以及教材配套图纸中的建筑装饰装修设计及施工说明进行了调整和更新。

本教材由上海市建筑工程学校的王萧、卞洁、马平、钱铮、朱婷和广州市建筑工程职业学校的王芷兰、贵州省建设学校的杨贵娇等老师，以及上海市建筑装饰工程集团有限公司设计二所所长、室内设计师魏伟共同编写。其中马平、钱铮、王芷兰也是学校从企业引进的教师，有丰富的项目实践经验，使教材不仅符合教学规律也贴近项目实际。

本教材修订分工如下：

本教材共有四个项目。项目1中，任务1、任务2由卞洁修订，任务3由王萧、卞洁共同修订，任务4、任务5由马平修订；项目2中，任务1由卞洁修订，任务2、任务4由钱铮、朱婷修订，任务3由王萧、魏伟修订；项目3中，任务1由杨贵娇修订，任务2由王芷兰修订，任务3由马平修订；项目4中，任务1、任务3由杨贵娇修订，任务2由王芷兰修订，任务4由王萧、魏伟修订，任务5由马平修订。配套图纸主要由魏伟修订。

本教材由魏伟、王萧进行审校。

本教材立足于建筑装饰专业《建筑装饰施工图识读》课程的课堂与实践教学环节，通过系统的施工图识读实践与技能训练，着重培养学生独立完成居住建筑装饰施工图、小型公共建筑装饰施工图识读，并初步具备建筑装饰施工图绘制的能力，具备室内装饰设计员（四级）、室内装饰装修质量检验员、建筑模型设计制作员的基本职业能力，并为本专业的后续学习奠定基础，满足学生职业生涯发展的需求。

教材内容包括现场踏勘与测绘、调查研究、建筑装饰施工图识读和建筑装饰施工图绘制等四个学习项目。教材内容的选取紧紧围绕完成工作任务的需要循序渐进，通过任务引领活动来组织编写，倡导学生在实践中体验与感悟并掌握相关技能，使学生认识建筑装饰施工图手工绘图、CAD与建筑制图的技能在建筑装饰专业中的重要地位。以实现专业课程学习过程与实际岗位工作过程有效对接。本教材体现以下特点：

（1）以行业专家对建筑装饰专业所涵盖的岗位群进行工作任务和职业能力分析为基础，参照室内装饰设计员（四级）、室内装饰装修质量检验员、建筑模型设计制作员的国家职业资格考核要求，以本课程标准为依据进行编写。

（2）教材充分体现任务引领、实践导向的课程设计思想，以完成任务的典型活动项目来驱动，通过现场踏勘与测绘、调查研究、施工图识读、施工图绘制等一系列理论与实践一体化的技能训练活动组织编写，让学生在各种活动中进行自主探究式的学习和实践，根据工作任务的需求，引入必需的理论知识，在完成工作任务的过程中掌握室内装饰设计员（四级）、室内装饰装修质量检验员、建筑模型设计制作员应具备的职业能力。

（3）以学生为本，以实践性、实用性内容为主，避免把职业能力简单理解为纯粹的技能操作，力求文字描述深入浅出、内容展现图文并茂，寓教于活动，循序渐进。

（4）教材体现先进性，立足于本行业的发展现状，将本专业领域的发展趋势以及业务操作中的新知识、新技术和新方法及时地纳入其中，使教材更贴近本行业的发展和实际需要。

（5）教材中的教学活动设计具有可操作性、启发性、趣味性和指导性，也为教师留有根据实际教学情况进行调整和创新的空间。

（6）为了使教材内容更贴近实际工作岗位对知识与技能的要求，在教材编制时精心选用了两套较为典型的建筑装饰装修工程项目的施工图作为教材配套图纸，并以实际工作中施工图设计文件编制的样式呈现，同时，在教材编写时充分结合这两套项目图纸的内容展开教学活动、实施教学任务，使教材编写更具有针对性、有效性。

书中绝大部分照片和图稿都是由作者拍摄或绘制的。本书作为中等职业学校建筑装饰专业学生的教学用书，也可作为建筑类相关专业中职学生和岗位培训参考用书。

本教材由上海市建筑工程学校王萧、卞洁、马平、钱铮和广州市建筑工程职业学校王芷兰，以及贵州省建设学校的杨贵娇等老师共同编写，在此表示感谢。同时，也特别感谢上海市建筑装饰工程集团有限公司设计二所所长、室内设计师魏伟先生的全力支持与悉心指导。

学时分配建议表

序号	项目	学习任务	建议学时	备注
1	现场踏勘与测绘	1 现场踏勘	2	
2		2 现场测绘	4	
3		3 测绘条件图绘制	2	
4		4 竣工图绘制	2	
5		5 图纸核实	2	
6	调查研究	1 装修材料调查	2	另安排 2 学时成果研讨
7		2 家居设备调查	2	另安排 2 学时成果研讨
8		3 施工图设计文件编制规范查找	2	
9		4 标准图集选用	2	

序号	项目	学习任务	建议学时	备注
10	建筑装饰施工图识读	1 居住建筑装饰施工图识读	4	
11		2 小型公共建筑装饰施工图识读	4	
12		3 建筑装饰构造详图识读	4	
13	建筑装饰施工图绘制	1 居住建筑装饰施工图抄绘	4	根据学情，另安排适当课外训练学时
14		2 小型公共建筑装饰施工图抄绘	6	根据学情，另安排适当课外训练学时
15		3 建筑装饰施工图绘制	12	根据专业技能方向，安排课外训练或选修
16		4 建筑装饰施工图设计说明、材料表编制	2	
17		5 建筑装饰工程图样绘制	4	根据专业技能方向，安排课外训练或选修
18	机动		4	根据学情，自主安排
19	合计		64	

教学说明：

1. 本教材内容涵盖建筑装饰施工图识读课程标准的主要内容；

2. 教学中可根据课程实施性教学计划的学时总数按比例调整相应教学内容；

3. 教学中实行分层教学时，可按照学生学习情况自主选择学习任务或活动内容；

4. 教材中建筑装饰施工图绘制项目学时是依据学生有初步的手工绘图基础而设定的，同时，宜结合在一学期中同步安排的《计算机辅助设计（建筑装饰）》课程实施教学，以强化计算机辅助设计绘图能力。

编者分工

本教材共有四个项目。项目 1 中任务 1、任务 2 由卞洁编写，任务 3 由王萧、卞洁编写，任务 4、任务 5 由马平编写；项目 2 中任务 1 由卞洁编写，任务 2、任务 4 由钱铮编写，任务 3 由王萧编写；项目 3 中任务 1 由杨贵娇编写，任务 2 由王芷兰编写，任务 3 由马平编写；项目 4 中任务 1、任务 3 由杨贵娇编写，任务 2 由王芷兰编写，任务 4 由王萧编写，任务 5 由马平编写。

审稿人：魏伟、王萧

目录 ◆◆
Contents

项目 1
现场踏勘与测绘

【项目概述】

现场踏勘与测绘是建筑装饰设计与施工的基础，踏勘与测绘后可以获得第一手资料和直观认知并辨识建设项目室内外空间环境现状。

在建筑装饰设计与施工项目中，现场踏勘与测绘是一项重要的项目前期调研工作，无论是一名设计师还是一位施工管理人员，都应该具备这一基本能力。因此在这个项目中，通过现场踏勘与测绘、条件图的绘制、竣工图的绘制、图纸核实等任务的实施来全面学习建筑装饰施工图识读的相关知识。

任务 1　现场踏勘

现场踏勘

【任务描述】

在建筑装饰施工图的学习过程中，选择即将施工的建筑工地进行踏勘，根据现场实际写出建筑类型结构特征设备设施等现场资料，以及施工现场的地址、地质、气候条件、现场环境、交通、供水供电等信息的收集，以便对接下去工作的开展确立基本前提。现场踏勘是建筑装饰设计工作中一项重要的项目前期调研工作，本项目以建筑装饰施工现场踏勘为任务展开学习。

【任务实施】

（1）根据建筑设计文件或项目任务书，了解建筑基本情况：建筑装饰施工现场所处

环境、建筑面积、层高、功能分布情况，结构类型及装修标准等。

（2）赴即将施工的建筑装饰工地现场进行踏勘：了解建筑内部空间特征（结构形式、设备设施等）及建筑环境现状。

（3）建筑装饰项目施工现场踏勘记录：将现场踏勘记录填写完整。

【学习支持】

1. 现场踏勘相关知识

（1）中外建筑基本常识概述

◆ 建筑的地域性。人文因素的影响，北方的亭子比南方的亭子雄健有力，南方的亭子比北方的亭子挺秀婀娜。由于地域性，我国江南一带建筑风格显得秀美。

◆ 建筑的民族性。建筑地域性偏重于自然性，建筑的民族性则偏重于社会性。建筑的民族性多表现在宗教建筑形式上，如天主教堂建筑风格为哥特式。

◆ 建筑的历史性。建筑形象有很大一部分是历史的产物。如上海外滩海关入口处的 4 根柱子是古希腊的多立克柱式。

◆ 建筑的时代性。建筑的历史性偏重于过去的建筑，建筑的时代性偏重于现在和将来的建筑。如巴黎埃菲尔铁塔具有时代性，建成距今约一百多年。

◆ 建筑的文化性。建筑文化有两重含义：其一为建筑是一种门类文化；其二为建筑是文化的"容器"。建筑是文化的"容器"指的是建筑提供人们居住，体现人类文化。

◆ 建筑的艺术性。建筑的艺术性指的是建筑的艺术造型、艺术色彩和细部装饰。如北京颐和园采用的艺术法则是变化与统一。

（2）建筑构造

◆ 房屋主要构件的功能要求

1）**楼地面** 地面通常是指房屋底层的房间与下部土层相接触的部分，地面承受底层房间的地面荷载，并将地面的荷载均匀地传递到土层上。楼板层是沿水平方向起分隔上下层作用的构件，楼板层应有足够的承载力和刚度外，还应具备防火、防水、隔声的能力。

2）**柱和墙体** 柱和墙体承受从屋顶到楼层传来的荷载，并传递到地面。在框架结构中，柱是承重构件；在砌体结构中，墙体为承重构件，并兼有分隔和围护作用。

3）**楼梯** 楼梯是房屋各层之间的垂直交通工具，是搬运家具设备、安全疏散的通道。楼梯一般设置在楼层的出入口附近，也有设在室外。楼梯的构造必须满足坚固、耐磨、防滑和稳定、安全等要求。

4）**屋顶** 屋顶的作用是防止雨雪的侵蚀，减少烈日、寒风等对室内的影响，并将作用在屋顶上的各种荷载传递到墙体或柱上。屋顶必须具有足够的承载力、整体性和耐久性，有良好的防水、保温、隔热性能，力求美观实用。

5）**门窗** 鉴于门窗的围护作用，其构造还要满足保温、隔声、防风、防盗、防水和防火等要求。门是供人们进出房间之用，兼有分隔房间、围护的作用。窗是供采光、通风及围护之用。

◆ 房屋主要构件的构造要求

1）**墙** 墙体的类型，按内外分内墙和外墙，位于房屋外围四周的墙称为外墙，在建筑内部的分隔墙称为内墙。按方向分，沿房屋长轴方向布置的墙称为纵墙，位于房屋两端侧面的横墙称为山墙。不承受上部传来的荷载，只承受自重的墙称为非承重墙，反之为承重墙。

对于房屋的外墙，一般采用外墙面的保温隔热措施，常在外墙外粉刷保温砂浆、外贴保温材料等措施，来增强墙体的保温、隔热性能。

2）**楼地层** 房屋的楼面主要有面层、结构层、附加层、吊顶组成。地面的面层是地平层最上面的部分，直接承受地面上的外界荷载。房屋地面的面层应平整，有良好的耐磨、不起灰、防潮等性能。房屋地面面层的材料选用，可根据室内的使用要求、耐久要求、装饰要求确定。楼面的结构层一般由板和梁组成，是楼板层的承重部分，并对墙体起着水平支撑作用。房屋楼面的附加层又称功能层，其根据使用要求设置，以满足楼面的隔声、隔热、防水、保温、耐腐蚀等要求。

钢筋混凝土楼板根据施工方式不同，有现浇式和装配式两种。房屋的楼板根据材料不同，常用的有木楼板、钢筋混凝土楼板和压型钢板组合楼板等几种。压型钢板组合楼板利用压制薄型钢板作为支撑底模，现浇混凝土作为面层，共同构成整体型的组合楼板。

3）**楼梯** 楼梯的结构形式有板式楼梯和梁式楼梯。板式楼梯的梯段板直接搁置在两端的平台梁上；梁式楼梯的梯段板两侧设置梯段斜梁，斜梁又支撑在平台梁上。

楼梯的平面布置方式常用的有单跑、双跑、三跑等多种形式。两层相邻楼面之间只设一个楼梯段的叫单跑楼梯。两层相邻楼面之间设两个楼梯段的叫双跑楼梯。三跑楼梯是指两个相邻楼面之间设三个梯段的楼梯。楼梯梯段的宽度一般不得小于1100mm，楼梯踏步的宽度采用240~300mm。楼梯踏步的高度和宽度之和常为450mm，楼梯平台的宽度不应小于相应梯段的宽度。楼梯平台处净高不应小于2000mm，楼梯梯段处的净高不应小于2200mm。

4）**屋顶** 屋顶坡度小于10%的屋顶叫平屋顶，平屋顶屋面坡度一般采用2%~3%。根据使用要求，平屋顶除了结构层和防水层外，还需设置保温层与隔热层，以减弱室外气温对屋内的影响。当平屋顶的防水构造采用改性沥青油毡等材料铺设或用胶结料粘贴在屋面上作防水层的方式称为柔性防水屋面；采用防水涂料、防水水泥砂浆、细石混凝土等刚性材料作为屋面防水层的称为刚性防水层。在设置保温层的柔性防水屋面中，应在保温层下设置隔汽层。屋面坡度大于等于10%坡度的屋顶叫坡屋顶，坡屋顶主要由承重结构和屋面两部分组成。坡屋顶中用黏土平瓦作为防水材料的屋面叫做平瓦屋面。

5）**门窗** 门按开启方式不同可分为平开门、扯门、旋转门等几种。窗按开启方式不同可分为平开窗、扯窗、旋转窗等几种。窗按设置位置不同又可分为外窗、内窗、高窗、低窗、侧窗等。按材料分有木门窗、型钢门窗以及彩色铝合金门窗等。木门窗宜采用经干燥处理不易变形的木材料制成；塑钢门窗由硬质塑材制作，并用型钢加强框体杆件。门主要由门框、门扇、亮子所组成，窗扇主要由玻璃、窗扇框所组成。

2. 现场踏勘

（1）现场踏勘的功用

了解建筑内部空间特征（如平面组织、结构形式、设备设施）及建筑环境现状，有助于室内装饰设计前测绘具有完全符合实际现场内部尺寸的样图，可为后续装饰装修设计方案的实施提供实际条件是否可行的依据。

（2）现场踏勘的项目内容

◆ 踏勘基本内容

图 1-1 建筑空间

图 1-2 电气设施

1）建筑空间组织形式与特点（图 1-1）；

2）建筑结构体系与承重方案；

3）建筑通风、采暖、电气设施与设备（图 1-2）；

4）建筑周围环境现状。

◆ 查勘三大界面

1）墙

①墙体类型（混合砖墙结构、钢筋混凝土结构、钢结构）；

②粉刷情况（是否起皮、空鼓、开裂、沉降等）；

③管线情况（强、弱电管线布置走向）；

④门窗情况（门窗洞测量、是否调换）（图 1-3）。

2）顶

①梁板结构（梁高度和走向变化，板类型：预制或现浇）；

②原有管线（管线走向、查看未来走向可能）；

③结合吊顶（与设计风格对应）；

④考虑强电桥架走向位置；

⑤核实消防喷淋主管走向、位置和数量；

⑥核实弱电桥架走向和位置；

⑦核实空调和新风管道走向和位置。

3) 地

①梁板结构（板的类型：预制或现浇，地坪高度和电梯口标高变化）；

②卫生间和厨房管道尺寸、防水情况、上下水道位置、设备位置（图1-4、图1-5）；

③核实配电间（箱）或楼层配电箱位置、管道井位置；

④核实水表箱位置、管道井位置。

(3) 现场踏勘的技术

◆ 具有一定的建筑专业知识。

◆ 具有相应的建筑设计文件。

◆ 具有相应的踏勘设备工具。

图 1-3　门窗

图 1-4　卫生间

图 1-5　厨房

【学习提示】

(1) 现场踏勘应注意观察现场与建筑设计文件的不同，记录建筑、结构和设备等方面的现场情况。

(2) 现场踏勘应注意工作的目的性，踏勘工作一般需要 1～2 次，合理计划，以求高效。

(3) 现场踏勘结束后，需进行踏勘总结，以便进一步工作计划。

【实践活动】

选择一建筑面积为 120 ～ 150m² 的建筑装饰施工工地进行现场踏勘。

【活动评价】

现场踏勘自评：(20%)	踏勘任务明确	很好 □	较好 □	一般 □	还需努力 □
	踏勘活动认真	很好 □	较好 □	一般 □	还需努力 □
	踏勘记录完整	很好 □	较好 □	一般 □	还需努力 □
小组互评：(40%)	整体完成效果	优 □	良 □	中 □	差 □
教师评价：(40%)	踏勘记录质量	优 □	良 □	中 □	差 □

任务 2　现场测绘

现场测绘

【任务描述】

　　在建筑装饰施工图的学习过程中，选择即将施工的建筑工地进行踏勘，完成踏勘记录报告，并根据现场情况绘制测绘条件图，是室内装饰设计工作中一项重要的项目前期工作，也是建筑装饰施工过程中的一个重要环节，本项目以建筑装饰施工现场测绘为任务展开学习。

【任务实施】

（1）装修项目施工现场测量

首先，准备的工具有钢卷尺（3m、5m 和 7.5m 为宜）、手持激光测距仪（图 1-6）或红外线测距仪，若干张白纸、一支铅笔及一块小图板或记录板。其次，测绘前需用铅笔徒手绘制建筑平面形状的轮廓草图。最后，根据测得的数值取值、记录。

（2）绘制测绘现状（条件）图

在测绘活动中取得准确尺寸数据和绘制草图后，整理数据并绘制标准的测绘正图。

图 1-6　手持激光测距仪

【学习支持】

1. 现场测绘相关知识：建筑制图

（1）建筑平面图

假想用一个水平的剖切平面沿略高于窗台的位置剖切房屋，对剖切面以下的部分作出的水平投影图即为建筑平面图。平面图中凡是被剖切平面剖切到的墙、柱等断面轮廓线，均用粗实线表示。对于平面布置完全相同的楼层，可共用一个平面图，称为标准层平面图。

（2）建筑立面图

建筑立面图是与建筑平行的正立投影面上得到的建筑物投影图。建筑立面图可按朝向与轴线编号来命名。从建筑立面图中可以看出房屋的总高度。建筑总高度的尺寸，指室外地坪至建筑物最高处的垂直高度。室内净高的尺寸，指楼面或地面至上部楼板底面或吊顶底面之间的垂直距离。建筑层高的尺寸，指下层地板面或楼板面到上层楼板面之间的垂直距离。

（3）建筑剖面图

用假想的平面垂直于地面剖切房间所得到的投影图，称为建筑剖面图。在建筑剖面图中，通常凡是被剖切平面剖切到的断面轮廓线，用粗实线画。

（4）建筑详图

建筑详图是建筑平、立、剖面图的必要补充图样。详图中的轴线、标高应与相应的建筑平、立、剖面图一致。楼梯顶层平面图规定在顶层扶手的上方剖切。

2. 建筑测绘

（1）建筑测绘的内容

测绘建筑平面现状图，测量空间净高，门窗的位置及其上下口的高度，梁柱、通风口、管道井等具体尺寸，上下水管线、用水设备位置（如水斗、坐便器等），暖通设备或管线尺寸与位置（如住宅可视门禁位置、大小，多媒体集线箱位置、大小，动力照明配电箱位置、大小等）。

（2）建筑测绘的要求

现场测量要求做到认真细致，要标注上下水管、暖气、卫生间和厨房设施的准确位置，以便于向业主指明基底情况，并向业主

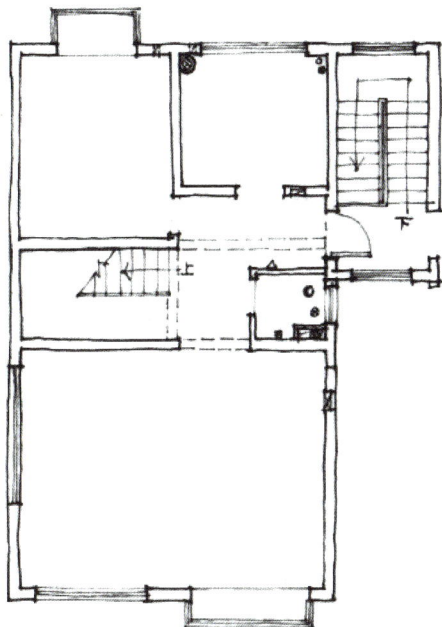

图 1-7　手绘平面轮廓草图

提供是否需要修补的参考意见。认真填写测绘记录。

现场测量需要的工具有钢卷尺（3m、5m 和 7.5m 为宜）或手持激光测距仪、若干张白纸、一支铅笔及一块小图板或记录板。

（3）装修项目施工现场测绘步骤

1）要求作图前仔细观察现场，掌握各房间开间、进深的大致比例及各房间的组合关系，交通联系方式。

2）测绘前需用铅笔徒手绘制建筑平面的轮廓草图（图 1-7 ～ 图 1-9），编制门窗测量记录表（图 1-10）。

3）建筑测量的取值、记录。建筑的开间一般为 100mm 或 300mm 模数的，即以此

四层平面

图 1-8　手绘平面轮廓草图

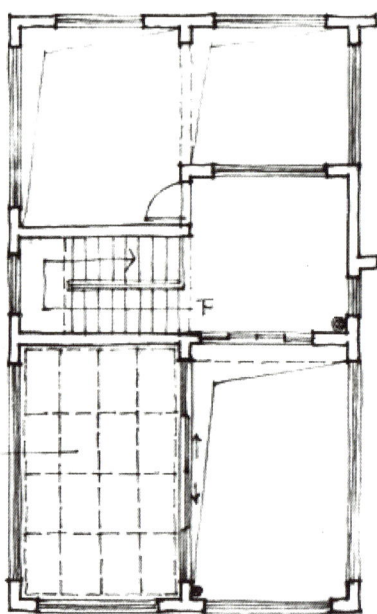

五层平面

图 1-9　手绘平面轮廓草图

图 1-10　门窗测量记录表

为倍数。建筑的进深一般以 100mm 或 300mm 为模数的，即以此为倍数。尺寸单位为毫米。

(4) 装修项目施工现场测绘方法

根据现场空间特征，绘制平面形状的轮廓草图，可先画出其轴线，然后加上墙厚和门窗位置。最后，丈量空间的长、宽、高，门窗的位置及其上下口的高度，梁柱、通风口、管道井等具体尺寸，并逐一记录在平面草图上以及门窗测量记录表中（图 1-11 ～图 1-14）。

室内设计的测绘中，对于局部特殊之处（如梁的现状、高度，空调机管道口标高、直径，住宅可视门禁位置、大小，多媒体集线箱位置、大小，动力照明配电箱的位置、大小等）应

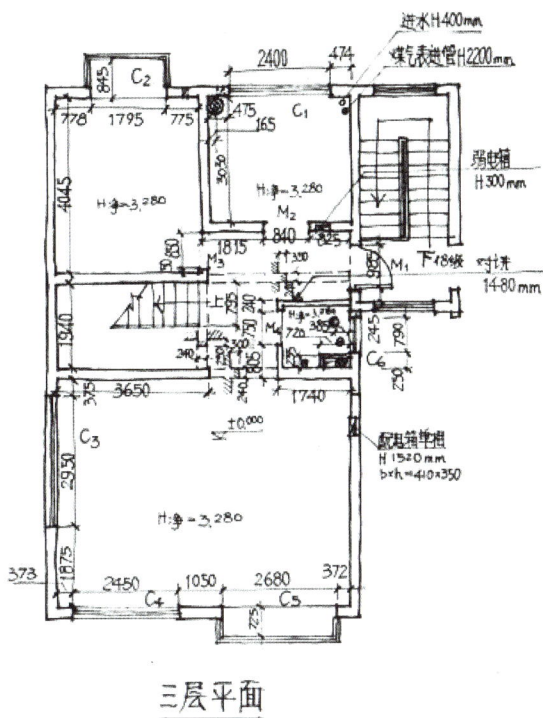

图 1-11　手绘平面测绘草图

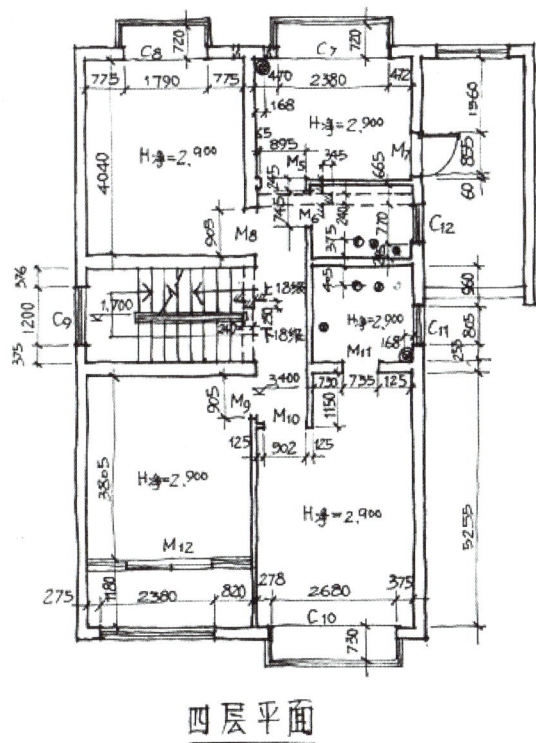

图 1-12　手绘平面测绘草图

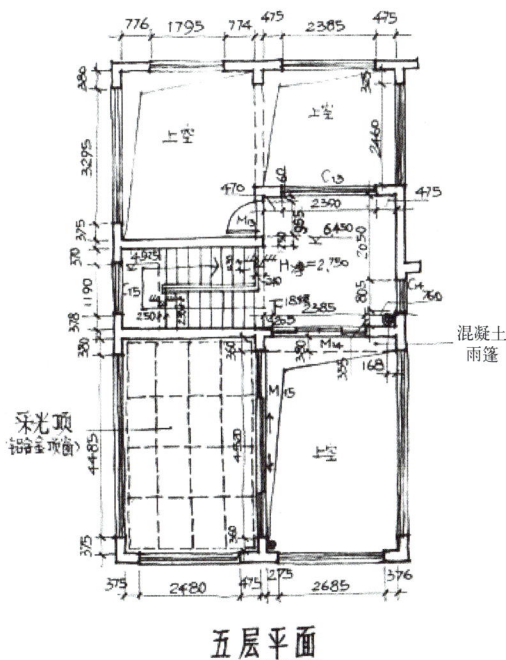

图 1-13　手绘平面测绘草图

名称	尺寸分类编号	洞口尺寸(mm)		备注(3F为首层)
		宽度	高度	
门	M₁	985	2080	3F(门洞)
	M₂	840	2080	3F(门洞)
	M₃	850	2050	3F(门洞)
	M₄	750	2050	3F(门洞)
	M₅	895	2050	4F(门洞)
	M₆	745	2045	4F(门洞)
	M₇	855	2080	4F(门洞)
	M₈	905	2050	4F(门洞)
	M₉	905	2060	4F(门洞)
	M₁₀	902	2050	4F(门洞)
	M₁₁	735	2050	4F(门洞)
	M₁₂	3475	2880	4F(门洞)
	M₁₃	955	2050	5F(门洞)
	M₁₄	2385	2250	5F(门洞)
	M₁₅	4520	2250	5F(门洞)

名称	尺寸分类编号	洞口尺寸(mm)		备注(mm)(窗台距地高度)
		宽度	高度	
窗	C₁	2400	1480	1150
	C₂	1795	1870	670
	C₃	2950	2330	250
	C₄	2450	2280	640
	C₅	2680	2280	640
	C₆	790	1480	1150
	C₇	2380	1860	640
	C₈	1790	1860	640
	C₉	1200	1500	860
	C₁₀	2680	1860	640
	C₁₁	805	1500	1150
	C₁₂	770	1470	1160
	C₁₃	2390	1480	970
	C₁₄	805	1490	960
	C₁₅	1190	1495	2425

图 1-14　门窗记录测量表

绘制局部的立面或剖面图，还应记录上下水管线中心位置、管径尺寸，煤气管及煤气表位置与尺寸。

（5）绘制测绘条件图

根据测绘取得的准确尺寸数据及现场绘制的草图进行整理，然后按《房屋建筑制图统一标准》GB/T 50001 以一定的比例绘制测绘正图。室内设计的测绘图一般情况下必须绘制平面图即平面现状图。

【学习提示】

（1）建筑测绘前应先熟悉建筑空间布局，绘制建筑平面草图及需要测绘的局部平面或立面草图，将测量数据记录在相应的图纸上。

（2）对于空间尺度较大的建筑装饰装修项目除准备 3m、5m 和 7.5m 的钢卷尺外，还应准备 15m、30m 或 50m 的钢卷尺。在施工项目现场手持激光测距仪主要用于尺寸复核。

【实践活动】

选择一建筑面积为 120 ~ 150m² 的建筑装饰施工工地进行现场踏勘后，测绘建筑原始平面图，绘图比例 1：50。

【活动评价】

活动自评：(20%)	测绘任务明确	很好 □	较好 □	一般 □	还需努力 □
	测绘工具使用正确	很好 □	较好 □	一般 □	还需努力 □
	测绘尺寸记录正确	很好 □	较好 □	一般 □	还需努力 □
	测绘草图绘制完整	很好 □	较好 □	一般 □	还需努力 □
小组互评：(40%)	测绘完成整体效果	优 □	良 □	中 □	差 □
教师评价：(40%)	测绘草图绘制质量	优 □	良 □	中 □	差 □

任务 3 测绘条件图绘制

条件图的绘制（一） 条件图的绘制（二）

【任务描述】

　　在建筑装饰施工图的学习过程中，选择即将进行装饰装修施工的建筑工地进行踏勘与测绘，完成现场踏勘与测绘记录报告，并根据现场情况绘制测绘条件图，是建筑装饰与室内装饰设计工作中一项重要的项目前期工作，也是建筑装饰装修施工过程中的一个重要环节，本项目以测绘条件图绘制为任务展开学习。

【任务实施】

（1）根据项目任务书，掌握踏勘与测绘记录的基本情况。

（2）学习绘图的方法与步骤。

（3）了解建筑装饰施工图的常用规定与制图标准。

（4）绘制测绘的条件图。

【学习支持】

1. 方案设计图绘制方法与要求

（1）条件图绘制

1）根据现场踏勘、测绘的条件图（建筑现状平面图），先计算房型开间、进深总尺寸；

2）按绘制比例要求、平面图总尺寸大小合理地在图纸上排布；

3）绘制条件图方向应为上北下南；

4）先绘制纵向、横向轴线（图 1-15），根据轴线偏移绘制墙体、柱形（图 1-16），接着确定门窗洞口位置，绘制门窗（图 1-17），最后绘制设备等形状位置，并标注尺寸（图 1-18、图 1-19）；

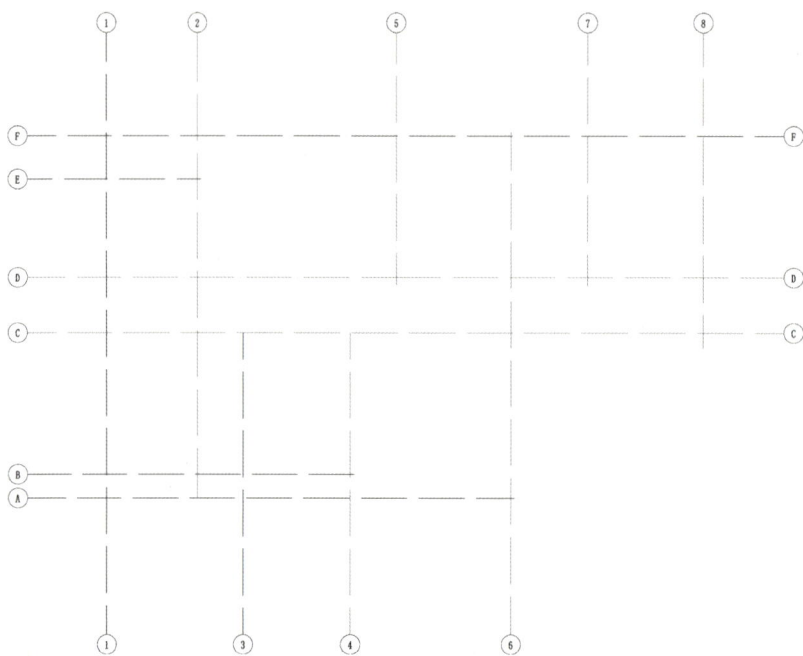

图 1-15　绘制纵向、横向轴线

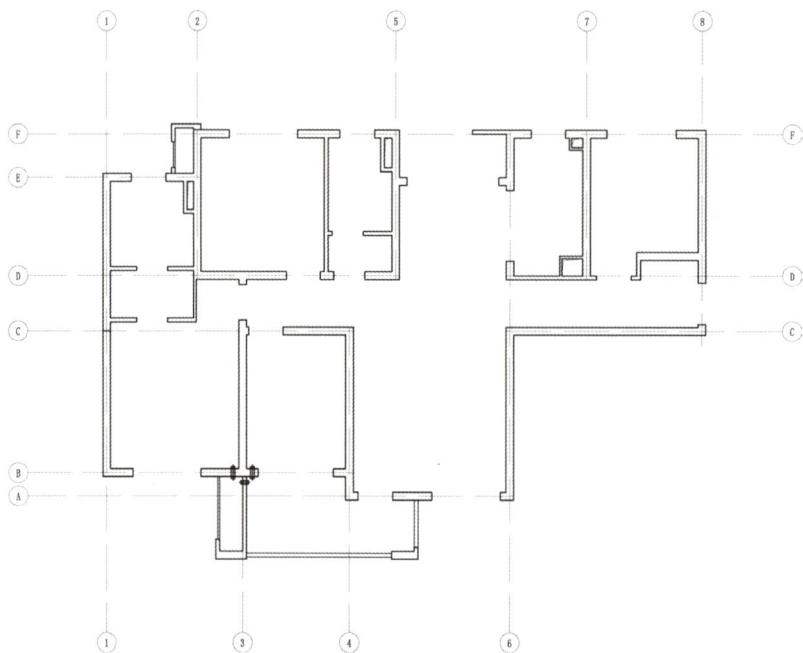

图 1-16　绘制墙体、柱形

图 1-17　绘制门窗

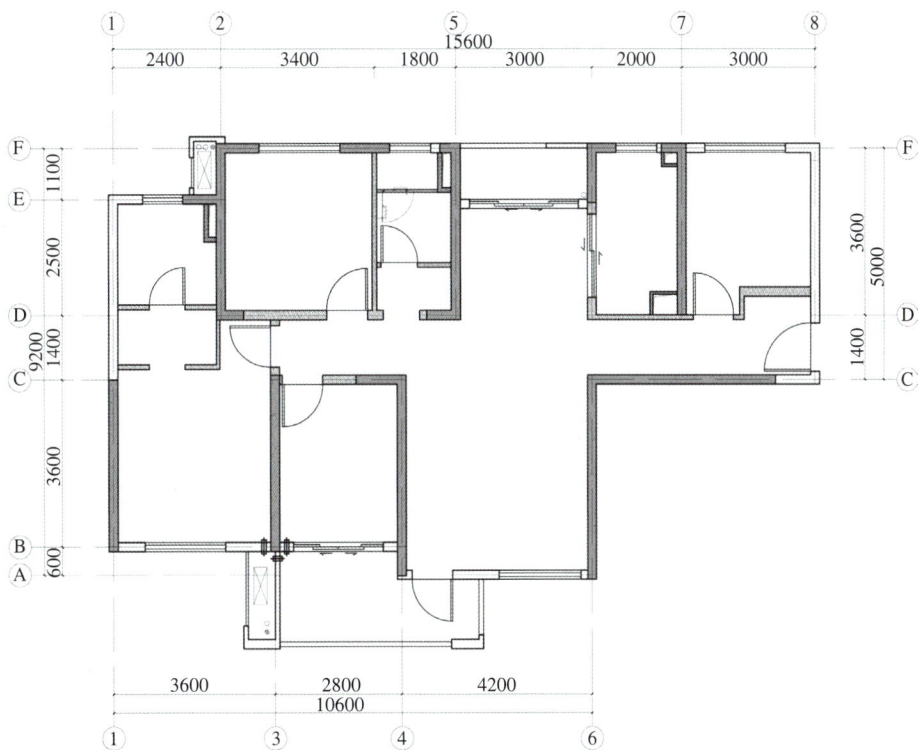

原始房型图　1：100

图 1-18　标注尺寸（一）

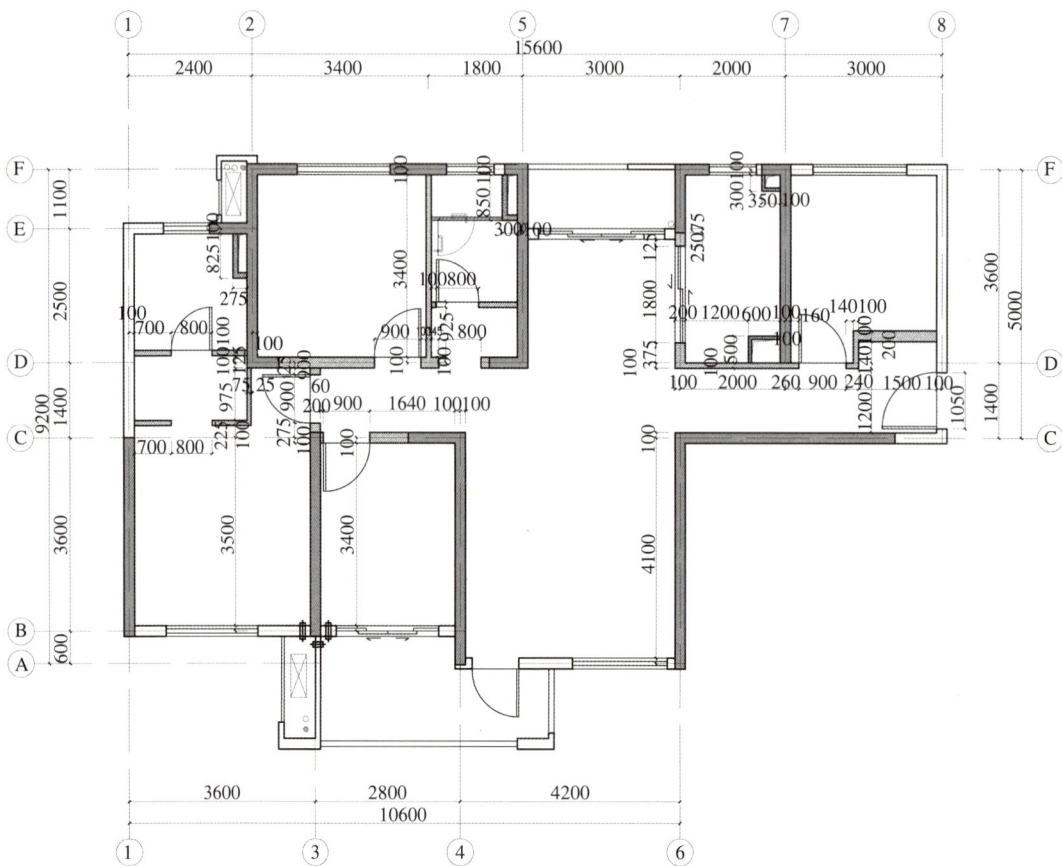

原始房型图 1：100

图 1-19　标注尺寸（二）

5）绘制时注意线型，线型分为粗实线、中实线、细实线等；

6）选择合适的制图工具，可选用图板、丁字尺（一字尺）、三角板、针管笔、铅笔、橡皮配合使用，手工绘制条件图；也可选用电脑软件制图，运用 CAD 软件绘制条件图，为提高绘制效率，可选用最适合自己的绘图方式。

（2）图纸表达

1）要合理运用不同线型区别图中建筑构造、构件轮廓线，室内构造、构件与陈设轮廓线。

2）线型

①粗实线（b）

平、剖面图中被剖切的主要建筑构造（包括构配件）的轮廓线（主要构造，如墙、柱等）；建筑立面图或室内立面图的外轮廓线；建筑构造详图中被剖切的主要部分的轮廓线；建筑构配件详图中的外轮廓线；平、立、剖面的剖切符号。

②中粗实线（0.7*b*）

平、剖面图中被剖切的次要建筑构造（包括构配件）的轮廓线；建筑平、立、剖面图中建筑构配件的轮廓线；建筑构造详图及建筑构配件详图中的一般轮廓线。

③中实线（0.5*b*）

小于 0.7*b* 的图形线、尺寸线、尺寸界线、索引符号、标高符号、详图材料做法引出线、粉刷线、保温层线、地面、墙面的高差分界线等。

④细实线（0.25*b*）

图例填充线、家具线、纹样线等。

⑤中粗虚线（0.7*b*）

建筑构造详图及建筑构配件不可见的轮廓线。

⑥中虚线（0.5*b*）

投影线、小于 0.5*b* 的不可见轮廓线。

⑦细虚线（0.25*b*）

图例填充线、家具线等。

3）同一张图纸内，相同比例的各图样应选用相同的线宽组。

4）点画线与点画线交接或点画线与其他图线交接时，应采用线段交接。

5）虚线与虚线交接或虚线与其他图线交接时，应采用线段交接；虚线为实线的延长线时，不得与实线相接。

6）图线不得与文字、数字或符号重叠、混淆，不可避免时应首先保证文字的清晰。

2.《**房屋建筑制图统一标准**》GB/T 50001、《**房屋建筑室内装饰装修制图标准**》JGJ/T 244

根据制图标准绘制建筑装饰装修项目条件图（建筑现状平面图），应反映如下内容：

（1）平面开间、进深的轴线尺寸或室内净尺寸。

（2）注明门窗洞口尺寸。

（3）要反映出结构受力体系中承重墙、剪力墙、柱等位置关系。

（4）注明室内净高、地面的标高关系。

（5）管道设备的位置，并注明尺寸。

（6）要反映建筑空间朝向，出入口位置。

【学习提示】

条件图绘制的要点

（1）熟悉图样线型及用途。

（2）图样及说明中的汉字宜优先采用 True type 字体中的宋体字型，采用矢量字体时应为长仿宋体字型。同一图纸字体种类不应超过两种。矢量字体的宽高比宜为 0.7，且符合长仿宋字高宽关系的规定，打印线宽宜为 0.25 ~ 0.35mm；True type 字体宽高比宜为 1。字母及数字的字高不应小于 2.5mm。

（3）绘图所用比例，应根据图样的用途与复杂程度合理选用，并正确使用比例尺。

（4）条件图中，指北针的形状其圆的直径宜为 24mm，用细实线绘制；指针尾部的宽度宜为 3mm，指针头部应注"北"或"N"字。需用较大直径绘制指北针时，指针尾部的宽度宜为直径的 1/8。

（5）定位轴线应编号，编号应注写在轴线端部的圆内。圆应用 0.25b 线宽的实线绘制，直径宜为 8～10mm。定位轴线圆的圆心应在定位轴线的延长线上或延长线的折线上。

【实践活动】

根据测绘的条件图（建筑现状平面图）草图，按 1∶50 的绘图比例绘制正图，可选用手绘，也可选用 CAD 软件绘制。

【活动评价】

活动自评： （20%）	绘制条件图任务明确	很好 □	较好 □	一般 □	还需努力 □
	条件图绘制完整	很好 □	较好 □	一般 □	还需努力 □
	条件图制图规范正确	很好 □	较好 □	一般 □	还需努力 □
小组互评： （40%）	条件图绘制整体效果	优 □	良 □	中 □	差 □
教师评价： （40%）	条件图绘制质量	优 □	良 □	中 □	差 □

任务 4 竣工图绘制

竣工图绘制

【任务描述】

建筑装饰竣工图是反映建筑装饰工程竣工实貌的工程图纸，要求准确、清楚、完整、规范，它是竣工验收的重要组成部分。竣工图的绘制有多种形式，本次任务我们采用的是使用 AutoCAD 软件绘制竣工图在电子版施工图上依据设计变更、工程洽商记录等进行修改时，修改后用云图圈出修改部位，并在图中空白处做修改备考表，原设计人员必须在图签上签字。

绘制时重点主要有：竣工图纸目录、施工说明、材料表、平面施工图、立面施工图、详图等。

【任务实施】

竣工图纸绘制内容及要求：

本项工作任务实施以本书配套的建筑室内装饰装修项目施工图为绘制基础，介绍如何结合竣工现场测绘和隐蔽工程记录、现场变更等资料绘制建筑室内装饰装修竣工图。竣工图章编制单位、编制人、审核人、技术负责人要对竣工图负责，所有的竣工图均应由编制单位逐张加盖竣工图章，并签字。由设计单位编制的竣工图，其设计图签中应明确竣工阶段，并应签名齐全。

通过任务学习相关的国家规范，编制装饰装修竣工图设计文件的工作流程，及相关工作内容与要求。

1. 绘制竣工图纸目录

竣工图纸目录可以在施工图目录的基础上修改，保持竣工图目录与原施工图的对应关系，对于原施工图中取消或作废的图纸应删除，新增的图纸应加入竣工图纸目录，并注明图名和编号，如图 1-20 所示。

图纸目录 DRAWING CONTENTS

序号 NO.	图号 SHEET NO.	图名 DESCRIPTION	修正 REVISION	图幅 SHEET	备注 REMARK	序号 NO.	图号 SHEET NO.	图名 DESCRIPTION	修正 REVISION	图幅 SHEET	备注 REMARK
000		竣工图目录（一）		A3		041	1F-EL-019	1F电梯轿厢DT2立面图		A3	
001	00	竣工施工图（一）		A3		042	1F-EL-020	1F办公区立面图		A3	
002	SM-01	竣工设计说明（一）		A3		043	1F-EL-021	1F办公区立面图2		A3	
003	SM-02	竣工设计说明（二）		A3		044	1F-EL-022	1F机房立面图		A3	
004	SM-03	竣工设计说明（三）		A3		045	DT1-EL-01	电梯轿厢DT1立面图		A3	
005	SM-04	竣工设计说明（四）		A3		046	DT2-EL-01	电梯轿厢DT2立面图		A3	
006	SM-05	竣工设计说明（五）		A3				1F节点		A3	
007	SM-06	竣工设计说明（六）		A3		047	1F-D-001	1F大堂节点图1		A3	
008	CL-001	装饰主材表（一）		A3		048	1F-D-002	1F大堂节点图2		A3	
009	CL-002	装饰主材表（二）		A3		049	1F-D-003	1F大堂节点图3		A3	
010	DJ-001	灯具图例表		A3		050	1F-D-004	1F大堂节点图5		A3	
		1F平面		A3		051	1F-D-005	1F大堂节点图6		A3	
011	1F-PL-001	1F原建筑平面图		A3		052	1F-D-006	1F大堂节点座椅图		A3	
012	1F-PL-002	1F平面布置图		A3		053	1F-D-007	1F融社区展示区节点图1		A3	
013	1F-PL-003	1F平面索引图		A3		054	1F-D-008	1F融社区展示区节点图2		A3	
014	1F-PL-004	1F墙体平面尺寸图		A3		055	1F-D-009	1F多媒体影音室节点图		A3	
015	1F-PL-005	1F地面布置图		A3		056	1F-D-010	1F电梯厅节点图1		A3	
016	1F-PL-006	1F顶面布置图		A3		057	1F-D-011	1F电梯厅节点图2		A3	
017	1F-PL-007	1F顶面尺寸图		A3		058	1F-D-013	1F电梯厅节点图3		A3	
018	1F-PL-008	1F综合布置图		A3		059	1F-D-01A	1F过厅节点图1		A3	
019	DT1-PL-01	电梯轿厢DT1平面、地面布置图		A3		060	1F-D-014	1F过厅节点图2		A3	
020	DT1-PL-02	电梯轿厢DT1顶面布置、定位图		A3		061	1F-D-015	1F电梯轿厢DT2节点图		A3	
021	DT2-PL-01	电梯轿厢DT2平面、地面布置图		A3		062	DT2-D-001	电梯轿厢DT2节点图		A3	
022	DT2-PL-02	电梯轿厢DT2顶面布置定位图		A3				公共节点		A3	
023				A3		063	D-001	石膏板吊顶系统（一）		A3	
024		1F立面		A3		064	D-002	石膏板墙节点（一）		A3	
024	1F-EL-001	1F大堂展开立面图1		A3		065	D-003	石膏板隔墙节点（二）		A3	
025	1F-EL-002	1F大堂展开立面图2		A3		066	D-004	公共节点（一）		A3	
026	1F-EL-003	1F融社区展示区立面图1		A3		067	D-005	公共节点（二）		A3	
027	1F-EL-004	1F融社区展示区立面图2		A3		068	D-006	公共节点（三）		A3	
028	1F-EL-005	1F休息厅立面图1		A3		069	D-007	公共节点（四）		A3	
029	1F-EL-006	1F休息厅立面图2		A3		070	D-008	公共节点（五）		A3	
030	1F-EL-007	1F多媒体影音展示室展开立面图1		A3		071	D-009	公共节点（六）		A3	
031	1F-EL-008	1F多媒体影音展示室展开立面图2		A3		072	D-010	公共节点（七）		A3	
032	1F-EL-009	1F电梯厅展开立面图1		A3		073	D-011	公共节点（八）		A3	
033	1F-EL-011	1F电梯轿厢DT1立面图		A3				门表		A3	
034	1F-EL-012	1F过厅立面图2		A3		074	M-001	门表M16		A3	
035	1F-EL-013	1F过厅立面图2		A3		075	M-002	门表M17A		A3	
036	1F-EL-014	1F过厅立面图3		A3		076	M-003	门表M08A		A3	
037	1F-EL-015	1F过厅立面图4		A3		077	M-004	门表M09A		A3	
038	1F-EL-016	1F过厅立面图5		A3							
039	1F-EL-017	1F过厅立面图6		A3							
040	1F-EL-018	1F过厅立面图7		A3							

图 1-20　竣工图纸目录（图框中专业：装饰；图别：竣工图）

2. 绘制竣工图纸说明

竣工说明的编写是在"施工说明"的基础上进行改写的，编写要求同施工说明相同，是对竣工后的工程情况及施工过程进行准确描述（图 1-21），主要包含：

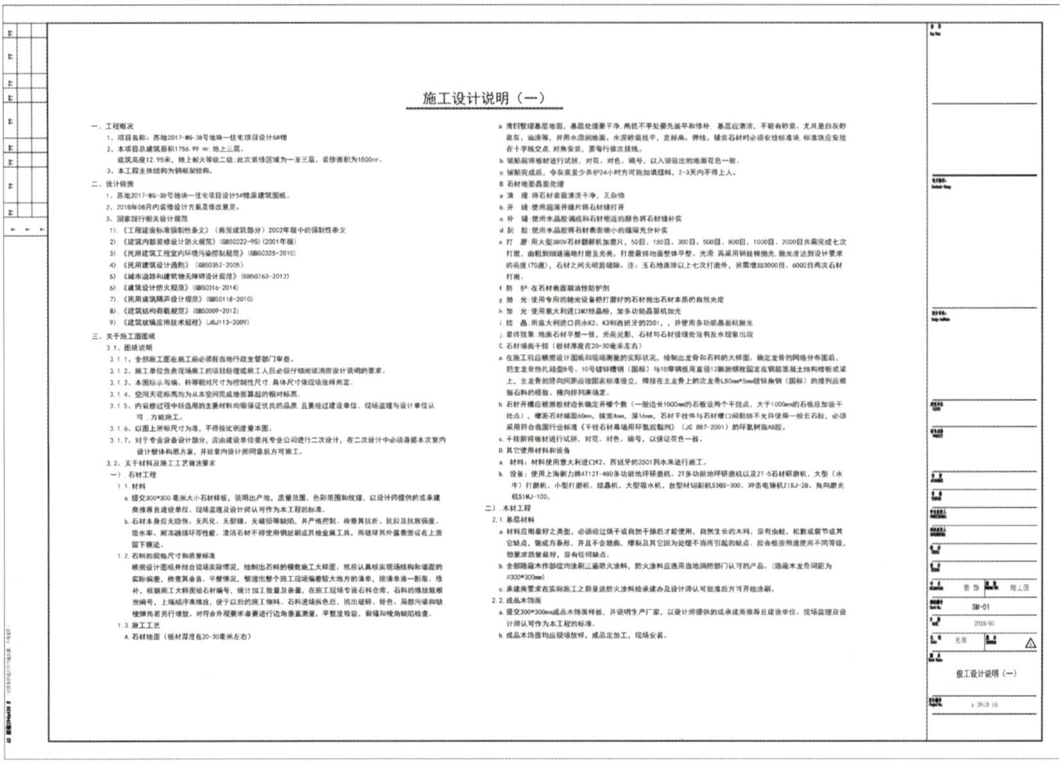

图 1-21　竣工图中的施工说明举例

绘制要点：竣工说明的编制是在施工说明的基础上编写的，根据实际竣工后的情况对施工说明上的相关数据和相关信息进行修改；一些特殊的做法或新加特殊的材料可单独添加说明；一些材料的防火、防水处理必须根据实际情况描述等。

（1）工程概况及设计依据。

（2）施工图设计范围、要求、深度和内容。

（3）装饰材料及施工标准。

（4）施工时的装饰装修做法。

3. 绘制材料表及其他表格

竣工材料表是根据施工现场最终竣工使用到的主材列表清单，可以根据施工图纸材料表进行修改、增加或变更，并注明使用的部位即可。其他表格如门窗表、线条放样表等也经常在竣工图中出现，按实际竣工使用的样式进行绘制并说明使用的位置，或者对应到图纸中的编号即可。

4. 绘制竣工"平面图"

竣工"平面图"包含了平面布置图、顶棚布置图、地面铺装图、灯具控制图、插座布置图和立面索引图等在平面上绘制的图纸，对于比较大型的公共装饰装修项目，通常"平面图"又被细化为总平面图和局部空间平面图，相关平面中有变化均应关联修改。竣工平面图的绘制也是在施工平面图的基础上进行修改，依据设计变更、工程洽商记录进行修改时，修改后用云图圈出修改部位，并在图中空白处做修改备考表备注说明。如图 1-22 所示。

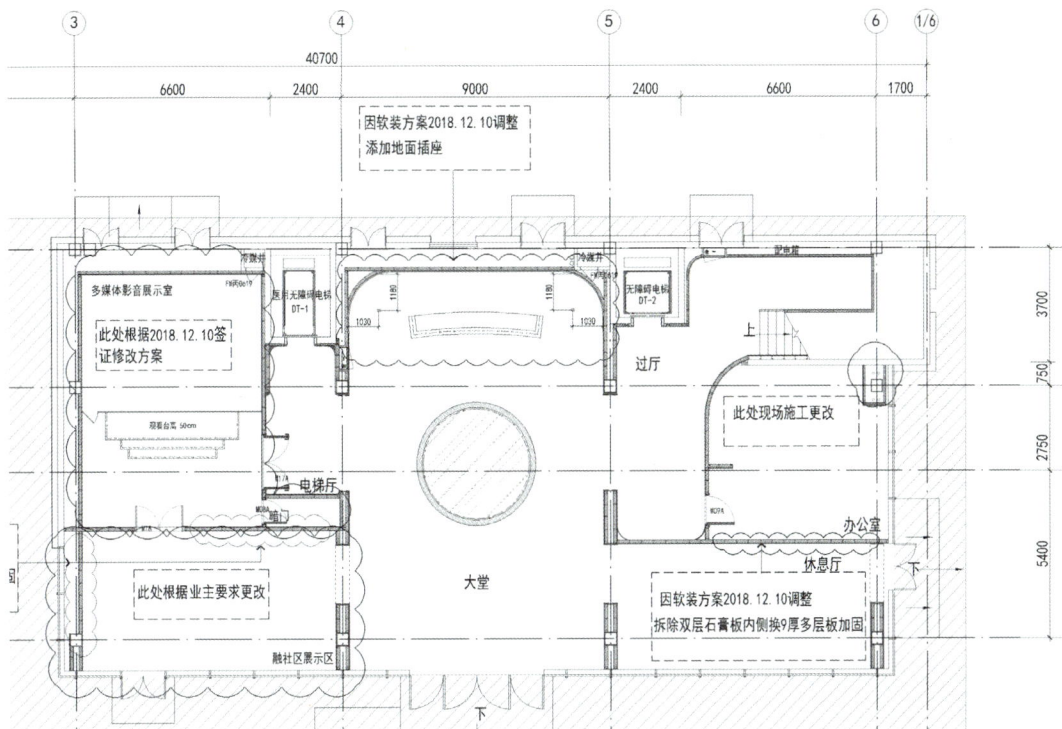

图 1-22 平面布置竣工图局部

实际竣工现场与原施工图本身也存在尺寸误差，在改绘竣工图时关于尺寸精确度的误差要求，以某企业标准为例：墙面高度与吊顶标高相符误差在 20mm 以内；墙面造型（含墙面局部尺寸）、展板误差在 10mm 内；墙面总长与平面图相符误差在 30mm 内；独立的展台、模型（台）平面尺寸误差在 20mm 内。

此外在装饰专业竣工图中还要求，所有材质、工艺、做法完全与现场实际相符。

5. 绘制立面图

（1）竣工立面图的内容主要以竣工现场实际为依据，在施工图的基础上进行修改绘制。绘制时，若空间平、立面图无改动时，注意标明强弱电箱和消防箱的立面位置即可，尺寸精度要求见平面图。

（2）若空间平、立面图有改动时，需要主要以下几点：

1）需要对新产生的立面图进行重新绘制，完善立面图纸。

2）注意保持立面图编号同平面索引的一致性。

3）对现有立面进行修改和核对，对废弃的立面进行删除。

4）删除和修改立面时注意对涉及的详图索引进行修改和调整，确保图纸一致性。

竣工图立面编号应与原施工图对应，如原施工图中有漏画或者施工过程中新增的立面，可接原施工图最后一个立面编号往后排列或者用子编码的方法，如：1 立面边上新增了一个立面可用"1-1 立面"。

6. 绘制详图

详图包括大样图及装饰构造节点图，主要描述的是施工过程中，具体的施工内部结构做法，属于隐蔽工程的内容，此部分内容一般是在施工过程中绘制的，而不是在工程竣工后绘制，因为其结构被外部的装饰面层所覆盖，无法检查和核对。其绘制要根据施工时的具体做法，施工照片，隐蔽工程验收记录等依据进行，不可随心所欲。因此，竣工图通常是由施工单位进行绘制的，在施工时随同工程进度及时地绘制。

【学习支持】

（1）建筑装饰装修竣工图是反映建筑装饰工程在施工过程中，真实记录施工结果的图样，具有真实性、准确性和可靠性，是工程竣工验收的必备条件，是工程维修、管理、改建、扩建的依据；一般由施工单位编制、组卷，监理单位审核签字，专业工程师核实，从工程施工的开始阶段就要同步绘制，详细记录各隐蔽工程做法，管线位置，工程变更，空间完成结果等情况，在工程结束后，整理完成图纸并加盖"竣工图"图章，形成竣工图纸。

（2）对于家庭装修一般不需要在竣工结束后绘制竣工图，公共装饰装修工程项目则必须按照国家规定绘制装饰装修工程竣工图。

（3）照明灯具、开关、插座的点位与实际完成量要一一对应。

（4）变更单是在施工过程中，经过建设方同意对项目原施工图纸进行修改的内容，是指竣工图纸及竣工结算的重要依据，如图 1-23 所示。

【学习提示】

（1）绘制竣工图时，对于图纸中与现场实际存在细微尺寸误差可以忽略不计，根据实际情况来定。

（2）对于没有大的设计变动或施工做法变动的，可以将施工图修改图名和加盖竣工图图章后，作为竣工图内容使用。

（3）对于一些图纸的局部新增详图，可以在图纸部位空白处进行大样绘制说明，无需添加新图纸。

（4）一般竣工说明、竣工图纸目录、竣工图材料表是在竣工图所有图纸完成以后才进行整理和编制的。

【实践活动】

选择一个典型小型公共建筑室内装饰装修项目，查找编制施工图设计文件的规范，学习使用与设计项目相关的国家规范编制施工图设计文件。选择一个接近竣工的小型公共建筑室内装饰装修项目进行现场竣工测绘，再根据施工图和图纸会审和设计交底记录、设计变更、技术变更记录、隐蔽工程验收记录等信息绘制竣工图。

×× 建筑装饰工程有限公司 ××CONSTRUCTION & DECORATION CO., LTD 中华人民共和国住房和城乡建设部 建筑装饰工程设计甲级 编号 ××	设计联系单	设　计　号 DC2014-20
	建设单位	2015年03月　日
	项目名称	共 01页　第 01页

主　题	一层实训区1F大空间外墙窗节点详图	施工阶段	装饰施工
		专　业	装　饰

一层实训区大空间外墙窗节点详图

2厚深灰色铝窗重换
MT 05
2厚深灰色铝板
MT 05
2厚深灰色铝板
25
25
20
5
5
20
ST 09
45×200灰砖乱贴
室外
室内
外墙

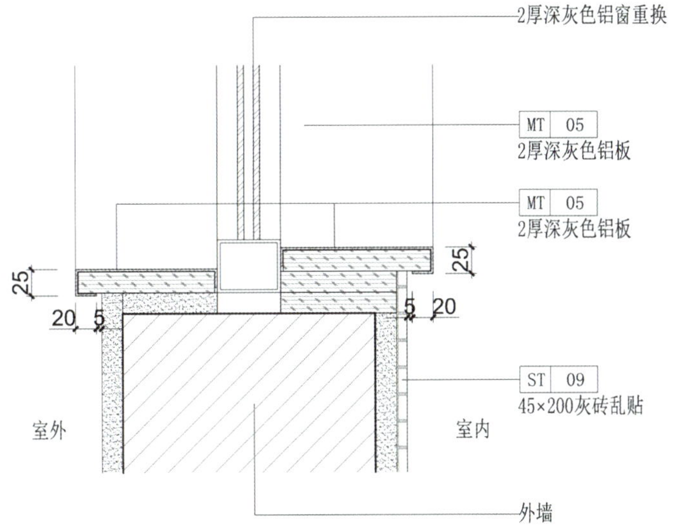

一层实训区外墙窗节点详图

1:5

审核/审定			签章处
设计总负责		2015.03.18	
首席设计师			
变更设计人			

通知单编号：001

图 1-23　变更单样例

【活动评价】

竣工图自评： （20%）	现场踏勘测绘能力	很好 ☐ 较好 ☐ 一般 ☐ 还需努力 ☐
	施工图识读正确	很好 ☐ 较好 ☐ 一般 ☐ 还需努力 ☐
	竣工图总体编制完整性	很好 ☐ 较好 ☐ 一般 ☐ 还需努力 ☐
	竣工图图纸绘制正确	很好 ☐ 较好 ☐ 一般 ☐ 还需努力 ☐
	房屋建筑制图标准正确使用	很好 ☐ 较好 ☐ 一般 ☐ 还需努力 ☐
	相关设计依据正确	很好 ☐ 较好 ☐ 一般 ☐ 还需努力 ☐
小组互评： （40%）	整体完成效果	优 ☐ 良 ☐ 中 ☐ 差 ☐
教师评价： （40%）	竣工图编制质量	优 ☐ 良 ☐ 中 ☐ 差 ☐

任务 5 图纸核实

图纸核实

【任务描述】

　　图纸核实是在建筑装饰工程施工前的一个重要环节，是保障工程顺利进行的一项措施。主要包括两个部分，第一是施工图纸方案与施工现场的核实，第二是施工图纸完成后的自检。图纸核实的主要目的是核对图纸方案与施工现场是否相违背，以减少或避免因图纸与现场冲突而带来的方案无法实施或是实施后会产生某些严重问题，减少经济损失，防患于未然。

　　本次课学习目标是能根据建筑现场踏勘与测绘对装饰方案施工图纸进行现场核实，掌握图纸核实的内容与方法，熟悉图纸内容。

【任务实施】

　　本项工作任务实施以住宅装饰装修项目为例，结合已初步完成的施工图纸对现场建筑结构及环境条件进行对比审查，验证施工图纸内容的可行性。

　　1. 施工图纸与施工现场的核实步骤与方法

　　（1）平面图纸的核实

　　1）首先对建筑的主墙间距及梁柱位置进行现场核实，确保整个建筑的框架结构尺寸和图纸的一致性，微弱误差可忽略不计。如图 1-24 所示。

2）对施工现场的空间平面进行重新的测量，包括（长、宽、斜边长度，转角等），对比测量数据与图纸上建筑结构平面数据是否相符，若误差极小则可以忽略不计，误差太多则要对图纸进行修改，因为图纸是工程审计和预决算的主要依据，要确保其准确性。

3）核实现场建筑管道、上下水位置、煤气主管的位置，这部分内容在图纸中是否有明确的表示，是否与方案有所冲突，若是方案中对此做了改动，则需查看其现场的可实施性，这是非常必要的，否则常常在后期施工时发现问题，造成方案无法实施，进而影响整个方案的布置和实施，轻则造成小额的经济损失，重则造成重大经济损失和工期延误，如图 1-25 所示。

图 1-24　室内墙柱、梁的核实

图 1-25　室内管道的核实

4）测量现场建筑层高及顶面管道（水管、煤气管、消防管道）的最低点，与图纸层高进行核实，若是存在重大误差则需要引起重视，检查方案是否可行。另外，若是顶面有空调进出风口，需要考虑空调风机的尺寸，如图 1-26 所示。

5）核对现场顶面梁的位置，检查梁底的高度与层高的关系，查看图纸中梁的处理方式是否可行。往往图纸中没有考虑梁的问题，而施工现场却有梁的存在，影响了方案的实施，如图 1-27 所示。

图 1-26　室内空调设备底部高度检查

图 1-27　现场梁的核查

6）消防烟感和喷淋的核实。如若是公共场所装修则还应检查现场烟感和喷淋的位置，是否与顶棚图纸中的造型尺寸有冲突，及时调整方案。

7）核对现场楼梯位置和尺寸，更正图纸内容，确保图纸正确，楼梯部分结构较为复杂，需认真对待。

8）勘查现场地面平整度，若地面平整度误差较大的，则须添加现场找平层处理工序。如图 1-28 所示。

图 1-28　地面平整度检查

（2）立面图纸核实

1）核实建筑门窗洞口的数量和位置。很多设计公司拿到的建筑图纸不是土建单位的竣工图纸，与现场存在差异，门窗有调整的地方。

2）住宅室内部分没有消防设备检查的内容，但在公共装饰装修中这个环节检查十分重要，要确保消防设施与立面造型不冲突，以及设计施工图中消防设施的处理方式，如图 1-29 中某工程立面消火栓的施工处理所示。

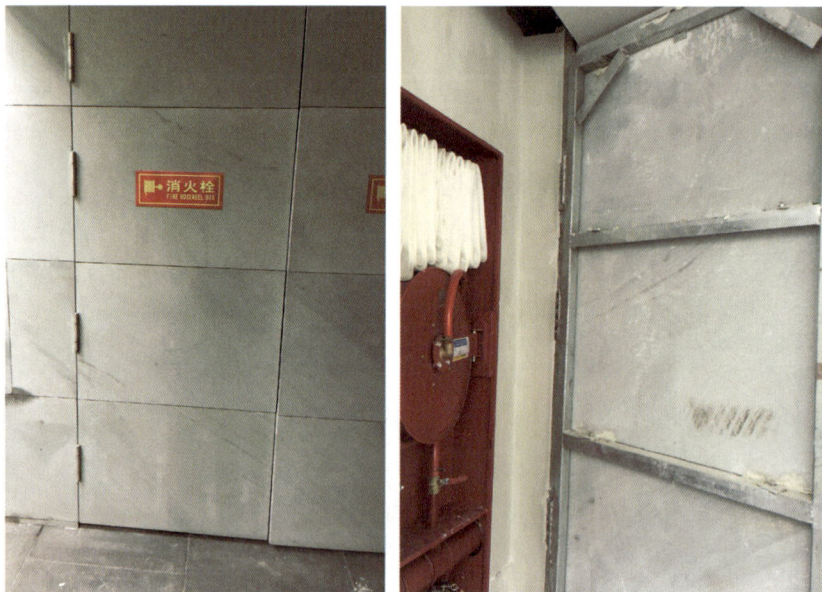

图 1-29　消火栓位置检查

3）检查立面墙体的性质，是否为承重结构，是否可受力。这在考虑石材干挂装饰时很重要，若为一般轻质砌块隔墙是不能进行干挂施工的。

4）对立面的总长和总高尺寸进行核实。

5）检查现场墙体的平整度和垂直度，避免误差太大，方案无法实施。

（3）装饰构造详图的核实

此部分内容图纸一般不需要进行现场核实，因装修工程施工尚未开始，无法核实，只能对图纸进行自检。

2. 施工图纸的自检

（1）图纸施工范围是否依据设计要求进行绘制，避免出现空间遗漏。

（2）图纸编号是否与图纸目录对应，无缺失图纸现象。

（3）图纸中装饰主材料是否按照甲方设计要求选用。

（4）整套图纸的标高、轴线号是否相对应统一。

（5）整套图纸的标准尺寸、字体大小、样式是否一致。

（6）图中的索引页面是否对应无误。

【学习支持】

（1）通常室内装饰工程前期的建筑结构由下列途径获取：

◆ 设计人员前期的踏勘测绘。

◆ 建筑设计单位提供的建筑施工图纸。

其中第一种方式获得的图纸较为准确，但由于踏勘测绘的内容较多，或记录内容不详等，常出现错误、遗漏；而第二种方式则出现的错误更多，因为建筑在施工过程中都会出现或大或小的变更，使得竣工后的建筑与图纸不一致。为确保设计的准确性，必须在设计前期对建筑进行踏勘和测绘，并且在施工图纸结束后要进行现场的图纸核实。

（2）一个公共装饰装修项目的顺利进行需要多个专业领域的相互配合与衔接，任何环节出现问题，工程都将受到影响，甚至无法进行而导致停工，各专业领域间图纸核实与图纸会审至关重要。与建筑装饰图纸相配套的图纸有：

◆ 土建单位施工图纸。

◆ 强、弱电图纸。

◆ 给水排水图纸。

◆ 外墙图纸。

◆ 暖通图纸。

◆ 成品定制物品安装图纸。

【学习提示】

（1）图纸核实的工作可以首先从图纸自检开始。

（2）在进行图纸核实时，可先对前期的一些踏勘测绘资料、项目相关的会议记录、设计要求等进行整理和查看。

（3）由于现场核实的内容较多，在教学过程中，可选取部分重点装饰空间进行图纸内容的核实学习。

（4）在图纸核实前可以获取其他配套施工图纸进行相结合，如土建施工图纸、暖通图纸、弱电图纸、外墙图纸等，这些图纸和室内装饰的图纸都是相互关联的，涉及收口、交接等问题。

【实践活动】

选择一个典型小型公共建筑室内装饰装修项目，对其施工图纸进行图纸核实，并做出相应的修改。

【活动评价】

竣工图自评：(20%)	图纸自检能力	很好 ☐	较好 ☐	一般 ☐	还需努力 ☐
	相关领域图纸识读能力	很好 ☐	较好 ☐	一般 ☐	还需努力 ☐
	现场核实观察正确	很好 ☐	较好 ☐	一般 ☐	还需努力 ☐
	现场测绘正确	很好 ☐	较好 ☐	一般 ☐	还需努力 ☐
	图纸修改正确	很好 ☐	较好 ☐	一般 ☐	还需努力 ☐
	软件使用正确	很好 ☐	较好 ☐	一般 ☐	还需努力 ☐
小组互评：(40%)	整体完成效果	优 ☐	良 ☐	中 ☐	差 ☐
教师评价：(40%)	图纸核实质量	优 ☐	良 ☐	中 ☐	差 ☐

项目 2
调查研究

【项目概述】

为了使建筑装饰施工图设计具有严肃性、承前性、精确性、逻辑性，并能为材料、设备定购与制作，为施工图预算编制、工程施工和安装、工程验收等提供可靠依据，为此，在施工图设计文件编制前，应该对材料、设备、编制规范等进行全面的调研。

任务 1　装修材料调查

【任务描述】

建筑装饰装修材料是集材料、造型设计、工艺美学于一身的材料，它是建筑装饰施工设计工程的重要物质基础。建筑装饰施工的整体效果往往受到建筑装饰装修材料的影响，因此，熟悉各种装饰材料的性能、特点，才能物尽其用，更好地表达设计意图。本次课是让学生以顾客或设计师的身份参观调查一家综合建材市场或建材超市，了解常用的建筑装饰的基本材料，了解建筑装饰材料的分类和特点，了解常用的各类建筑装饰装修材料的品牌市场价格等信息。本次课的目标是通过参观建材市场活动，将建筑装饰材料直观地展现在学生面前，以增加学生的感性认识，从而学习相关材料知识。

装饰材料调查

【任务实施】

（1）根据给定的材料调查表：建筑装饰装修材料调查表（见附表），对建筑装饰装修材料进行调查。

（2）在规定的时间内，用了解、观察、记录及索取资料等方式进行调查。

（3）汇总收集各类建筑装饰装修材料的资料，填写建筑装饰装修材料调查表。

（4）学生互相之间对收集的资料以多媒体方式进行交流与分析，以提高感性认识。

【学习支持】

1.建筑装饰材料概述

（1）概念

建筑装饰材料是指起装饰作用的建筑材料。它是指主体建筑完成之后，对建筑物的室内空间和室外环境进行功能和美化处理而形成不同装饰效果所需用的材料，如图2-1所示新古典主义风格的长岛别墅主卧室。它是由建筑材料的一个组成的，是建筑物不可或缺的部分。建筑装饰材料既可以起到装饰作用，提高建筑物的美观度，又可以满足一定使用要求的功能性，也可反映时代的特征（图2-2）。

图2-1　长岛别墅主卧室

图2-2　建筑装饰材料

（2）作用

建筑装饰材料的主要功能是：建筑主体结构工程完工后，铺设在建筑室内外墙面、顶棚、地面，以美化建筑与环境，调节人们的心灵，并起到保护建筑物的作用。使用建筑装饰材料要遵循美学的原则，创造出具有提高生活品质的优良空间环境，使人的身心得到平衡，情绪得到调节。建筑装饰材料也是建筑物的重要物质基础，能反映时代的特征。在为实现以上目的的过程中，建筑装饰材料起着重要的作用。

（3）分类

◆ 按材质分类，可分为塑料、金属、陶瓷、玻璃、木材、有机和无机矿物纤维、涂料、纺织品、石材等种类。

◆ 按化学性质分类，可分为有机装饰材料，例如：木材、塑料、有机涂料等；无机装饰材料，例如：铝合金、不锈钢、天然石材、石膏、玻璃、陶瓷等；有机、无机复合装饰材料，例如：铝塑板、彩色涂层钢板等。

◆ 按功能分类，可分为吸声、隔热、防水、防潮、防火、防霉、耐酸碱、耐污染等种类。

◆ 按装饰部位分类，可分为外墙装饰材料、内墙装饰材料、地面装饰材料、吊顶装饰材料、门窗装饰材料、建筑五金、管材型材、胶结材料等。

（4）功能

◆ 装饰功能

通过建筑装饰材料的质感、线条和色彩等要素来表现建筑物。选用不同的材料或将同一种材料用不同的施工方法，就可使建筑物的内外产生不同的装饰效果。如用丙烯酸类涂料可以做成有光、平光或无光的饰面，也可以做成凹凸的、拉毛的或彩砂的饰面。

◆ 保护功能

适当的建筑装饰材料对建筑物表面进行装饰，不仅能起到良好的装饰作用，而且能有效地提高建筑物的耐久性，降低维修费用。

◆ 室内环境改善功能

如内墙和顶棚使用的石膏装饰板，能起到调节室内空气的相对湿度。当室内湿度升高时，石膏板能吸收一定量的水蒸气，使室内不至于过于潮湿；室内空气干燥时，又能释放出一定量的水分补充室内湿度，从而改善室内环境的舒适度。

又如木地板、地毯等能起到保温、隔声、隔热的作用，温暖舒适的脚感，可改善室内的生活环境。

（5）装饰材料的选择

◆ 体现装饰建筑物的类型和档次

所装饰的建筑类型不同，选择的建筑装饰材料也不相同；所装饰的建筑档次不同，选择的建筑装饰材料也应当有区别。

◆ 建筑装饰材料的装饰效果

建筑装饰材料的质感、尺度、线型、纹理、色彩等，对装饰效果都将产生一定的影响。好的装饰效果可以美化生活、愉悦身心、改善生活质量。

◆ 建筑装饰材料的耐久性

有的建筑装修使用年限较短，就要求所用的装饰材料耐用年限不一定很长。但也有的建筑要求其耐用年限很长，如纪念性建筑物等。

◆ 建筑装饰材料的经济性

从经济角度考虑装饰材料的选择，应有一个总体的观念，既要考虑到工程装饰一次投资的多少，也要考虑到日后的维修费用，还要考虑到装饰材料的发展趋势。一般装饰工程的造价占建筑工程总造价的 30% ~ 50%，装修标准较高的可达 60% 及以上。材料选择原则上应根据使用要求和装饰等级，在不影响装饰工程质量和效果的前提下，尽量选用质优价廉的材料；选用功效高、安装简便的材料，以降低工程费用。

（6）基本性质

◆ 物理性质

1）与质量有关的性质包括密度、密实度与孔隙率、材料的填充率与空隙率。

2）与水有关的性质包括亲水性与憎水性、吸湿性、吸水性、耐水性、抗渗性、抗冻性。

3）热工性质包括导热性、热容量。

2. 建筑装饰石材

（1）天然大理石

指可以磨平、抛光的各种碳酸盐类岩石以及某些含有少量碳酸盐的硅酸盐类岩石，包括有变质岩类和沉积岩类的各种大理岩、大理化灰岩、火山凝灰岩、致密灰岩、石灰岩、砂岩、石英岩、蛇纹岩、石膏岩、白云岩等。如图 2-3 所示用天然大理石装饰的大堂。"大理石"源于云南大理县，因为大理盛产优质天然大理石而名扬天下。天然大理石的主要化学成分是 $CaCO_3$，主要特点有：

◆ 结构致密，抗压强度高。

◆ 质地密实而硬度不大，较易进行锯切、雕琢和磨光等加工。

◆ 装饰效果好。含有多种矿物质，呈现多种色彩组成的花纹。开光性好，抛光后光洁细腻，如脂如玉，纹理自然，十分诱人。纯净的大理石为白色，称汉白玉，纯白和纯黑的大理石属名贵品种。

图 2-3　天然大理石装饰的大堂

◆　吸水率小，一般小于 1%。

◆　耐磨性好，其磨损量小。

◆　耐久性好，一般使用年限为 40 ～ 100 年。

◆　抗风化性较差。易被酸侵蚀，除个别品种（如汉白玉、艾叶青等）外，一般不宜用于室外装饰（图 2-4 ～图 2-8）。

图 2-4　意大利黄洞石

图 2-5　印度雨林啡

图 2-6　意大利云灰石

图 2-7　西班牙深啡网

图 2-8　爵士白大理石

（2）天然花岗石

指具有装饰功能，并可以磨平、抛光的各种岩浆类岩石，包括各种花岗岩、拉长岩、辉长岩、正长岩、闪长岩、辉绿岩、玄武岩等，天然花岗石为全晶质结构的酸性岩石，按结晶颗粒的大小，通常分为细粒、中粒和斑状等几种。其颜色取决于其所含长石、云母及暗色矿物的种类和数量，常呈灰色、黄色、蔷薇色和红色等，而以深色花岗石比较名贵。优质花岗石晶粒细而均匀，构造紧密，石英含量多，云母含量少，不含黄铁矿等杂质，长石光泽明亮，没有风化现象（图 2-9、图 2-10）。

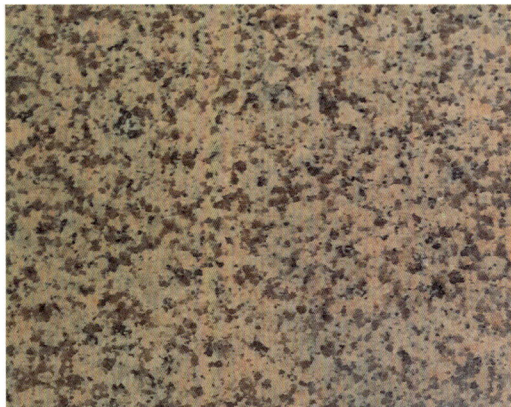

图 2-9　卡麦斯金花岗岩

图 2-10　灰麻花岗岩

天然花岗石主要特点有：

◆　表观密度大。

◆　结构致密、抗压强度高。

◆　孔隙率小、吸水率极低。

◆　材质坚硬，具有优异的耐磨性。

◆　化学稳定性好，不易风化变质，耐酸性很强。

◆　装饰效果好。表面平整光滑，色彩斑斓，质感坚实，华丽庄重。

◆　耐久性很好。细晶粒花岗石使用年限可达 500～1000 年之久，粗晶粒花岗石可达 100～200 年。

◆　花岗石不抗火。高温下石英会发生晶态转变体积膨胀，产生严重开裂破坏。天然花岗石饰面板材根据其表面的加工要求可分为剁斧板、机刨板、粗磨板、蘑菇石板和磨光板等几种。石板规格可按图纸要求加工。

（3）人造石材

◆　人造石材的分类

1）水泥型人造大理石。物理和化学性能最好，花纹容易设计，有重现性，适于多种用途，但价格相对较高。

2）树脂型人造大理石。价格最低廉，但耐腐蚀性能较差，容易出现微细裂纹，适于作板材而不适于作卫生洁具。

3）复合型人造大理石。综合了前两者的优点，既有良好的理化性能，成本也较低。

4）烧结型人造大理石。用黏土作胶粘剂，需经高温熔烧，因而能耗大，造价高，而且产品破损率高。

◆ **人造石材的性能特点**

花纹图案可设计，胜过天然石材，表面光泽度很高，且质量轻、强度高、耐腐蚀、耐污染、耐久性好，易加工、施工方便。因此，人造石材广泛应用于现代建筑装饰。

◆ **人造大理石制品**

1）**玉石合成饰面板** 玉石合成饰面板由名贵的天然玉石和不饱和聚酯树脂加工而成。具有色泽鲜艳、光泽度高、玉石感强、色彩丰富、豪华美观、典雅气派等特点，同时该产品耐酸碱、强度大。如图 2-11 所示，适用于室内墙面和地面的装饰，是高级建筑室内装饰的理想材料。

图 2-11 现代主义风格的长岛别墅人造大理石地面

2）**工艺大理石** 工艺大理石具有与天然大理石相媲美的质地和光洁度，超出天然大理石的花色花纹及耐风化、耐腐蚀的特性；适用于高、中、低档宾馆、餐厅等建筑的装饰，还能制造出各种异形装饰件和高档茶几面、家具台面等，如图 2-12 所示德国慕尼黑 mercure 酒店人造大理石洗脸台。

3）**再造石装饰制品** 再造石装饰制品以水泥及砂石等无机材料为原料，制品内部加配钢筋，经特定工艺制成。其有天然石材的装饰效果，并可做镀铜效果；表面可做成浅浮雕花纹造型；使用无机材料，色彩耐久性良好；若采用轻骨料，重量可减轻 1/30；并可根据设计要求，预留金属件或在表面

图 2-12 德国慕尼黑 mercure 酒店人造大理石洗脸台

留孔，便利施工连接。主要品种有浅浮雕、透空、套色艺术磨石等。

4）**无机人造大理石** 高强度彩色装饰板利用早强 42.5 等级水泥、河砂、颜料、水泥助剂等原料制成无机人造大理石。具有耐酸碱、强度高、光泽度好、耐磨性好、吸水率小、色泽鲜艳、纹理自然美观、不褪色等特点，适用于会议厅、商场、舞厅、宾馆等建筑的内外墙面、地面、台面、柱面、踢脚线等的装饰。

5）**无机花岗岩大理石** 无机花岗岩大理石具有强度高、耐高温、耐低温、耐酸碱、耐老化、装饰效果好等特点。制作工艺与无机人造大理石高强度彩色装饰板基本相同。

6）**仿花岗岩大理石** 仿花岗岩大理石具有强度高、结晶度高、化学稳定性好、不变形、不龟裂、光泽度高等特点。花色品种多样，施工方便，可用水泥砂浆直接粘贴。适用于建筑内外墙面、地面、台面、柱面、踢脚线等的装饰，也可用于制作家具台面、牌匾及大型壁画，如图 2-13 所示。

7）**人造大理石壁画** 人造大理石壁画是绘画艺术和人造大理石制作工艺相结合的工艺美术品。具有制作工艺简单、室温成型、不需大型设备、成本低、价格便宜等优点。可镶贴于墙面、镜框中，是一种很有发展前途的装饰品。如图 2-14 所示，是德国纽伦堡街头人造大理石壁画。

图 2-13　庭院仿花岗岩大理石铺地

图 2-14　德国纽伦堡街头人造大理石壁画

◆　彩色水磨石

彩色水磨石是用各种大理石石粒等骨料、普通水泥或白水泥、无机矿物颜料及其他辅助材料经过花色设计、配料制坯、养护、磨平抛光以及打蜡等工序制成的一种饰面材料。其特点有：原材料来源丰富、价格较低、做成的饰面表面平整光滑、装饰效果好、不起灰、容易清洁、又可根据设计要求做成各种颜色和花纹图案。彩色水磨石可用于室内外墙面、地面、楼梯、柱面、踢脚板、窗台板及各种台面等。现制水磨石分格尺寸一般根据设计要求而定，预制水磨石板材规格有 305mm × 305mm、400mm × 400mm、

500mm × 500mm，厚度为 25mm、35mm，也可根据设计要求加工。

3. 玻璃装饰材料

玻璃是用石英砂、纯碱、长石和石灰石为原料，于 1550 ~ 1600℃高温下烧至熔融，再经急冷而得的一种无定型硅酸盐材料。常见制造方法有引拉法、浮法、辊磨法、模注法等。是各向同性的匀质材料，是典型的脆性材料。玻璃的绝热、隔声较好，热稳定性差，耐酸性好，透光和透视，有艺术装饰作用。特种玻璃还有吸热、防辐射等特殊功能。

（1）分类

◆　按化学成分：钠玻璃（钠钙玻璃或普通玻璃）、钾玻璃（硬玻璃）、铝镁玻璃、铅玻璃（铅钾玻璃或重玻璃、晶质玻璃）、硼硅玻璃（耐热玻璃）、石英玻璃。

◆　按功能和用途：平板玻璃，安全玻璃，声、光、热控制玻璃，饰面玻璃。

（2）基本性质

◆　密度。约为 2450 ~ 2550kg/m³，且随温度升高而减小。

◆　力学性能。决定于化学组成、制品形状、表面性质和加工方法。主要指标有抗拉强度和脆性指标。玻璃的理论抗拉强度极限为 12000MPa，实际强度大致为 30 ~ 60MPa。而抗压强度约为 700 ~ 1000MPa。脆性是玻璃的主要缺点。

◆　热物理性质，一定量的玻璃的比热与化学成分有关。

◆　光学性质。玻璃对光线的吸收能力随着化学组成和颜色而异。一般无色玻璃可透过各种颜色的光线，但吸收红外线和紫外线。各种颜色玻璃能透过同色光线而吸收其他颜色的光线。石英玻璃和硼、磷玻璃能透过紫外线。锑、钾玻璃能透过红外线。

◆　具有较高的化学稳定性（除氢氟酸和磷酸外）。

（3）玻璃的表面处理

◆　玻璃的化学蚀刻

用氢氟酸溶掉玻璃表面的硅氧，根据残留盐类的溶解度各不相同，而得到有光泽的表面或无光泽的表面。

◆　化学抛光

用氢氟酸破坏玻璃表面原有的硅氧膜，生成一层新的硅氧膜，使玻璃得到很高的光洁度与透明度。化学抛光有两种方法，一种是单纯利用化学侵蚀作用，另一种是用化学侵蚀和机械研磨相结合的方法，前者大都应用于玻璃器皿，后者大都应用于平板玻璃。

◆　表面金属涂层

广泛用于制造热反射玻璃、护目玻璃、膜层导电玻璃及玻璃器皿和装饰品等。

◆　表面着色

在高温下用着色离子的金属、熔盐、盐类的糊膏涂覆在表面上，使着色离子与玻璃中的离子进行交换，扩散到玻璃表面层中去，使玻璃表面着色。

（4）常用的玻璃装饰材料

◆　平板玻璃

图 2-15　采光平板玻璃顶棚

如图 2-15 所示。

1）**普通平板玻璃**　也称单光玻璃、净片玻璃，属于钠钙玻璃，是未经研磨加工的平板玻璃。主要用于装配门窗，起着透光、透视、挡风和保温的作用。

2）**磨光玻璃**　又称镜面玻璃或白片玻璃，是用普通平板玻璃经过抛光后的玻璃。分为单面磨光和双面磨光两种。其表面平整光滑且有光泽，物像透过玻璃不变形，透光率大于 84%。常常用于高级建筑物的门窗、橱窗或制作镜子。

3）**磨砂玻璃**　又称毛玻璃、暗玻璃。是将平板玻璃的表面经机械喷砂或手工研磨或氢氟酸溶蚀等方法处理成均匀毛面而成。其表面粗糙，只有透光性而不能透视，常常用于需要隐秘和不受干扰的房间，如浴室、办公室等的门窗上尤为适宜，还可用作黑板。磨砂玻璃安装时，应毛面向室外。

4）**花纹玻璃**　按加工方法的不同可分为压花玻璃和喷花玻璃两种。压花玻璃又称滚花玻璃，是在其硬化前经过刻有花纹的滚筒，在单面或双面压制各种花纹图案。花纹凹凸不平导致失去透光性，减低透光度。压花玻璃使用时应将花纹向室内，广泛应用于宾馆、公用建筑、办公室等现代建筑的装修工程中。喷花玻璃又称胶花玻璃。是在平板玻璃表面上贴以花纹图案，抹以保护层，经喷砂处理而成。适用于门窗装饰和采光。如图 2-16 所示，广泛应用于宾馆、公共建筑、办公空间等现代建筑的装修工程中。

图 2-16　压花玻璃墙面玻璃砖墙面

5）**有色玻璃**　又称颜色玻璃或彩色玻璃，有透明和不透明两种。透明有色玻璃：在原料中加入一定的金属氧化物使玻璃带色。不透明有色玻璃亦称饰面玻璃，是在一定形状的平板玻璃的一面喷以色釉，再烘烤而成。其彩色饰面或涂层可以用有机高分子涂料制得。

有色玻璃多为深色，常见的有蓝色、紫色、茶色、红色等，也有黄、白、绿色等。常常用于门窗及对光有特殊要求的采光部位，如图 2-17 所示，德国科隆大教堂由彩色玻璃构成的圣经故事大窗户。此外，也作为高级建筑的幕墙材料，已发展成引人注目的外墙装饰材料。

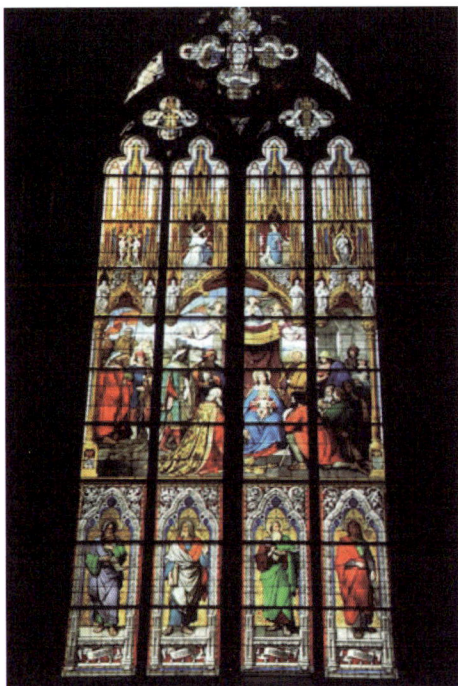

图 2-17　德国科隆大教堂彩色玻璃大窗户

（5）安全玻璃

◆　钢化玻璃

又称强化玻璃，是将平板玻璃经加热骤冷法或化学钢化法处理后，使强度、抗冲击性、耐急冷急热性能大幅度提高（最大安全工作温度 87.8℃，耐热温度能承受 204.44℃的温差）的玻璃。常见的形式有平面钢化玻璃、弯钢化玻璃、全钢化、半钢化玻璃、区域钢化玻璃。常见的品种有普通钢化玻璃、钢化吸热玻璃、磨光钢化玻璃等。

◆　夹丝玻璃

也称防碎玻璃和钢丝玻璃。将普通平板玻璃加热到红热软化状态，再将预热处理的铁丝网或铁丝压入玻璃中间而制成。其表面可以是压花的或磨光的，颜色可以是透明的或有色的。较普通玻璃增加了强度，在遭受冲击或温度剧变时，破而不缺、裂而不散，起到隔绝火势蔓延的作用，故又称防火玻璃。常常用于天窗、顶棚顶盖，以及易受震动的门窗上。彩色夹丝玻璃可用于阳台、楼梯、电梯井，如图 2-18 所示。

图 2-18　夹丝玻璃

◆　夹层玻璃

夹层玻璃是在两片或多片各类平板玻璃之间粘夹了柔软而强韧的中间透明膜，经加热、加压、粘合而成的平面或弯曲的复合玻璃制品。有较高的强度，受到破坏时产生辐射状或同心圆形裂纹而不易穿透，碎片不易脱落。有平夹层（普通型）和弯夹层（异型）两类。

主要用作汽车和飞机的玻璃、防弹玻璃以及有特殊安全要求的建筑物门窗、隔墙、工业厂房的天窗和某些水下工程等。

（6）保温隔热玻璃

保温隔热玻璃常作为幕墙玻璃，如图 2-19 所示，中国 2010 年上海世博会永久建筑之一世博中心被誉为绿色建筑的典范。如图 2-20 所示，是德国汉堡的幕墙建筑。

图 2-19　中国 2010 年上海世博会——世博中心

图 2-20　德国汉堡幕墙建筑

◆ 吸热玻璃

吸热玻璃是在普通玻璃中加入一定量有吸热性能的着色剂或在玻璃表面上喷涂吸热和着色的氧化物薄膜形成的。既能吸收太阳光中大量的辐射热、可见光能、紫外光能，又能保持良好透光率的平板玻璃。颜色有灰色、蓝色、茶色、古铜色、青铜色、棕色、金色、绿色等。常用颜色有蓝色、灰色、茶色和青铜色。常常用于建筑工程的门窗或外墙以及车、船玻璃等，起到采光、隔热、防眩作用。

◆ 热反射玻璃

热反射玻璃又称镀膜玻璃，对太阳辐射能具有较高反射能力、遮光性能好，而又具有单向透视的特性，并保持良好透光性的平板玻璃。常用作高层建筑的幕墙。

◆ 光致变色玻璃

光致变色玻璃是一种随光线增强而会改变颜色的玻璃。制造这种玻璃最好的基础玻璃是钠硼硅玻璃，在基料中加入感光剂卤化剂（氯化银等），也可直接在玻璃或有机夹层中加入钼或钨的感光化合物。

◆ 中空玻璃

中空玻璃是由两层或两层以上平板玻璃构成的，四周用高强气密性好的复合粘结剂将两片或多片玻璃与铝合金框或橡皮条或玻璃条粘合，密封玻璃之间留出的空间（间距一般为 10 ~ 30mm）充入干燥气体（一般为空气），以获得优良的绝热性能。同时，减少噪声且节能，可避免冬季窗户结露，保持室内一定的湿度。无色透明的中空玻璃，一般可用于普通住宅、空调房间、空调列车、冰柜等。有色中空玻璃用于有一定建筑艺术要求的建筑物，如影剧院、展览馆、银行等。特种中空玻璃则根据设计要求的特定环境条件而使用，如防阳光中空玻璃、热带地区的热反射玻璃，用于防盗橱窗的夹层中空玻璃、钢化中空玻璃、夹丝中空玻璃，玻璃幕墙、采光顶棚等处。

◆ 泡沫玻璃

一般是利用废玻璃、碎玻璃，经粗碎后在球磨机中细磨，然后加入 3% ~ 5% 磨细的发泡剂混拌均匀，装入模型中烧结（700 ~ 900℃之间），经退火、冷却、加工而得成品。其机械强度较高，不透水、不透水蒸气和气体，能防火，抗冻性强，可锯、钻、钉钉子等，经久耐用。良好的保温绝热材料。较好的吸声材料和轻质材料。可砌筑轻质隔墙和框架结构的填充墙；可作木墙、砖墙和混凝土墙以及地板、楼板和屋面的保温材料；也可作影剧院、音乐厅和大礼堂墙面和顶棚的吸声材料，尤其宜作冷库绝热材料。

（7）空心玻璃砖

是采用箱式模具压制而成的两块凹形玻璃，熔接或胶结成整体的具有一或两个空腔的玻璃制品。具有强度高、隔热、隔声、耐水以及不透视等特点。主要用于砌筑透光的墙壁、建筑物非承重内外隔墙、沐浴隔断、门厅、通道等，更适用高级建筑、体育馆等需控制透光、眩光和太阳光的场合（图 2-21）。

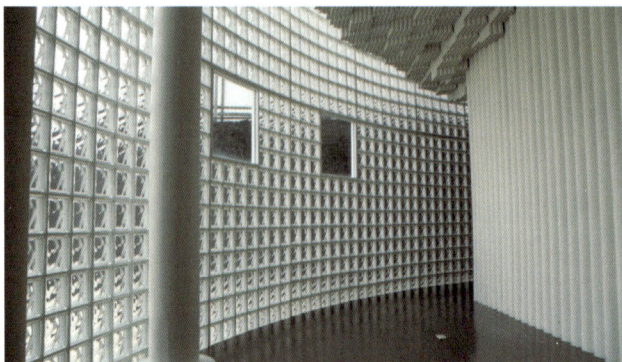

图 2-21　玻璃砖墙面

（8）镭射玻璃

镭射玻璃是国际上十分流行的新一代建筑装饰材料。以普通的平板玻璃为基材，在玻璃表面采用高稳定性的结构材料，并经特殊工艺处理，从而构成全息光栅或其他图形的几何光栅。当光源照耀时，随着光线的入射角度和人的视角的不同，使得被装饰物的图案和色彩呈现出五光十色的变幻，从而显得更为华贵、更为神奇迷人，给人一种梦幻般的感受。技术性能优良，寿命长。当以普通平板玻璃为基材时，主要用于墙面、窗户、顶棚等部位的装饰。而以钢化玻璃为基材时，主要用于地面装饰。可用于酒店、宾馆、文化娱乐设施、门面的装饰，也适用民用住宅的顶棚、地面、墙面及阳台封闭等的装饰。亦可制作家具、灯饰及其他装饰性的物品。

（9）玻璃马赛克

玻璃马赛克又称玻璃纸皮石或玻璃锦砖。是将用熔融法（即压延法）或烧结法生产的边长不超过 45mm 的各种颜色、形状的玻璃质小块预先铺贴在纸上而构成的装修材料。其常见规格为每粒尺寸为 20mm×20mm×4mm，而每块纸皮石尺寸为 327mm×327mm（图 2-22）。

主要有以下特点：

◆　色泽柔和、颜色绚丽典雅、颜色品种多、永不褪色，还可增加视觉厚度，从而烘托出一种辉煌和豪华气氛。

◆　面光滑、不吸水，抗污性好。

◆　质地坚硬、性能稳定，经久耐用，可保护墙体免受侵蚀，延长建筑物寿命。

◆　背面有锯齿状或阶梯状的沟纹，铺贴时吃灰深，粘贴牢。这对高层建筑的墙面装饰尤为重要。

◆　价格便宜，玻璃马赛克广泛用于建筑物

图 2-22　玻璃马赛克

外墙和内墙，也可用于壁画装饰。

4. 木质装饰材料

（1）木质装饰板

◆ 贴面板

贴面板在装饰材料中属于较高级的材料，尤其是薄木贴面板。它是将柚木、柳桉等珍贵树种的木材经过加工处理，制成薄木切片，厚度一般在 0.1 ~ 1.0mm 之间，再采用胶粘工艺粘贴在基板上制成。薄木贴面花纹美丽、色彩悦目，具有真实感和立体感，装饰效果极佳。常作为高级室内墙、木门、木墙裙、橱柜等饰面。

◆ 胶合板

胶合板是松、桦、水曲柳等原木，沿年轮切成薄片，经干燥、涂胶、按纤维垂直重叠，用热压机加工制作而成。胶合板层数为奇数，例如 3、5、7、9、11、13、15 等。

胶合板的主要特点为：材质均匀、强度高、平整易加工、不翘不裂、干湿变形小等，胶合板提高了木材利用率，板面花纹美丽、装饰性强，是建筑中最常用的人造板材之一。

胶合板分为阔叶树材胶合板以及针叶树材胶合板。胶合板按耐水程度可分为四类：

Ⅰ类，NQF：耐气候变化、耐沸水，能在室外使用。

Ⅱ类，NS：耐水，可在冷水内浸渍，适合室内使用。

Ⅲ类，NC：耐潮，可短期在冷水内浸渍，适合室内使用。

Ⅳ类，BNC：不耐潮，在室内常态下使用。

◆ 纤维板、刨花板、细木工板

纤维板是用木材加工余下的树皮、刨花等废料，经破碎浸泡后研磨成木浆，用胶合料热压、干燥处理而成的人造板材。其特点为：材质构造均匀、强度高、抗弯耐磨、不易胀缩或翘曲变形、无腐朽木节等缺陷。

刨花板是用木材加工的剩余物，例如刨花碎片、木丝、木屑等废木料，经过加工干燥，加入胶合料压合而成的人造板材。其特点为：质量轻、强度低、保温、隔声、耐久防虫。

细木工板是特种胶合板的一种，细木工板种类繁多，例如：芯板条不胶拼细木工板和芯板条胶拼细木工板、一面砂光细木工板、两面砂光细木工板和不砂光细木工板等。其特点为质坚、吸声、隔热等。

（2）木质地板

◆ 条木地板

条木板是最普遍的木质地面，分为实铺条木板和空铺条木板两种。实铺条木板是直接将木龙骨铺于钢筋混凝土楼板上；空铺条木板是由木龙骨、水平撑、地板三部分组成。

条木地板的制材多采用不易腐朽、不易变形和开裂的树种。其特点为：自重较轻、弹性佳、脚感舒适、冬暖夏凉、易于清洁（图 2-23、图 2-24）。

图 2-23 条木地板的制材

图 2-24 条木地板

◆　拼花地板

拼花地板是比较高级的室内地面装饰木材，其多选用水曲柳、核桃木、榆木、槐木等质地优良、不易腐朽、不易开裂的硬木树材。

拼花地板通过大小不同、形状各异的板条排列组合，拼造出各种图案花纹。其特点为：纹理美观、耐磨性好、不易翘曲变形（图 2-25 ～图 2-28）。

图 2-25 拼花地板（一）

图 2-26 拼花地板（二）

图 2-27 拼花地板（三）

图 2-28 拼花地板（四）

◆　实木复合地板

实木复合地板是由木材刨切成薄片，多层纵横交错组合粘结而成。其优点为基层稳定干燥、不助燃、防虫、不易翘曲变形、铺装方便、材质性温；其缺点为表面材质偏软（图 2-29 ～图 2-32）。

图 2-29 实木复合地板（一）

图 2-30 实木复合地板（二）

图 2-31 实木复合地板（三）

图 2-32 实木复合地板（四）

◆ 强化木地板

强化木地板由表面层、装饰层、基材层和平衡层组成。装饰层具有丰富多彩的木材纹理，给人强烈的视觉效果；基材层一般是密度较高的木质纤维板，使地板具有一定的刚度、韧性、形状稳定性。其优点为用途广泛、品种花色丰富、质地硬、不易变形、防火耐磨、维护与施工简单；其缺点为材料性冷、脚感偏硬（图 2-33）。

5.陶瓷装饰材料

（1）陶瓷制品的分类

◆ 陶质制品

陶制品吸水率较大、强度较低、为多孔结构、不透明，表面分无釉制品以及施釉制品（图 2-34）。

◆ 瓷质制品

瓷制品结构密

图 2-33 强化木地板

图 2-34 陶质制品

致，基本不吸水，强度高，耐磨，色洁白，具有一定的半透明性，表面通常施釉。

◆ 炻质制品

炻质制品又称石胎瓷或半瓷。结构比陶质致密，吸水率小，坯体大多带有颜色，无半透明性。

（2）陶瓷制品的表面装饰

◆ 釉面装饰

陶釉一般是以长石、高岭土、石英等为主要原料，配以化工原料研制浆体喷涂于陶瓷坯体，高温烧制后，产生化学反应，其作用是使在坯体表面形成透明的保护层。

釉具有玻璃的特性，熔点不固定，经过烧制后表面光泽平滑，具有透明感，不吸水、不透气，具有艺术装饰性（图 2-35）。

图 2-35 陶釉

◆ 彩绘装饰

陶瓷表面可绘制各种彩色的花纹图案，使陶瓷制品的艺术性得到很大的提高，彩绘装饰分为釉下彩绘、釉上彩绘、斗彩法。

（3）釉面砖

◆ 釉面砖的种类

白色釉面砖（F，J），其特点为：颜色纯白、表面光亮、易清洁；

彩色釉面砖（YG/SHG），其特点为：光亮晶莹、色彩丰富、色泽柔和；

装饰釉面砖（HY），其特点为：花纹丰富多彩、美观大方、装饰效果佳；

字画釉面砖，其特点为：可根据自己喜好设计烧制釉面砖、设计题材丰富、独一无二，有设计感。

◆ 釉面砖的特点与应用

釉面砖质地光滑，色彩丰富雅致、光亮晶莹，具有很好的热稳定性，质地坚固、防火耐潮，清洁简易，一般用作室内厨房、浴室、医院等场所的饰面材料（图2-36、图2-37）。

图2-36　釉面砖（一）　　　　　　　　图2-37　釉面砖（二）

（4）陶瓷地砖

◆ 陶瓷地砖的主要种类及特点

红地砖：防潮性能佳，适合用于地面铺贴（图2-38）；

各色地砖：颜色丰富、色调均匀，抗腐耐磨、施工方便，适合用于地面铺贴；

瓷质砖：耐酸、耐碱、耐磨，适合用于人流量较大的地面、楼梯铺贴；

劈离砖：表面不上釉则粗犷耐磨，表面上釉则花色丰富，适用于室内外地面、墙面的铺贴；

防滑条：色彩多样、耐磨防滑，适合用于楼梯台阶（图2-39）。

图2-38　红地砖　　　　　　　　图2-39　防滑条

◆ 彩釉陶瓷地砖

彩釉陶瓷地砖有方形与长方形制品，表面施釉，色彩丰富、图案多姿，适合用于室内地面铺贴，但防滑性能差。

【学习提示】 教与学注意点

（1）建筑或室内空间的界面处理，根据不同的功能、装修标准、空间特点，会选择各种建筑装饰装修材料，而不同的材料又有各自的施工工艺和装饰效果，除了满足基本功能要求外，还应根据空间环境特征合理选材，并注重个性化创意设计。

（2）根据空间的功能要求与环境特征，应当综合运用平面构成、色彩构成、立体构成等设计原理，但应突出某一造型的基本要素，并注重空间的整体统一与协调。

（3）要注重借鉴成功的建筑空间装饰设计案例，并善于发现和运用新材料，学会在学习中创新，因为创意本身就是创新。

【实践活动】 工作任务布置

（1）收集内容

20 种常用的建筑装饰装修材料和 20 种新型高科技的绿色建筑装饰装修材料的图片及简单文字说明。

（2）收集方式

◆ 借助网络收集相关资料。

◆ 通过专业图书、建材杂志或建材产品样本，查找相关图片并扫描、编辑成电子文档。

（3）填写建筑装饰材料调研表

附表：

建筑装饰材料调研表

分类		名称	品牌	规格	单价
石材	 人造大理石				
木饰面	（板材名称）				
陶瓷锦砖	 陶瓷锦砖				
地板（实木复合）	 栎木				

续表

分类		名称	品牌	规格	单价
涂料油漆	硅藻泥				
墙布墙纸					
铝合金扣板	条板				
玻璃	玻璃砖				
其他	（灯具、五金等）				
调查地点			调查时间	调查者	

【活动评价】

活动自评： （20%）	材料调查任务明确	很好 □ 较好 □ 一般 □ 还需努力 □
	建筑装饰材料收集资料完整	很好 □ 较好 □ 一般 □ 还需努力 □
	建筑装饰材料调研表填写完整	很好 □ 较好 □ 一般 □ 还需努力 □
小组互评： （40%）	建筑装饰材料收集完成效果	优 □ 良 □ 中 □ 差 □
教师评价： （40%）	建筑装饰材料调研表质量	优 □ 良 □ 中 □ 差 □

任务 2 家居设备调查

家具设备调查

【任务描述】

　　学生以设计师的身份，根据如下背景所示的顾客需求进行设计，在设计前可适当参考相似房型，于是来到某家居商场参观。通过观察和记录其中的一个典型户型，以点扩面，对家居设备完整地进行一次调查，使学生直观和系统地认识家居设备，为将来设计做充分的准备，打下扎实的基础，从而达到学习的效果。

　　顾客张女士："我们的小窝位于市区，面积约 143.8m²，房型如图 2-40 所示。我们是普通的三口之家，有一个十岁的女儿读书压力比较大，因此更希望我们的家能有个温馨的环境，让我们感到轻松愉快，并满足全家人的需要，您能帮助我们吗？"

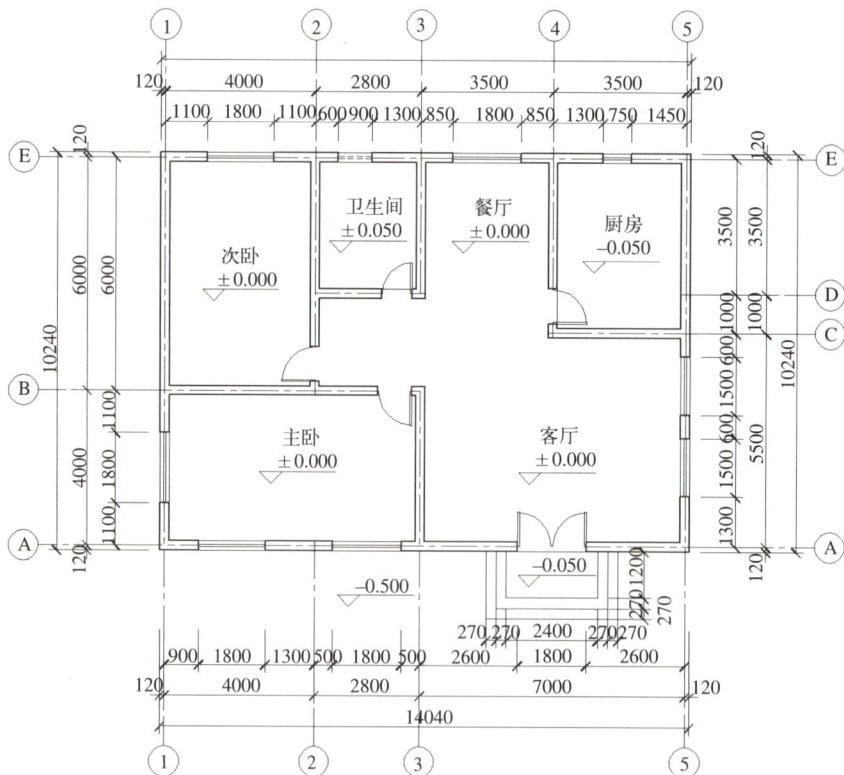

一层平面图 1：100

图 2-40　房型图

【任务实施】

（1）根据房型图，了解基本情况，根据顾客张女士的需求拟定设计风格（要求各组事先进行沟通，尽量做到不重复）。

（2）赴家居商场进行参观，各组对自己事先拟定设计风格的相关家居设备进行调查，可用了解、观察、拍摄、记录以及索取资料等方式。

（3）汇总收集的各类家居设备资料，填写《家居设备调查表》。

（4）各小组对收集的资料以多媒体方式进行交流与分析，互相学习，进一步完善对各类风格的家居设备的认识。

【学习支持】

根据顾客张女士提供的资料，这是一套两室两厅的户型，面积143.8m² 左右。下面根据每个房间的功能进行分析。

1. 卧室

（1）设计原则

卧室又被称为卧房或是睡房，分为主卧和次卧，是供人在其内睡觉、休息的房间，如图 2-41 所示。卧房不一定要有床，不过至少有可供人躺卧之处。有些房子的主卧房有附属浴室。卧室布置得好坏，直接影响人们的生活、学习和工作，卧室成为家庭装修设计的重点之一。因此，在设计时，人们首先注重实用，其次是装饰。好的卧室格局不仅要考虑物品的摆放、方位，整体色调的安排以及舒适性也都是不可忽视的环节。

图 2-41　卧室

具体应把握以下原则：

◆ 保证私密性。卧室要安静，隔声要好，可采用吸声性好的材料；门上最好采用不透明材料完全封闭。有的设计中为了采光好，把卧室的门安上透明玻璃或毛玻璃，这是非常不可取的。

◆ 使用方便。卧室里一般要放置大量的衣物和被褥，因此装修时必须考虑充分的储物空间，不仅要大而且要使用方便。床头两侧最好有床头柜，用来放置台灯、闹钟等随手可以触及的常用物品。有的卧室功能较多，还应考虑到梳妆台与书桌的位置安排。

◆ 风格简洁。卧室的功能主要是睡眠和休息，属私人空间，一般不向客人开放，所以卧室装修不必有过多造型，通常也不需吊顶，墙壁的处理越简洁越好，通常刷乳胶漆即可，床头上的墙壁可适当做造型和点缀。卧室的壁饰可有但不宜过多，还应与墙壁材料、颜色以及家具搭配得当。卧室的风格主要不是由墙、地、顶等硬装修来决定的，而是由窗帘、床罩、衣橱等软装饰决定的，它们占较大比例，图案、色彩往往主宰了卧室的格调，成为卧室风格的主旋律。

◆ 色调、图案要和谐。卧室色调由两方面构成，一是装修时墙面、地面、顶面本身都有各自的颜色，面积很大；二是后期配饰中窗帘、床罩等也有各自的色彩，面积也很大。这两者的色调搭配要和谐，要确定出一个主色调，例如墙上贴了色彩鲜丽的壁纸，那么窗帘的颜色就要淡雅一些，否则房间的颜色就太浓了，会显得过于拥挤；若墙壁是白色的，窗帘的颜色就可以浓一些。窗帘和床罩等布艺饰物的色彩和图案最好可以统一，以免房间的色彩、图案过于繁复，给人凌乱感。另外，面积较小的卧室，装饰材料应选偏暖色调、浅淡的小花图案。老年人的卧室宜选用偏蓝或偏绿的冷色系，图案花纹也应细巧雅致；儿童房的颜色宜新奇、鲜艳，花纹图案也应活泼一点；年轻人的卧室则应选择新颖别致、富有欢快、轻松感的图案。如若房间偏暗或光线不足，最好选用浅暖色调。

◆ 照明配置要得当。尽量不要使用装饰性太强的悬顶式吊灯，它不但会使房间产生许多阴暗的角落，也会在头顶形成太多光线，躺在床上向上看时灯光还会刺眼。最好采用向上打光的灯，既可以使房顶显得高远，又可以使光线柔和，不直射眼睛。除主要灯源以外，还应设台灯或壁灯，以备起夜或睡前看书使用。另外，角落里设计几盏射灯，以便用不同颜色的灯泡来调节房间色调，如黄色灯光就会给卧室增添不少浪漫情调。

（2）设计风格

◆ 地中海风格

实用主义和浪漫主义可以同时在卧室中并存，在装饰装修上，常用海洋元素，给人自然浪漫的感觉；在造型上，广泛运用拱门与半拱门，给人延伸般的透视感；在界面处理上，不修边幅的线条，白墙的不经意涂抹修整也形成一种特殊的不规则表面。在家具选配上，通过擦漆做旧的处理方式，搭配贝壳、鹅卵石等，表现出自然清新的生活氛围，并以其极具亲和力的田园风情、柔和色调和大气搭配被人们所接受。蓝白色调浪漫而宁静，蓝色的清透与白色的安静相互映衬，装点出如水一般纯净又极富内涵的卧室氛围，如图 2-42 所示。

图 2-42　地中海风格卧室

◆　中式传统风格

卧室整体布局上采用对称式布局，端正稳健，气势恢宏，空间高进深大。选材用料以木材为主，做工考究，常以龙、凤、花、鸟等图案精雕细琢，体现木构架建筑特有的形式与装饰美。常用柔和雅致的配色基调，并以红、黑暖色调为主，饱和度较低。墙面常用材料原色，并伴有装饰图案。室内氛围常以字画、瓷器烘托，陈设造型线条复杂多变，常雕琢各式繁复精美的花纹图样，精美绝伦，如图 2-43 所示。

图 2-43　中式传统风格

◆ 北欧风格

在卧室设计中追求流畅感，墙面、地面、顶棚以及灯具器皿等家具陈设均以造型简洁、质地纯洁、工艺精细为特征，还常用石材、玻璃和铁艺等自然质感的装饰材料。空间色彩偏向浅色，如白色、米色、浅木色。常常以白色为主调，使用鲜艳的纯色为点缀；或者以黑白两色为主调，不加入其他任何颜色。空间干净明朗，绝无杂乱之感。此外，也常使用白、黑、棕、灰和淡蓝等颜色。在窗帘地毯等软装搭配上，偏好棉麻等天然质地，如图 2-44 所示。

图 2-44　北欧风格

◆ 自然风格

自然风格在卧室的设计中表现简单化，更多是表现自然、放松、安静的空间意境。设计要素采用自然元素，将原物品原色调融入设计当中。形态也常用天然木、石、藤、竹等材质质朴的纹理与造型。颜色以绿色植物，青砖白瓦，本色的木材等。室内材质多用实木、织物、石材等天然材料，体现材料的纹理，清新淡雅，并巧妙设置室内绿化，创造自然、简朴、高雅的氛围，如图 2-45 所示。

图 2-45　自然风格

（3）家居设备

◆ 分类

常用的卧室家具：衣柜、床、床头柜、镜子、梳妆台、床垫等几种，当然还有像落地灯、脚凳等小家具（图 2-46）。

图 2-46 常用卧室家具

◆ 摆放原则

1）床的摆放合理。对于床本身，要考虑的是其长度、宽度是否足够，床体是否平整并且是否具有良好的支撑性和舒适性。至于床的高低，一般以略高于就寝者的膝盖为宜。床位最好选择南北朝向，顺合地磁引力。床头柜应高过床。

2）充分利用墙面。在卧室的墙面做一些形状有趣搁架，可用来放书、玩具和花瓶等（图 2-47）。

3）小卧室应高效利用空间。家具如果可以一物多用，比如有些床，可经过改造，就成为接待朋友的沙发。

4）床头、墙角、窗台等地方都是能够大做文章的。不要放过每一个可以安排的小小空间，例如可在床头的搁板下放置推拉的活动储物架（图 2-48）。

图 2-47 充分利用墙面

53

图 2-48 充分利用空间

◆ 禁忌

1）床正上方不要装吊灯，会给人压抑的感觉，增加人的心理压力；

2）卧室的光线不宜过于黑暗，应配有足够的照明设备；

3）卧室不宜明镜太多；

4）床不可贴地，床底宜空，勿堆放杂物，否则不通风，易藏湿气，导致腰酸背痛；

5）不可有横梁压床，以免造成压抑感；

6）电器尽量少放，特别是电视、电脑、电冰箱不宜集中摆放在卧室里，以免带来更多的电磁污染。

2. 客厅

（1）设计原则

客厅也叫起居室，是主人与客人会面的地方，也是房子的门面（图 2-49）。客厅的摆设和颜色都能反映主人的性格、特点、眼光和个性等。客厅宜用浅色，让客人有耳目一新的感觉。

客厅作为家庭的门面，其装饰的风格趋于多元化和个性化，它的功能也越来越多，同时具有会客、展示、娱乐和视听等功能，在设计上要兼顾到这一点。

客厅的位置一般离主入口较近，要避免别人一进门就对其一览无余，一般会在入口处设置玄关。

在会客区中沙发的作用最为重要，它的造型和颜色会直接影响客厅的风格，所以选择时要慎重。

展示空间是体现自己个性的地方，可以放上一件透明的橱柜，在其中放置一些收藏

图 2-49 客厅

品或装饰品及书籍。它的大小要按照客厅的面积来看,最好能靠墙而立以节省空间。

视听娱乐区是客厅的一个重要的功能区,它的设计要考虑到许多方面,如电视屏幕与座位之间的距离、角度和高度,电视灯的位置,音响设备与家具的位置等,这些可能需要反复调试才能确定(图 2-50)。

图 2-50 视听娱乐区

客厅布置的类型也可多种多样，有不同的风格和格调。选用柔和的色彩、小型的灯饰、布质的装饰品就能体现出一种温馨的感觉。选用夸张的色彩，新颖的家具，金属饰物就能体现出另类的风格。也可以索性只在地上放置几个坐垫，让来人席地而坐，忽视所有繁复的装饰，创造出别具匠心的田园风格也是不错的选择。

（2）设计风格

◆　现代简约风格

装饰设计上，注重空间布局与使用功能的结合。常根据功能的需要和具体的使用特征，确定空间的体量与形状，灵活自由地布置空间。界面处理上，线条简单、造型简洁、装饰元素少。尊重材料性能，讲究材料自身质地和色彩配置效果。注重环保与材质的和谐、新技术新材料的合理应用。在现代简约风格中常使用纯净的色调搭配。

室内装饰及陈设常用工业化家具和用品，追求造型简洁、质地纯正、工艺精细。家具强调形式服从功能，讲求实用，废弃多余的装饰。简约，不仅仅是一种生活方式，更是一种生活哲学，如图2-51所示。

图 2-51　现代简约风格客厅

◆　新中式风格

由于新中式装饰风格的客厅以朱红、绛红、咖啡等为主色调，所以新中式客厅显得尤为庄重。新中式客厅装修还有一个最大的特色，就是耐看，百看不厌。新中式风格客厅通过对传统文化的认识，将现代元素和传统元素相结合，以现代人的审美需求来打造富有传统韵味的事物，让传统艺术在当今社会得以展现，使传统家具在现代客厅中用途更为多样化，如图2-52所示。

图 2-52　新中式风格客厅

◆　伊斯兰风格

伊斯兰风格最显著的特征是东、西方文化的合璧。室内常用彩色玻璃面砖镶嵌，门窗以雕花、透雕的板材作栏板，还常用石膏浮雕作装饰。彩色玻璃马赛克镶嵌，常用于玄关或隔断上。室内色彩跳跃、对比、华丽，其表面装饰突出粉画，注重把室内外环境融为一体，如图 2-53 所示。

图 2-53　伊斯兰风格客厅

◆　地中海风格

地中海风格客厅代表的是一种特有居住环境造就的休闲生活方式。这种风格装修的客厅，布局形式自由，颜色明亮、大胆，却又简单。在我们常见的地中海风格客厅中，蓝与白是主打色彩。它不是简单的"蓝白布艺＋地中海饰品＋自然质感的家具"等元素的堆砌，而要真正感受地中海风格的韵味。只有这样，才能充分诠释蓝色地中海的异域之美，如图 2-54 所示。

图 2-54　地中海风格客厅

◆　田园风格

田园风格的客厅在装修中经常运用木、石、藤、竹、织物等天然材料，结合室内绿化，创造自然、简朴的田园风格。田园风格的客厅可以通过绿化把客厅空间变为"绿色空间"，这就是田园风光的无穷魅力，而它带给人们的另一个现实的好处，就是不必担心落伍。社会越是发展，人们越是崇尚自然，所以，朴素的田园风格永远不会过时。

◆　巴洛克洛可可风格

巴洛克洛可可风格注重内部装饰，外形自由，追求动感，喜好富丽的装饰、雕刻和强烈的色彩，常用夸张的纹样、曲线、穿插的曲面和椭圆形空间，并以丰富多变的风格来表现自由的思想、营造神秘的气氛，如图 2-55 所示。

◆　美式风格

美式风格富有贵族风，主要素材源自欧式和乡村田园、大气空间的细节处理元素，同样受到青睐。美式风格有设计复杂、工期长、专业程度要求高等特点，所以更适合在别墅和大户型中运用。

图 2-55　巴洛克洛可可风格客厅

（3）家居设备

客厅的家具应根据活动和功能要求来布置，其中最基本的、也是最低要求是包括茶几在内的一组休息、谈话使用的座位（一般为沙发），以及相应的，诸如电视、音响等设备用品，其他要求可根据起居室的单一或复杂程度，增添相应家具设备。多功能组合家具，能存放多种多样的物品，布置应做到简洁大方，突出以谈话区为中心的重点，排除与客厅无关的一切家具（图 2-56）。

图 2-56　客厅家具布置示例

客厅家具布置一般以长沙发为主，排成"一"形、"I"形、"U"形和双排形，同时应考虑多座位与单座位相结合，以适合不同情况下人们的心理需要和个性要求。不论采用何种方式的座位，均应布置得有利于彼此谈话的方便。一般采取谈话者双方正对坐或侧对坐为宜，座位之间距离一般保持 2.0m 左右，这样的距离才能使谈话双方不费力。

3. 餐厅

（1）设计原则

餐厅作为人们用餐享受的地方，讲究布置合理（图 2-57）。现在许多家庭餐厅格局都是固定的，这就注定了餐厅家具的定制成了一种必然趋势，在摆放时应结合整体风格，从大体出发，做好局部控制，注重风格一致。餐厅家具设计应注重合理舒适、便利性和整体家装风格的一致性。

（2）家居设备

以传统独立式餐厅家具为例。家具摆放最重要的就是方便、便于清洁。在餐厅家具与家具之间应留

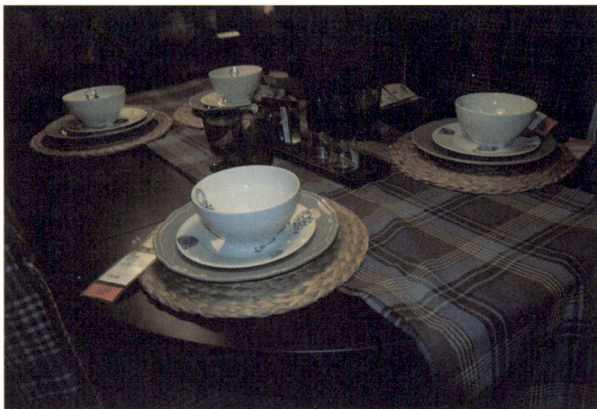

图 2-57　餐厅

出足够的活动空间，餐厅家具与餐厅的格局应紧密联系。在餐厅照明上应使用柔和的灯光、淡雅的色彩，墙壁上可适当挂些装饰画，这样的摆设可以为餐厅营造出一个温馨、淡雅的用餐环境。

再来看看餐厅与厨房合用的空间格局，这种格局在用餐时的便利性是前面一种餐厅所不具备的。家具的摆设上以简单、便捷为主。应留出足够的空间，确保厨房的活动范围，最好在厨房和餐厅之间能设一隔断物，使餐桌与厨房有效地隔离。

最后一种是客厅与餐厅共用的紧挨卧室的布局。家具的摆放就应注意对空间的分割性了，同时也应注意餐厅的摆放应与卧室的装修风格一致。

4. 厨房

（1）设计原则

厨房，是指可在内准备食物并进行烹饪的房间，一个现代化的厨房通常有的设备包括炉具、操作台及储存食物的设备（图 2-58）。

图 2-58　厨房

具体应把握以下原则：

◆ 厨房设计应合理布置灶具、排油烟机、热水器等设备，必须充分考虑这些设备的安装、维修及使用安全。

◆ 厨房是烹饪的场所，劳作辛苦。为减轻劳动强度需要运用人体工学原理，合理布局。

◆ 因各人需求不同，把冰箱、烤箱、蒸箱、洗碗机等布置在橱柜中的适当位置，方便开启和使用。

◆ 厨房里的矮柜最好做成抽屉，推拉式方便取放，视觉也较好。而吊柜一般做成多层格子。

◆ 厨房若面积够大，可放置小型餐桌，能兼作饭厅使用，餐桌下可放置地毯以作分隔空间。

（2）家居设备

厨房主要区域为：烹饪区（炉灶、烤箱、蒸箱）、洗涤区（水槽、洗碗机）和储物区（冰箱、冰柜、储物件）。安置好这三个区域至关重要，可实现符合人体工程学和自然的工作流程，而且一切物品都伸手可及。

烹饪区域：避免端着滚烫的锅具穿过厨房。考虑把烤箱和炉灶置于水槽和操作台面附近。

洗涤区域：水槽是个重要区域。把冰箱安置在手边，方便准备食物。水槽不能离炉灶太远，方便沥干食物和蔬菜。

储物区域：确保有足够的储物空间储存食物，对于干货和置于冰箱内的食物都是如此。

5. 卫生间

（1）设计原则

住宅的卫生间一般可以分为主卫和客卫。主卫只服务于主卧室；而客卫与公共走道相连接，由其他家庭成员和客人公用。根据布局可分为干湿分离、基本布局（淋浴）、基本布局（浴缸）、U 形布局（常规型）和 U 形布局（五件套）五种。目前比较流行的是区分干湿分区的半开放式，如图 2-59 所示。

具体应把握以下原则：

◆ 卫生间设计应考虑清洗、浴室与厕所三种功能的使用。

◆ 卫生间的装饰设计不能影响采光和通风效果，电线和电器设备的选用应符合电器安全规程规定。

◆ 地面应采用防水、耐脏、

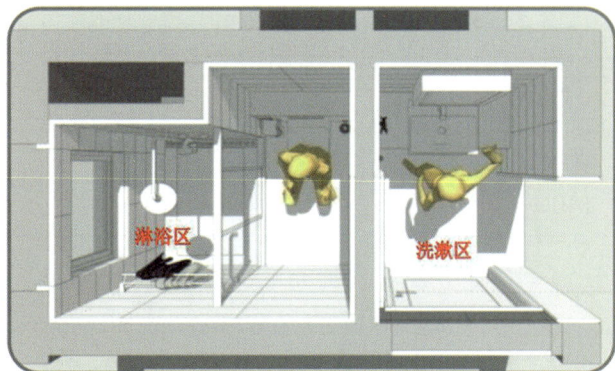

图 2-59 干湿分离卫生间

防滑的地砖等材料。

◆ 卫生间的浴具应有冷热水龙头。浴缸或者淋浴应用活动隔断分隔。

◆ 卫生洁具的选用应与整体布置协调。

（2）家居设备

卫生间空间有限，在有限的空间中脸盆、马桶、淋浴等卫浴产品是必不可少的，同时摆设还要有条不紊，不影响各个产品的单独使用，因此卫生间在空间布置上更需要费一番功夫。卫生间中最重要的元素应该就是坐便器了，它的功能与卫生状况直接关系使用者的健康。卫生间在设计时，要注意各种卫浴设施的尺寸，符合人体工程学，要保证每个卫浴设备在使用时的舒适度与合理性。同时注意卫生间地面要外高内低。外侧可用来放脸盆、马桶，内侧放淋浴、浴缸，既能防水防潮，又能干湿分离。

有时，主人会觉得卫生间马桶原本的布局位置不方便，想改变原有设计。针对这种情况，建议设施不到万不得已不要轻易改动。

【学习提示】

家居设备根据不同功能需求和设计风格进行分类，种类繁多，学生在进行调查前应明确自己的对象和目标，思路清晰，以免浪费时间。组内分工也要明确，可分头行动，平均调查的工作量、减少所用时间。

【实践活动】

根据顾客张女士的要求和拟定的设计风格，前往家居商场进行调查，收集各类家居设备资料，填写《家居设备调查表》（附表），并最终以多媒体形式进行汇报交流。

【活动评价】

实地调查自评：(20%)	组内分工合理	很好 □	较好 □	一般 □	还需努力 □
	现场调查积极	很好 □	较好 □	一般 □	还需努力 □
	调查表填写完整	很好 □	较好 □	一般 □	还需努力 □
小组互评：(40%)	汇报思路清晰出彩	优 □	良 □	中 □	差 □
教师评价：(40%)	调查整体情况	优 □	良 □	中 □	差 □

附表：家居设备调查表

组员：			拟用设计风格：	
调查时间：			调查地点：	
区域	名称	品牌	规格型号	单价
卧室				
客厅				
餐厅				
厨房				
卫生间				
其他				

任务3　施工图设计文件编制规范查找

【任务描述】

施工图编制规范查找

教学活动场景与任务目标说明：

建筑装饰施工图设计文件的编制必须依据建设单位提供的相关资料、建设单位确认的平面布置图及方案设计、原建筑设计整套图纸、各专业提供的相关资料，还应依据设计规范，包括相关的国家标准、规范，行业标准，地方标准和其他通用标准，如《房屋建筑制图统一标准》《建筑设计防火规范》《建筑内部装修设计防火规范》《民用建筑工程室内环境污染控制标准》以及民用建筑节能设计标准及相关建筑设计规范等，本次课学习目标是能根据建筑装饰装修工程项目的特点，查找建筑装饰施工图设计文件编制规范，并学习使用与设计项目相关的国家规范编制施工图设计文件，有助于认知施工图设计文件编制依据，从而提高施工图识读能力。

【任务实施】

使用相关的国家规范编制施工图设计文件

本项工作任务实施以建筑室内装饰装修项目为例，介绍如何根据工程概况（建筑规模、性质等）及设计依据，使用相关的国家规范，编制施工图设计文件的工作流程，及相关工作内容与要求。

1. 根据工程概况及设计依据，确定施工图设计范围、要求、深度和内容

（1）工程概况及设计依据

◆　工程概况

1）工程名称：　　××花园广场会所

2）工程地址：　　金浜路

3）工程业主：　　××集团

4）工程设计性质：　室内装饰设计（普通旅馆高级住宅）

◆　设计依据

1）建设单位提供的相关资料

2）建设单位和甲方复地集团确认的平面布置图及方案设计

3）原建筑设计整套图纸

4）本院各专业提供的相关资料

5）设计规范及文件规定

①《建筑设计防火规范（2018年版）》GB 50016—2014

② 《民用建筑设计统一标准》GB 50352—2019

③ 《住宅设计规范》GB 50096—2011

④ 《建筑内部装修设计防火规范》GB 50222—2017

⑤ 《无障碍设计规范》GB 50763—2012

⑥ 《绿色建筑评价标准》GB/T 50378—2019

⑦ 《民用建筑工程室内环境污染控制标准（2013 年版）》GB 50325—2020

⑧ 《建筑照明设计标准》GB 50034—2013

⑨ 《建筑玻璃应用技术规程》JGJ 113—2015

⑩ 《建筑内部装修防火施工及验收规范》GB 50354—2005

⑪ 《上海市全装修住宅室内装修设计标准》DG/TJ 08-2178—2015

⑫ 《建筑工程设计文件编制深度规定》2016 年 11 月

（2）施工图设计范围、要求、深度和内容

◆ 施工图设计范围

一层：大堂区域模型 46m^2（图 2-60、图 2-61）；大堂吧 274m^2、走道；餐厅 198m^2（图 2-62、图 2-63）；聚会沙龙 230m^2；儿童房 139m^2；影音室 55m^2、财务室 19m^2；电梯厅 46m^2；居委会；游泳池；厨房 75m^2。

图 2-60 会所入口处

图 2-61 会所大堂楼梯

图 2-62 中餐厅入口

图 2-63 中餐厅散座区

二层：休息长廊；会议室及宴会厅 112m²、才艺室 130m²；拳房 / 舞蹈室 258m²；乒乓球室 105m²、数字高尔夫 34m²、桌球室 58m²；男女卫生间 31m²、棋牌室 110m²；健身厅 210m²、私人教室 29m²；热瑜伽室 95m²；极限单车室 56m²。

地下层：卡拉 OK187m²、红酒 / 雪茄 19m²。

◆ 施工图设计要求

1）解决和复核原建筑结构梁、水电风的管道走向和吊顶装饰面综合汇总的矛盾，以确定室内标高；

2）解决新砌墙体、钢架墙体与装饰完成面的工艺构造优化问题；

3）调整和复核平面、顶棚和立面图，以确定完成面相互关系；

4）墙地面砖、大理石排版施工图的深化设计并现场复核尺寸；

5）完善深化节点细部（如地面、墙面和吊顶不同材料接口的做法等细节）；

6）在不影响装饰效果的前提下，墙面及吊顶基层采用一些防火、环保的轻钢结构，尽量减少木龙骨和木基层板的使用（高层建筑吊顶不允许有木龙骨或木基层），以达到防火及环保的要求。

◆ 施工图设计深度

1）必须完全满足材料采购、制作安装的要求，做到安全可靠、美观、完整及不影响主体结构的安全；

2）理解原设计要求的前提下，真正解决结构及安装上的问题，达到室内装饰技术及设计规范的要求；

3）在原设计施工图的基础上，优化工艺方案；

4）合理考虑节能、成本等因素。

◆ 施工图设计内容

1）装饰部分：

①平面系统：平面、顶棚、综合顶棚、地坪、平面索引图和机电点位图；

②立面系统：各房间主要立面图（含机电点位）；

③详图系统：墙、地、顶棚详图和固定家具详图（含工艺构造设计详图）；

④设计说明：设计说明（含工程概况、选用规范、防火设计、绿色指标和工艺要求等）、材料表（含材料防火等级确认）和材料选型手册。

2）二次机电部分：

①强电、水、暖通施工图设计；

②灯具照明设计。

3）现场配合部分：

根据实际情况设计师定期现场配合服务。

2. 依据工程项目的施工图设计范围、要求、深度和内容，在施工图设计文件编制时查找相关的国家规范，并编入建筑室内装修施工图设计总说明

（1）装饰材料及施工要求

玻璃工程：采用的玻璃须满足《建筑玻璃应用技术规程》JGJ 113—2015（以下简称《规程》）中的相关规定，安全玻璃的最大许用面积应符合《规程》中表 7.1.1-1 的规定；有框平板玻璃、真空玻璃和夹丝玻璃的最大许用面积应符合《规程》中表 7.1.1-2 的规定。并应符合下述要求：

◆ 活动门玻璃、固定门玻璃和落地窗玻璃选用：

1）有框玻璃应使用符合《规程》表 7.1.1-1 规定的安全玻璃。

2）无框玻璃应使用公称厚度不小于 12mm 的钢化玻璃。

◆ 室内隔断应采用安全玻璃，且最大使用面积应符合《规程》表 7.1.1-1 的规定。

◆ 人群集中的公共场所（宴会厅、会议室、餐厅等）和运动场所（健身房、游泳等）：

1）有框玻璃应使用符合《规程》表 7.1.1-1 的规定，且公称厚度不小于 5mm 的钢化玻璃或公称厚度不小于 6.38mm 的夹层玻璃。

2）无框玻璃应使用符合《规程》表 7.1.1-1 的规定，且公称厚度不小于 10mm 的钢化玻璃。

◆ 浴室用玻璃应符合下列规定：

1）下列位置的有框玻璃，应使用安全玻璃，符合《规程》表 7.1.1-1 的规定，且公称厚度不小于 8mm 的钢化玻璃。

①用于淋浴隔断，浴缸隔断的玻璃；

②玻璃内侧可见线与浴缸或淋浴基座边部的距离不大于 500mm，并且玻璃底边可见线与浴缸底部或最高邻近地板的距离小于 1500mm。

2）浴室内除门以外的所有无框玻璃应使用符合《规程》表 7.1.1-1 的规定，且公称厚度不小于 12mm 的钢化玻璃。

3）浴室的无框玻璃门应使用符合《规程》表 7.1.1-1 的规定，且公称厚度不小于 12mm 的钢化玻璃。

◆ 栏杆用玻璃应符合下列规定：

1）设有立柱和扶手，栏板玻璃作为镶嵌面板安装在护栏系统中，栏板玻璃应使用符合《规程》表 7.1.1-1 规定的夹层玻璃。

2）栏板玻璃固定在结构上且直接承受人体荷载的护栏系统，其栏板玻璃应符合下列规定：

①当栏板玻璃最低点离一侧楼地面高度不大于 5m 时，应使用公称厚度不小于 16.76mm 的钢化夹层玻璃。

②当栏板玻璃最低点离一侧楼地面高度大于 5m 时，不得采用此类护栏系统。

◆ 安装在易于受到人体或物体碰撞部位的建筑玻璃，如落地窗、玻璃门、玻璃隔断等，应采用保护措施。

◆ 根据易发生碰撞的建筑玻璃所处的具体部位，可采取在视线高度设醒目标志或设置护栏等防碰撞措施。碰撞后可能发生高处人体或玻璃坠落的，应采用可靠护栏。

◆ 用于顶棚的玻璃（含镜面玻璃）必须是安全玻璃。当其最高点离地面大于 5m 时必须使用夹层玻璃，夹层胶片的厚度不应小于 0.76mm。

◆ 安全玻璃暴露边不得存在锋利的边缘和尖锐的角部。

◆ 玻璃必须顾及温差力和视觉歪曲的效果。

（2）室内装修做法

◆ 根据《建筑设计防火规范（2018 年版）》GB 50016—2014，本工程耐火等级为一级，本项目中各类建筑构件的燃烧性能和耐火极限不应低于表 2-1 的要求。

表 2-1

序号	构件名称	燃烧性能和耐火极限（h）
1	防火墙、承重墙	不燃性 3.00
2	楼梯间和前室的墙、电梯井的墙	不燃性 2.00
3	非承重外墙、疏散走道两侧的隔墙	不燃性 1.00
4	房间隔墙	不燃性 0.75
5	楼板、疏散楼梯、屋顶承重构件	不燃性 1.50
6	吊顶	不燃性 0.25

◆ 根据《建筑内部装修设计防火规范》GB 50222—2017，本项目中各部位装修材料的燃烧性能等级不应低于表 2-2 的要求。

表 2-2

建筑规模、性质	装修材料燃烧性能等级							
	顶棚	墙面	地面	隔断	固定家具	窗帘	帷幕	其他装饰材料
餐饮健身场所	A	B1	B1	B1	B2	B2	—	B2

注：无窗房间的内部装修材料的燃烧性能等级必须为 A 级。

◆ 一般要求

1）根据隔声要求，做好幕墙与楼板、隔墙的填充吸声物和密封的处理。

2）墙体。

3）顶棚。

4）门：

①本项目中的隔热防火门以 FM 甲 /FM 乙 /FM 丙表示，其中 FM 甲为甲级防火门，其耐火极限为 1.50h；FM 乙为乙级防火门，其耐火极限为 1.00h；FM 丙为丙级防火门，

其耐火极限为 0.50h。应满足《建筑设计防火规范（2018 年版）》GB 50016—2014 和原建筑图纸对防火门的要求，并在装修工程中严格落实。

②防火门应为向疏散方向开启的平开门，并应能在其内外两侧手动开启。

③本项目中采用的防火卷帘，其耐火极限不低于 3.00h；并应符合《建筑设计防火规范（2018 年版）》GB 50016—2014 第 6.5.3 条的规定。

5）本项目中门的编号及选用防火等级，无论详图或其他图纸中是否表述，均以各层平面图为准。

6）其他

① 五金件

②织物

③油漆

④洁具

⑤风口

（3）构造做法

◆ 墙面

◆ 楼地面

◆ 顶棚

【学习支持】

施工图文件编制相关国家规范

（1）在建筑装饰施工图设计文件编制中，常用的国家规范有：

详见"任务实施 1-（1）设计依据"

（2）根据项目类型和特点还可能涉及的规范有：

《民用建筑设计统一标准》GB 50352—2019

《建筑装饰装修工程质量验收标准》GB 50210—2018

《砌体结构设计规范》GB 50003—2011

《砌体结构工程施工质量验收规范》GB 50203—2011

《上海市工程建设规范–防排烟技术规程》DGJ 08-88—2006

《绿色建筑评价标准》GB/T 50378—2019

《智能建筑设计标准》GB 50314—2015

【学习提示】

（1）根据项目类型、设计与施工的特点，正确合理选择适用规范及相应的条文。

（2）在规范查找时应注意国家规范编制或修订的时间，应选用最新的版本。

（3）相关的施工图设计文件

装饰机电施工图设计，与装饰设计相关的二次机电部分的电气、暖通和给水排水施工图设计（相对建筑一次机电而言）。

（4）装饰方案和施工图全套设计（含装饰部分、二次机电部分的电气、暖通和给水排水设计）内容。

◆ 装饰平面方案和扩初设计阶段

室内设计方案、平面功能布置图、顶棚布置图和设计文本（设计说明、材料表和设计估算等）。

◆ 装饰施工图设计阶段（在经业主确认的平面设计方案基础上进行）

1）平面图、顶棚布置图、综合顶棚图、地坪拼花图、隔墙定位图、机电点位图等；

2）立面展开图及相应的节点大样图；

3）吊顶平面图及相应的节点大样图（包括灯具、风口以及相关的机电点位综合定位图）；

4）设计说明（包括设计依据、设计规范、施工做法及施工注意事项等）、装修材料表、特殊灯具选样。

◆ 装饰机电施工图设计

1）照明、插座的电气设计（不含弱电、智能化、有线电视、监控等专业设计）；

2）装饰室内给水排水、暖通设计和消防末端修改调整。

【实践活动】

选择一个典型小型公共建筑室内装饰装修项目，查找编制施工图设计文件的规范，学习使用与设计项目相关的国家规范编制施工图设计文件。

【活动评价】

规范查找自评：(20%)	工程概况明确	很好 □	较好 □	一般 □	还需努力 □
	设计依据正确	很好 □	较好 □	一般 □	还需努力 □
	规范选用正确	很好 □	较好 □	一般 □	还需努力 □
	总说明正确	很好 □	较好 □	一般 □	还需努力 □
小组互评：(40%)	整体完成效果	优 □	良 □	中 □	差 □
教师评价：(40%)	规范查找质量	优 □	良 □	中 □	差 □

任务4 标准图集选用

标准图集选用

【任务描述】

除了学会规范的查找方法外，有时在编制建筑装饰施工图设计文件时，根据项目方案设计要求，对一些通用的构造详图不用进行详细绘制，通过查找标准图集、通用图集或受专业和行业认可的参考书稿，如内装修、CM模压木门等，选择对本项目设计有用的构造详图，并在施工图设计说明中注明。本次课学习目标是能根据建筑装饰装修工程项目特点，查找建筑装饰标准图集、通用图集或参考书，并学习使用与设计项目相关的标准图集编制施工图设计文件，有助于认知施工图设计文件编制依据，从而提高施工图识读能力。

【任务实施】

本项工作任务是在编制建筑装饰施工图设计文件时，学会查找和使用相关的标准图集或通用图集或受专业和行业认可的参考书稿，以国家建筑标准设计图集《内装修——室内吊顶》12J502—2、国家建筑标准设计图集《木门窗》16J601和《室内设计师必知的100个节点》为范本进行介绍。

1. 标准图集的使用方法

（1）有明确索引

我们可能会发现许多详图并没有在图纸中全部表达，但会有如图2-64所示这样的索引符号：

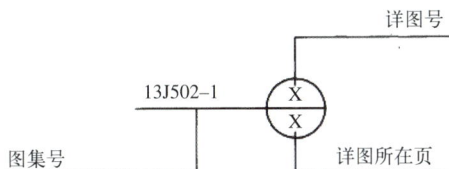

图 2-64 索引示意

从中得到信息：图集号、详图号和详图所在页，一般在图集内页右下角的位置，如图2-65所示。

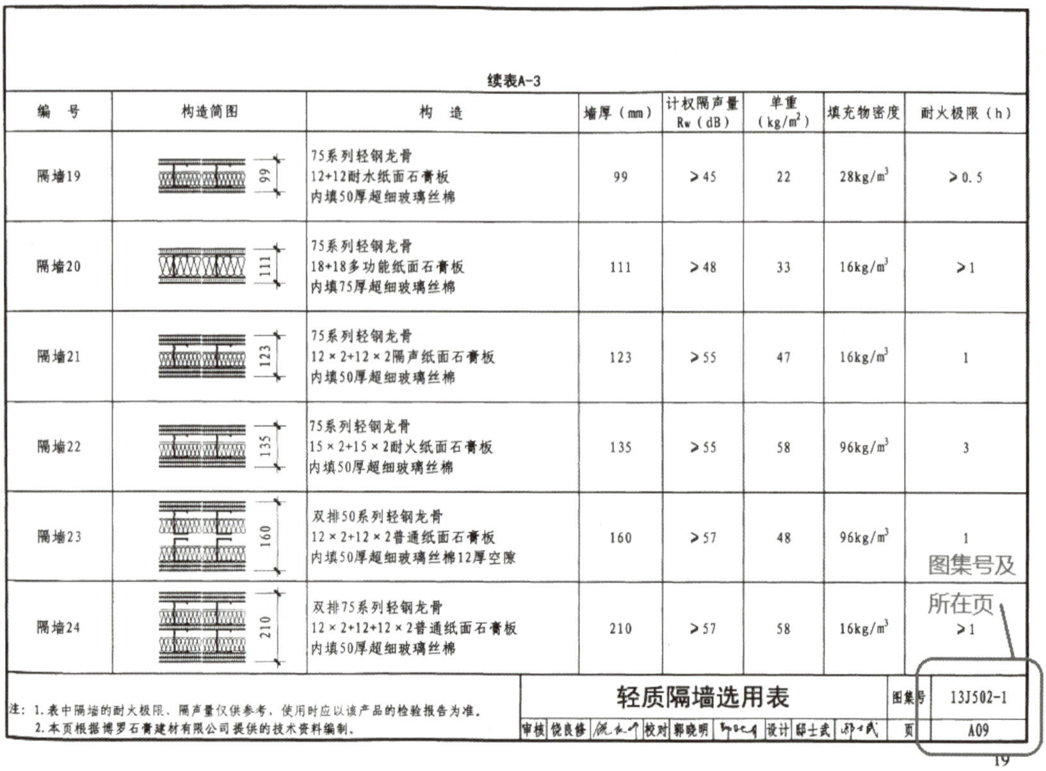

续表A-3

编号	构造简图	构 造	墙厚（mm）	计权隔声量 Rw（dB）	单重（kg/m²）	填充物密度	耐火极限（h）
隔墙19		75系列轻钢龙骨 12+12耐水纸面石膏板 内填50厚超细玻璃丝棉	99	≥45	22	28kg/m³	≥0.5
隔墙20		75系列轻钢龙骨 18+18多功能纸面石膏板 内填75厚超细玻璃丝棉	111	≥48	33	16kg/m³	≥1
隔墙21		75系列轻钢龙骨 12×2+12×2隔声纸面石膏板 内填50厚超细玻璃丝棉	123	≥55	47	16kg/m³	1
隔墙22		75系列轻钢龙骨 15×2+15×2耐火纸面石膏板 内填50厚超细玻璃丝棉	135	≥55	58	96kg/m³	3
隔墙23		双排50系列轻钢龙骨 12×2+12×2普通纸面石膏板 内填50厚超细玻璃丝棉12厚空隙	160	≥57	48	96kg/m³	1
隔墙24		双排75系列轻钢龙骨 12×2+12×2普通纸面石膏板 内填50厚超细玻璃丝棉	210	≥57	58	16kg/m³	≥1

注：1. 表中隔墙的耐火极限、隔声量仅供参考，使用时应以该产品的检验报告为准。
2. 本页根据博罗石膏建材有限公司提供的技术资料编制。

轻质隔墙选用表

图集号 13J502-1

图集号及所在页

审核 饶良修 (签名) 校对 郭晓明 (签名) 设计 邱士武 (签名)

页 A09

19

图 2-65

（2）无明确索引

另一种情况，图纸上没有进行索引，对某个节点或构造的绘制也并不特别详细，那么根据所需确定查找的内容，查找图集目录，如图 2-66 所示，找到对应的详图。

国家建筑标准设计图集《内装修——墙面装修》13J502—1 分为几大类，如 A 轻质隔墙、B 建筑涂料等，先确定大类再进行查找，可以达到事半功倍的效果。再查找图集目录、确定详图，就能找到所需的节点构造。

目　录

图 2-66

2.标准图集的使用实例

国家建筑标准设计图集《内装修——室内吊顶》12J502—2 的使用

下面我们来举个例子，如图 2-67 所示：

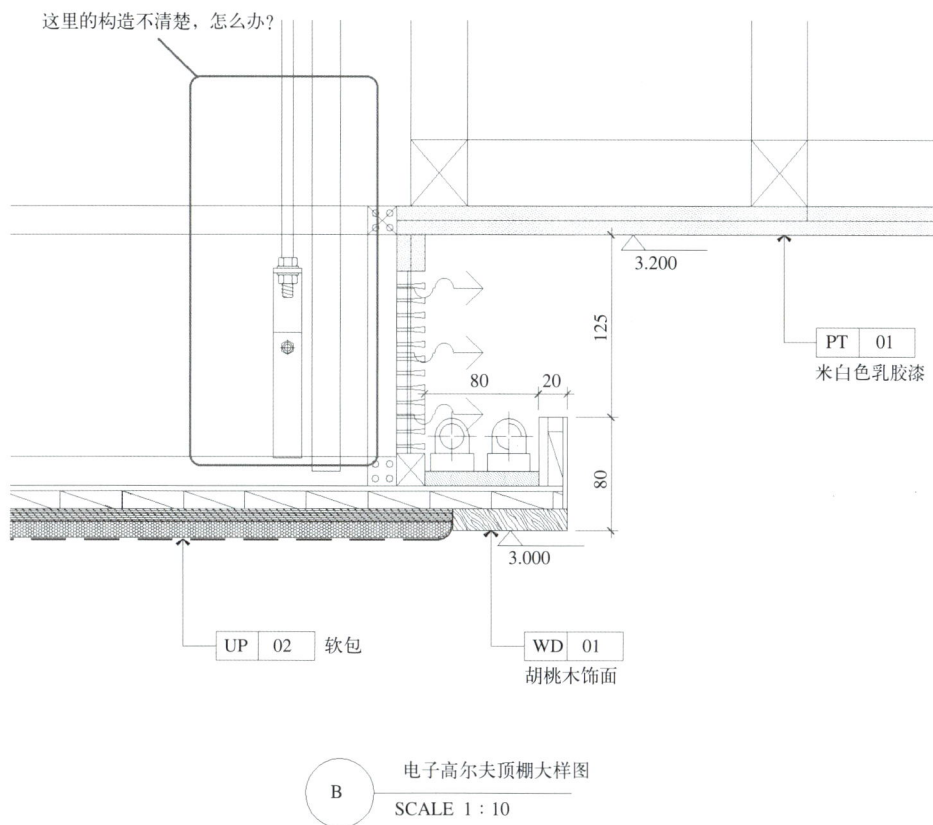

这里的构造不清楚，怎么办？

3.200

125

PT 01
米白色乳胶漆

80   20

80

3.000

UP 02 软包

WD 01
胡桃木饰面

B | 电子高尔夫顶棚大样图
SCALE 1：10

图 2-67　顶棚大样图

根据这张电子高尔夫顶棚大样图，我们得知，这是轻钢龙骨吊顶结构，可图中圈出部分的构造并不是非常清楚，那我们就可以借助标准图集来确定它的做法。

◆　确定图集大类

本图是吊顶大样图，故确定图集：国家建筑标准设计图集《内装修——室内吊顶》12J502—2。

◆　查找图集目录

该图集中有许多室内吊顶的构造详图，根据大样图中信息，在目录中大致确定查找范围。

◆　确定详图

根据大样图中所示图形，找到图集中对应详图：A13 页——不上人吊顶平面及详图，了解其详细构造，如图 2-68 所示。

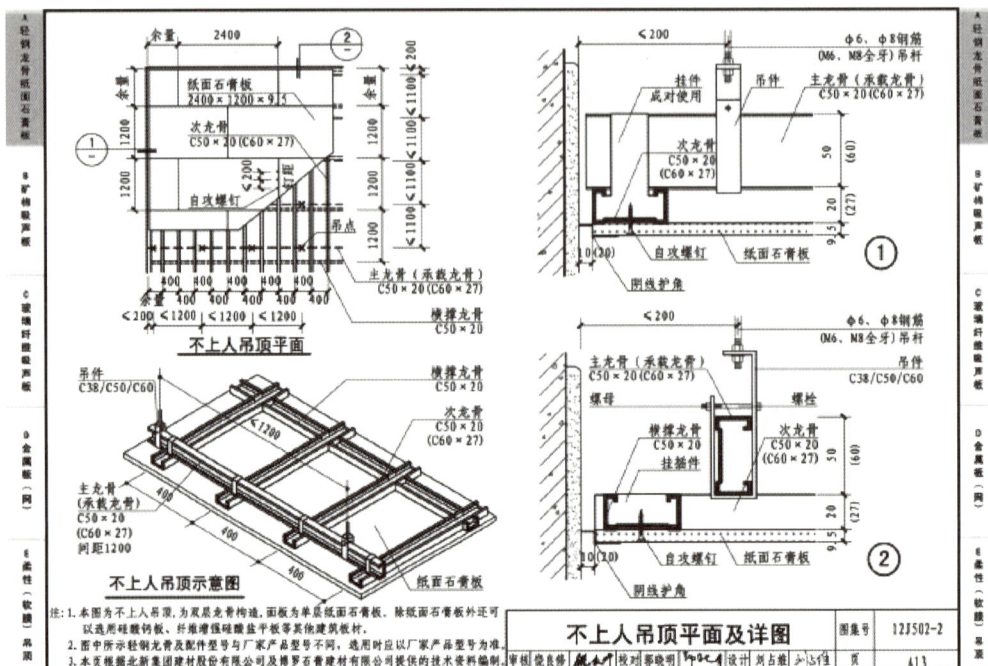

图 2-68

3. 国家建筑标准设计图集《木门窗》16J601 的使用

（1）查找节点

明确设计中门窗的材质和型号，以木框镶玻门节点详图为例，查找到平开镶玻门（弹簧镶玻门）PBM10 选用图表位置，如图 2-69 所示。

图 2-69

（2）确定节点

明确平开镶玻门（弹簧镶玻门）PBM10 选用图的具体尺寸型号以及相关节点详图，如图 2-70 所示。

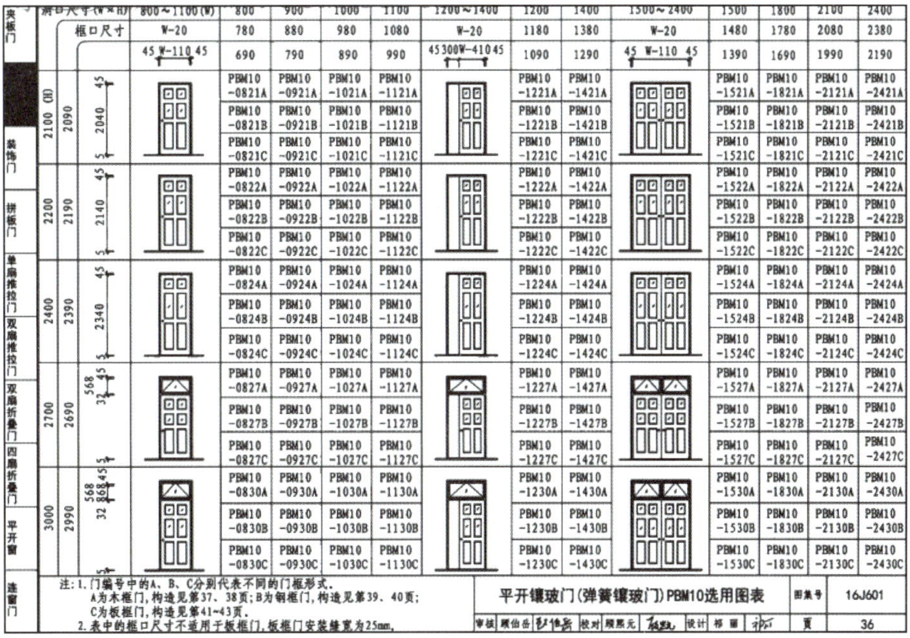

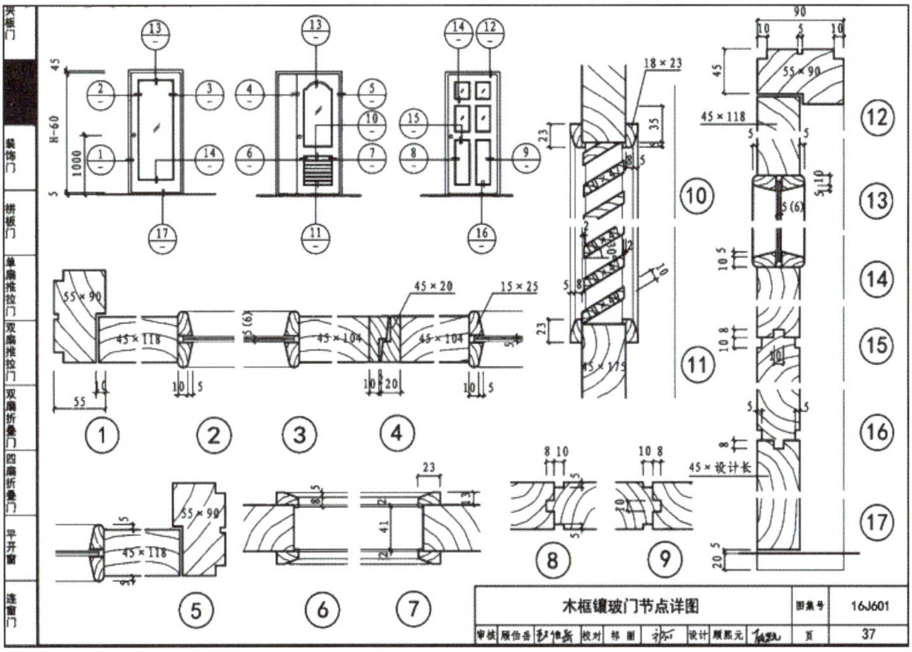

平开镶玻门（弹簧镶玻门）PBM10选用图表　　图集号 16J601　页 36

木框镶玻门节点详图　　图集号 16J601　页 37

图 2-70

4.通用参考书的使用

我们可能会发现一些日常通用的节点，为方便规范化绘制可以参考一些相关书籍资料。

（1）确定相关章节

以《室内设计师必知的 100 个节点》中的墙面与地面交接构造节点为例，如图 2-71 所示。

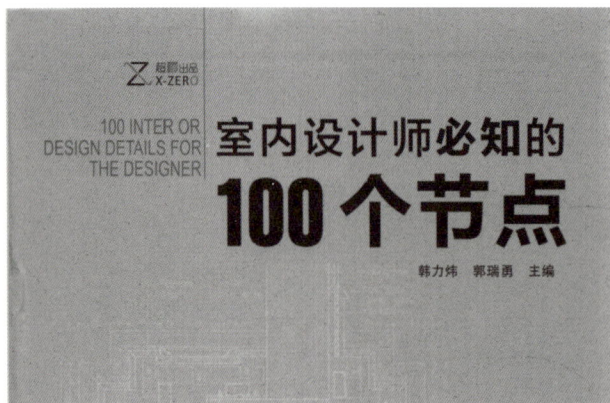

图 2-71

（2）确定详图

找到相关类似节点根据三维示意图和绘制的节点修缮完成节点的绘制，如图 2-72 所示。

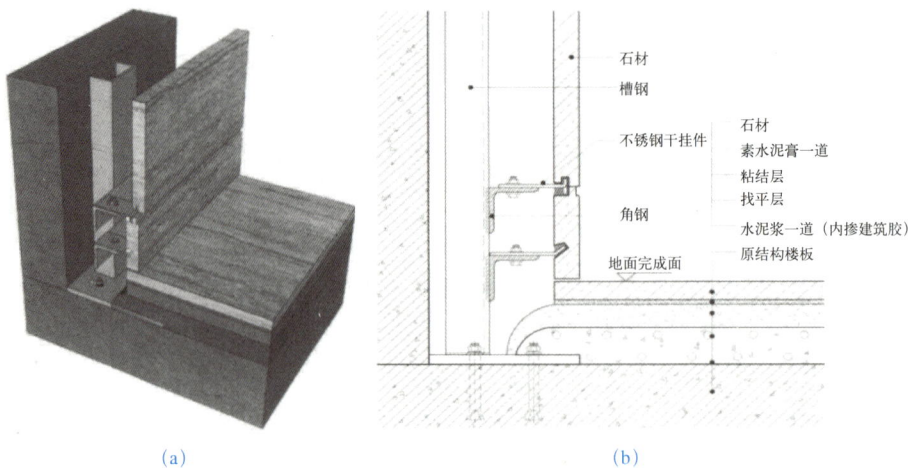

(a)　　　　　　　　　　　　　(b)

图 2-72　交接节点示意与详图

(a) 石材干挂墙面与石材地面交接节点三维示意；(b) 石材干挂墙面与石材地面交接节点详图

【学习支持】常用标准图集、通用图集与参考书

（1）在建筑装饰施工图设计文件编制中，最常用的标准图集有：

国家建筑标准设计图集《内装修——墙面装修》13J502—1，2013 年版，中国建筑标准设计研究院编著；

国家建筑标准设计图集《内装修——室内吊顶》12J502—2，2012 年版，中国建筑标准设计研究院编著；

国家建筑标准设计图集《内装修——楼（地）面装修》13J502—3，2013 年版，中国建筑标准设计研究院编著；

国家建筑标准设计图集《内装修——细部构造》16J502—4，2016 年版，中国建筑标准设计研究院编著；

如图 2-73 所示。

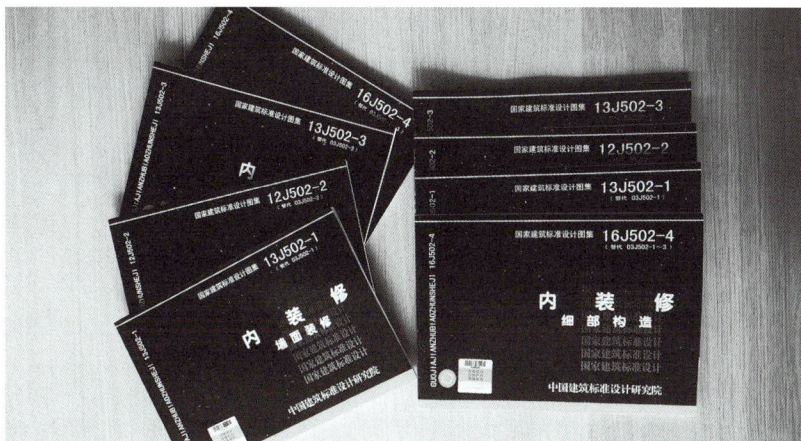

图 2-73　图集封面

国家建筑标准设计图集《木门窗》16J601，2016 年版，中国建筑标准设计研究院编著。

（2）也有一些由地方推荐或者和企业合作编制的通用图集：

上海市建筑产品推荐性图集《CM 模压木门》99 沪 J/T—604，1999 年版，由上海市工程建设标准化办公室推荐、上海申标建筑设计研究院主编、美国美森耐公司主办；

华北标 BJ 系列图集《建筑构造通用图集—工程做法》08BJ1—1，2008 年版，由华北地区建设设计标准化办公室和北京市建筑设计标准化办公室联合编制，中国建筑工业出版社出版。

（3）常用受专业和行业认可的参考书籍有：

《室内设计师必知的 100 个节点》，2017 年 4 月第 1 版，江苏凤凰科学技术出版社，韩力炜、郭瑞勇主编。

【学习提示】

（1）选用图集时请注意版本，应选用最新版本的图集。

（2）在查找图集时应认真仔细，以免找到类似而非确切的详图。

【实践活动】

选择一个典型小型民用建筑室内装饰装修项目，查找编制施工图设计文件的图集，学习使用与设计项目相关的图集编制施工图设计文件。

【活动评价】

图集选用自评： （20%）	工程概况明确	很好 □	较好 □	一般 □	还需努力 □
	设计依据正确	很好 □	较好 □	一般 □	还需努力 □
	图集选用正确	很好 □	较好 □	一般 □	还需努力 □
小组互评： （40%）	整体完成效果	优 □	良 □	中 □	差 □
教师评价： （40%）	图集查找质量	优 □	良 □	中 □	差 □

【项目概述】

建筑装饰施工图是表示装饰设计、构造做法、材料选用、施工工艺等用于表现装饰效果和指导装饰施工的图样，是装饰施工和验收的依据。应遵守《房屋建筑制图统一标准》GB/T 50001 的有关规定。

从空间构想到实际建筑物的建立，图纸作为一种形象语言，是从设计构思领域逐步演化而来的。学习建筑装饰施工的前提应先学会看图纸，它都是根据客观规律，科学严谨地绘制出来。通过对图纸的分析与解释掌握对图纸的识读方法。本项目通过居住建筑装饰施工图识读、小型公共建筑装饰施工图识读、建筑装饰构造详图识读三个活动，让学习者对建筑装饰施工图有一个全面的认识，并掌握施工图识读的要领。同时，为学习建筑装饰施工图的抄绘奠定基础。

任务 1　居住建筑装饰施工图识读

【任务描述】

住所是人们日常生活的主要场所。在这次活动中将从房屋的组成与特点、居住建筑装饰施工图的有关规定、居住建筑平面图、顶棚图、（剖）立面图的识读方法来进行学习。目的是了解住所的组成，明确居住建筑装饰施工图的内容和编排顺序；掌握施工图中定位轴线、索引符号、详图符号、标高及其他常用符号的意义；熟练掌握居住建筑装饰施工图的组成、形成原理、常用比例、图示内容、识读的方法。

本项工作任务实施以居住建筑装饰施工图项目为例，介绍如何识读居住建筑平面图、顶棚图、（剖）立面图。通过对施工图的形式与表达、识图步骤、图示内容结合居住建筑装饰施工图进行识读学习。

【任务实施】

居住建筑装饰施工图识读

1. 建筑平面图

（1）平面布置图

平面布置图通常是设计过程中首先接触的内容，空间的划分、功能的分区是否合理关系到使用效果和感受。

平面布置图是假想用一个水平剖切平面，沿着每层的门窗洞口位置进行水平剖切，移去剖切平面以上的部分，对以下部分所作的水平正投影图。其绘图常用比例

平面布置图识读　　平面布置图识读（2）

为 1 : 50、1 : 100 和 1 : 150。剖切位置选择在每层门窗洞口的高度范围内，剖切位置不必在立面图中指明。

平面布置图中剖切到的墙、柱轮廓线等用粗实线表示；未剖切到但能看到的内容用细实线表示，如家具、地面分格、楼梯台阶灯等，并用尺寸标注和文字说明的形式表达家具、设备的位置关系和各表面的饰面材料及工艺要求等内容。在平面布置图中门扇的开启线宜用细实线表示。

◆ 识图步骤

平面布置图决定室内空间的功能及流线布局，是顶棚设计、墙面设计的基本依据和条件，平面布置图确定后再设计楼地面平面图、顶棚平面图、墙（柱）面装饰立面图等图样。

1）先浏览平面布置图中各个房间的功能布局、图样比例等，了解图中基本内容。

2）注意各功能区域的平面尺寸、地面标高、家具及陈设等的布局。

3）理解平面布置图中的内视投影编号为表示室内立面在平面图中的位置及名称。

4）识读平面布置图中的详细尺寸。平面布置图中一般应标注固定家具或造型等的尺寸。

◆ 案例识读

现以图 3-1 中某小区平面布置图为例加以说明。

1）先浏览平面布置图中各房间的功能布局、图样比例等，了解图中基本内容。比例为 1 : 50。从图中看到室内房间布局主要有南侧客厅、次卧 2、主卧，北侧的餐厅、厨房及书房、次卧 1、卫生间等功能区域。大门设在 ⑧ 号轴线上，ⓒ - ⓓ 轴之间，大门

向内开启并与书房相连。比例为 1∶50。

2）注意各功能区域的平面尺寸、地面标高、家具及陈设等的布局。客厅是住宅布局中的主要空间，图 3-1 中客厅开间 4.20m、进深 4.20m，布置有沙发、茶几、电视柜等家具，与客厅连通的空间是餐厅及过厅。图中空间流线清晰、布局合理，在平面布局围中，家具、陈设等按比例绘制，一般选用细线表示。

餐厅设置有 6 人餐桌。工作阳台有洗衣机及洗漱池。书房设有写字台、书柜、椅子等家具。厨房中灶台左侧设有洗菜池。设有主卫生间及客卫生间。主卧连接主卫生间，主卧及两个次卧摆放有床、衣柜、电视、床头柜等。

3）理解平面布置图中的内视符号。为表示室内立面在平面图中的位置及名称，图在客厅中绘出了内视符号，即以该符号为站点分别以 1、2、3、4 四个方向观看所指的墙面。

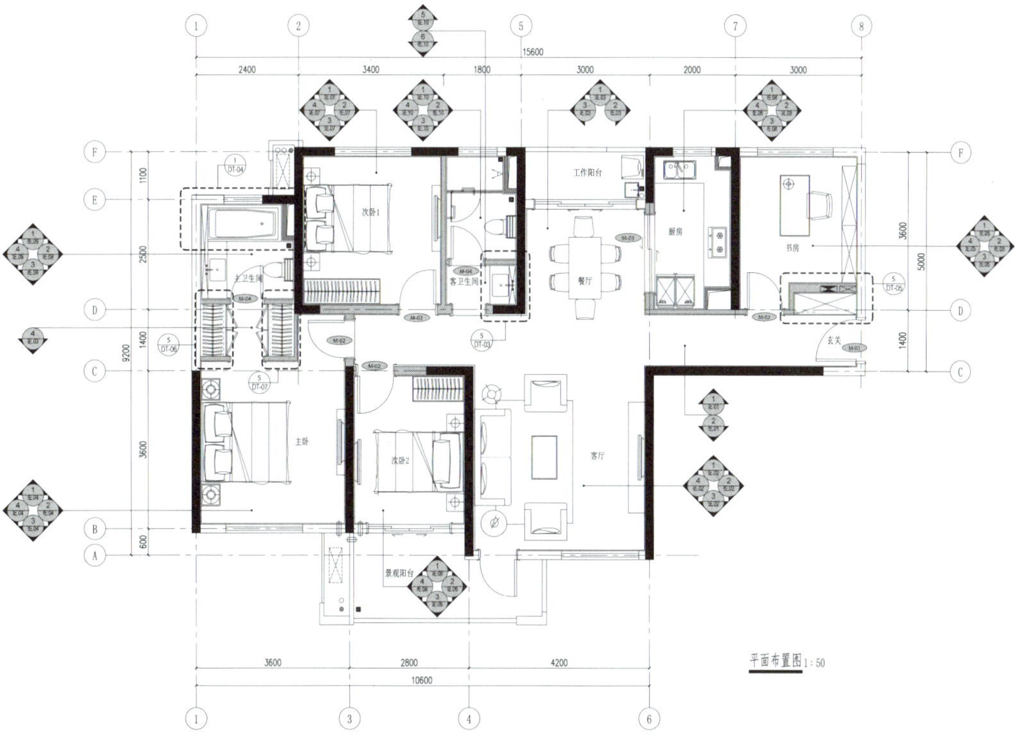

图 3-1　某集团产品标准化设计平面布置图

4）识读平面布置图的详细尺寸。平面布置图中一般应标注固定家具或造型等的尺寸。在平面布置图的外围，一般应标注两道尺寸：第一道为房屋门窗洞口、洞间墙体或墙垛的尺寸，第二道为房屋开间及进深的尺寸。当室外房屋周围有台阶等构配件时，也应标注其定形、定位尺寸。

（2）顶棚平面图（图 3-2）

顶棚平面图也可称为天花平面图、吊顶平面图。是由镜像投影法原

顶棚布置图识读

理形成。在顶棚平面图中剖切到的墙柱用粗实线表示，未剖切到但能看到的顶棚、灯具、风口等用细实线表示。

◆ 识图步骤

在识读顶棚平面图前，应了解顶棚所在房间平面布置图的基本情况。因为在装饰设计中，平面布置图的功能分区、交通流线及尺度等与顶棚的形式、底面标高、选材等有着密切的关系。只有了解平面布置，才能读懂顶棚平面图。

1）建筑平面及门窗洞口，门画出门洞边线即可，不画门扇及开启线；

2）室内（外）顶棚的造型、尺寸、做法和说明，有时可画出顶棚的重合断面图并标注标高；

3）室内（外）顶棚灯具符号及具体位置（灯具的规格、型号、安装方法由电气施工图反映）；

4）室内各种顶棚的完成面标高（按每一层楼地面为 ±0.000 标注顶棚装饰面标高，这是实际施工中常用的方法）；

5）与顶棚相接的家具、设备的位置及尺寸；

6）窗帘及窗帘盒、窗帘帷幕板等；

7）空调送风口位置、消防自动报警系统及与吊顶有关的音频设施的平面布置形式及安装位置；

8）图外标注开间、进深、总长、总宽等尺寸；

9）索引符号、说明文字、图名及比例等。

◆ 案例识读

1）图 3-2 是反映某小区顶棚布置图的图样。识读建筑平面、门窗位置，注意图中各窗口有无窗帘及窗帘盒做法、明确其尺寸。

2）明确图中顶棚造型、灯具布置等，明确顶棚尺寸。顶棚造型是顶棚设计中的重要内容。顶棚有直接顶棚和悬吊顶棚（简称吊顶）两种。吊顶又分叠级吊顶和平吊顶两种形式。虚线部分代表吊顶内的暗藏灯带 。

3）识读图中有无与顶棚相接的吊柜、壁柜、窗帘等家具，明确位置和尺寸。

4）顶棚平面图中有无顶角线做法。顶角线是顶棚与墙面相交处的收口做法。

5）识读各类设施，注意室外阳台、雨篷等处的吊顶做法与标高。室内吊顶有时会随功能流线延伸至室外，如阳台、雨篷等，通常还需画出它们的顶棚图。

6）识读标注的尺寸、节点详图索引或剖面、断面等符号。

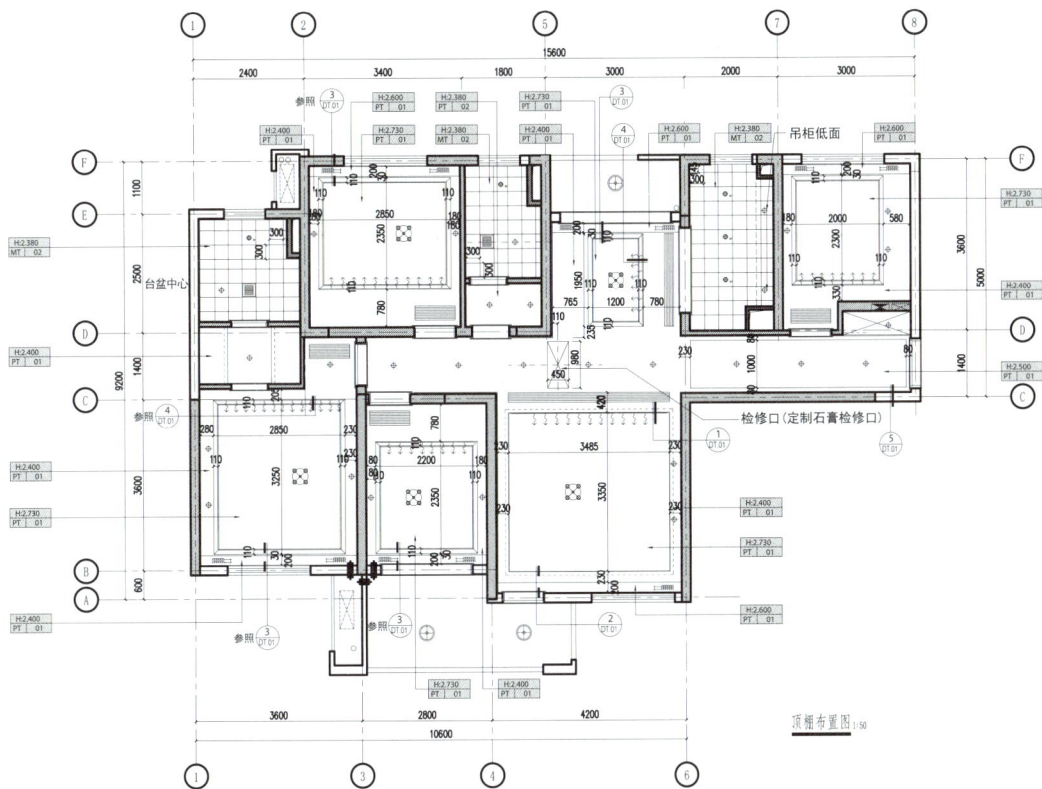

图 3-2　某集团产品标准化设计顶棚布置图

2. 室内立面图（图 3-3）

室内立面图是将房屋的室内墙面按内视投影符号的指向，向直立投影面所作的正投影图。它用于反映室内空间垂直方向的装饰设计形式、尺寸与做法、材料与色彩的选用等内容，是装饰工程施工图中的主要图样之一，是确定墙面做法的主要依据。房屋室内立面图的名称，应根据平面布置图中内视投影符号的编号或字母确定（如①立面图、Ⓐ立面图）。

室内立面图的外轮廓用粗实线表示，墙面上的门窗及凸凹于墙面的造型用中实线表示，其他图示内容、尺寸标注、引出线等用细实线表示。室内立面图一般不画虚线。室内立面图的常用比例为 1 : 50，可用比例为 1 : 30、1 : 40 等。

（1）识读步骤

室内立面图应包括投影方向可见的室内轮廓线和装饰构造、门窗、构配件、墙面做法、固定家具、灯具等必要的尺寸和标高，以及需要表达的非固定家具、装饰物件等。室内立面图的顶棚轮廓线，可根据情况只表达吊顶或同时表达吊顶及结构顶棚。

◆　图样的命名、编号应与平面布置图上的内视符号的编号相一致，内视符号决定室内立面图的识读方向，同时也给出了图样的数量。

◆　墙面装饰造型及陈设（如壁挂、工艺品等），门窗造型及分格，墙面灯具、暖

室内立面图识读

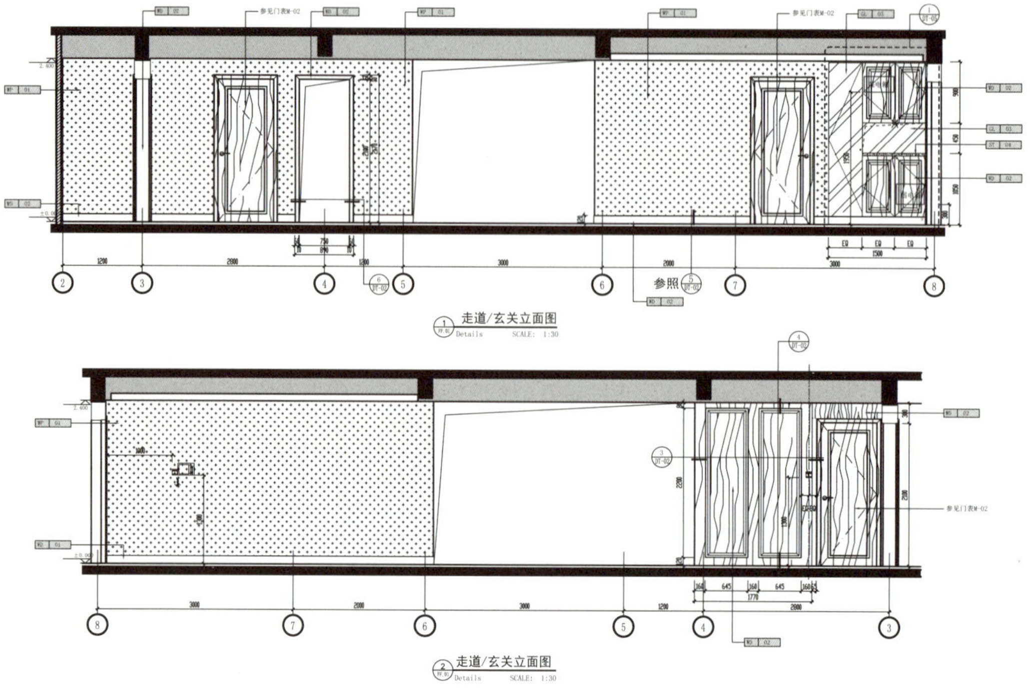

图 3-3　某集团产品标准化设计立面图

气罩等装饰内容。

◆　装饰选材、立面的尺寸标高及做法说明；图外一般标注一至两道竖向及水平向尺寸，以及楼地面、顶棚等的装饰标高。图内一般应标注主要装饰造型的定形、定位尺寸。做法标注采用细实线引出。

◆　附墙的固定家具及造型（如影视墙、壁柜）。

◆　索引符号、说明文字、图名及比例等。

（2）案例识读

◆　首先确定要识读的室内立面图所在房间位置，按房间顺序识读室内立面图。

◆　在平面布置图中按照内视符号的指向，从中选择要读的室内立面图。

◆　在平面布置图中明确该墙面位置有哪些固定家具和室内陈设等，并注意其定形、定位尺寸，做到对所读墙（柱）面布置的家具、陈设等有一个基本了解。

◆　浏览选定的室内立面图，了解所读立面的装饰形式及其变化。

◆　详细识读室内立面图，注意墙面装饰造型及装饰面的尺寸、范围、选材、颜色及做法。

◆　查看立面标高、其他细部尺寸、索引符号等。

3. 装饰详图

（1）装饰详图的形成和表达

由于平面布置图、室内立面图、顶棚平面图等的比例一般较小，很多装饰造型、构造做法、材料选用、细部尺寸等无法反映或反映不清晰，满足不了装饰施工、制作的需要，故需放大比例画出详细图样，形成装饰详图。装饰详图一般采用 $1:1 \sim 1:20$ 的比例。

在装饰详图中剖切到的装饰体轮廓用粗实线（b），未剖到但能看到的投影内容用细实线（$0.25b$）表示。

（2）装饰详图的分类

装饰详图按其部位分类有：

◆　墙（柱）面装饰剖面图：主要用于表达室内立面的构造，着重反映墙（柱）面在分层做法、选材、色彩上的要求。

◆　顶棚详图：主要用于反映吊顶构造、做法的剖面图或断面图。

◆　装饰造型详图：独立的或依附于墙柱的装饰造型，表现装饰的艺术氛围和情趣的构造体，如影视墙、花台、屏风、壁龛、栏杆造型等的平、立、剖面图及线角详图。

◆　家具详图：主要指需要现场制作、加工、油漆的固定式家具，如衣柜、书柜、储藏柜等。有时也包括移动家具如床、书桌、展示台等。

◆　装饰门窗及门窗套详图：门窗是装饰工程中的主要施工内容之一，其形式多种多样，在室内起着分割空间、明确流线、烘托装饰效果的作用，它的样式、选材和工艺做法在装饰图中有特殊的地位。其图样有门窗及门窗套立面图、剖面图和节点详图。

◆　楼地面详图：反映地面的艺术造型及细部做法等内容。

◆　小品及饰物详图：小品、饰物详图包括雕塑、水景、指示牌、织物等的制作图。

（3）识读步骤

◆　图名、比例、造型样式、材料选用、尺寸标高。

◆　所依附的建筑结构材料、连接做法，如钢筋混凝土与木龙骨、轻钢及型钢龙骨等内部骨架的连接图示（剖面或断面图），选用标准图时应加索引。

◆　装饰体基层板材的图示（剖面或断面图），如石膏板、木工板、多层夹板、密度板、水泥压力板等用于找平的构造层次（通常固定在骨架上）。

◆　装饰面层、胶缝及线角的图示（剖面或断面图），复杂线角及造型等还应绘制大样图（针对某一构造形体的详图）。

◆　色彩及做法说明、工艺要求等。

◆　索引符号等。

【学习支持】

居住建筑平面图、顶棚图、（剖）立面图基本内容。

1. 建筑装饰施工图

建筑装饰施工图是按照装饰设计方案确定的空间尺度、构造做法、材料选用、施工工艺等，并遵照建筑及装饰设计规范所规定的要求编制的用于指导装饰施工生产的技术文件。装饰工程施工图同时也是进行造价管理、工程监理等工作的主要技术文件。装饰工程施工图按施工范围分室内装饰施工图和室外装饰施工图。

建筑装饰设计通常是在建筑设计的基础上进行的，由于设计深度的不同、构造做法的细化以及为满足使用功能和视觉效果而选用材料的多样性等，在制图和识图上装饰工程施工图有其自身的规律，如图样的组成、施工工艺及细部做法的表达等都与建筑工程施工图有所不同。

装饰设计同样经方案设计和施工图设计两个阶段。

建筑装饰施工图一般由装饰设计说明、平面布置图、楼地面平面图、顶棚平面图、室内立面图、墙（柱）面装饰剖面图、装饰详图等图样组成，其中设计说明、平面布置图、楼地面平面图、顶棚平面图、室内立面图为基本图样，表明装饰工程内容的基本要求和主要做法；墙（柱）面装饰剖面图、装饰详图为装饰施工的详细图样，用于表明细部尺寸、凹凸变化、工艺做法等。图纸的编排也以上述顺序排列。

2. 建筑装饰施工图的总说明

在建筑装饰工程施工图中，施工总说明：一般应将工程概况、设计风格、材料选用、施工工艺、做法及注意事项，以及施工图中不易表达或设计者认为重要的其他内容写成文字、编成设计说明。

3. 剖面图基本情况和识读步骤

◆ 剖面图的形成与表达

房屋建筑的垂直剖面图。用假想的竖直平面剖切房屋，移去靠近近观者的部分，对剩余部分按正投影原理绘制正投影图。

◆ 识读步骤

1）图名与比例。轴线、轴线编号、轴线间尺寸和总尺寸。

2）被剖墙体及其上的门、窗、洞口，顶界面和底界面的内轮廓，主要标高，空间净高及其他必要的尺寸。

3）被剖固定家具、固定设备、隔断、台阶、栏杆及水池等，它们的定位尺寸及其他必要的尺寸，被剖梁、板应按设计尺寸绘制。

4）按剖切位置和剖视方向可以看到的墙、柱、门、窗、家具、陈设及电视机、冰箱等，它们的定位尺寸及其他必要的尺寸。

5）垂直界面的材料与做法。

6）索引符号及编号。

【学习提示】

（1）建筑装饰平面图的阅读要点

看装饰平面布置图要先看图名、比例、标题栏，确定该图是什么平面图；再看建筑平面基本结构及其尺寸，把各房间名称、面积以及门窗、走廊、楼梯等的主要位置和尺寸了解清楚；然后看建筑平面结构内的装饰结构和装饰设置的平面布置等内容。阅读时应抓住面积、功能、装饰面、设施以及与建筑结构的关系。

（2）顶棚平面图的阅读要点

首先要清楚顶棚平面图与平面布置图各部分的对应关系，核对顶棚平面图与平面布置图在基本结构和尺寸上是否相符。

对于有跌级变化的顶棚，要弄清楚它的标高尺寸和其他尺寸，并结合造型平面分区线，在平面上建立起三维空间的尺度概念。

同时应了解顶部灯具和设备设施的规格、品种与数量。通过文字说明，了解顶棚所用材料的规格、品种及其施工要求。

（3）建筑装饰立面图的识读要点

要明确建筑装饰立面图上与该工程有关的各部尺寸和标高。

明确各装饰面之间的收口方式、工艺和所用材料。

要弄清楚每个立面上有几种不同的装饰面，以及这些装饰面所选用的材料与施工工艺要求。

明确装饰结构之间以及装饰结构与建筑结构之间的连接固定方式，以便提前准备预埋件。

在阅读建筑装饰立面图时应结合其他相关图纸，对照阅读，全面掌握立面图的整体做法和要求，全面弄清楚各部分装饰的构造关系。

（4）装饰构配件详图的识读要点

阅读装饰构配件详图时；应先看详图符号和图名，弄清楚从哪个图索引而来。阅读时要注意联系被索引图样，并进行周密的核对，检查它们之间在尺寸和构造方法上是否相符。通过阅读，了解各部件的装配关系和内部结构，紧紧抓住尺寸、详细做法和工艺要求三个要点。

【实践活动】

掌握装饰工程施工图的图示内容，识读的方法步骤。识读本项目中的平面布置图、顶棚布置图以及立面图（详见教材配套图纸）。

【活动评价】

识读自评： （20%）	工程概况明确	很好 □	较好 □	一般 □	还需努力 □
	平面布置图识读正确	很好 □	较好 □	一般 □	还需努力 □
	顶棚布置图识读正确	很好 □	较好 □	一般 □	还需努力 □
	剖（立）面图识读正确	很好 □	较好 □	一般 □	还需努力 □
	识读方法步骤正确	很好 □	较好 □	一般 □	还需努力 □

小组互评：（40%）	整体识读完成效果	优 □	良 □	中 □	差 □
教师评价：（40%）	整体识读完成质量	优 □	良 □	中 □	差 □

任务2　小型公共建筑装饰施工图识读

【任务描述】

> 　　根据餐厅装修施工图，能识读平面布置图，顶棚平面图，（剖）立面图具体所表示的内容。

【任务实施】

小型公共建筑装饰施工图识读

1. 了解项目概况

（1）建筑层数，高度，是多层还是高层裙房中的局部几层。

该餐厅是复地花园广场会所中的一个部分，面积大约是 $280m^2$，层高 4.5m，与会所其他的部分有通道相连，位置在首层，设有对外单独的出入口。

（2）结构类型：钢筋混凝土框架。

（3）总建筑图面积比较大，出图比例是 1：300，各部分要分区绘制装饰施工图。

2. 根据平面布置图识读公共建筑施工图的基本内容

（1）识别柱体，墙体，内外饰面层：由于公共建筑比居住建筑复杂，平面图除了表示结构柱（剪力墙），围护墙体外，还涉及内外饰面层的表达（图3-4）。

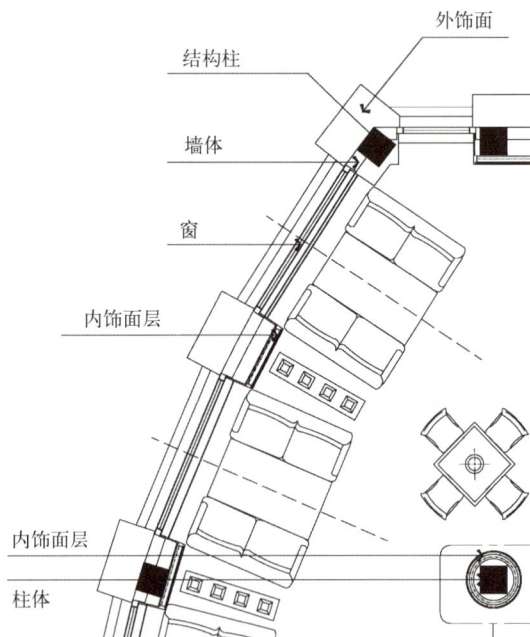

图3-4

（2）如果从制图的线型上不能区别内部隔断所使用的是砖墙还是玻璃等其他材料，我们就要结合相关立面图进行确认（图 3-5）。

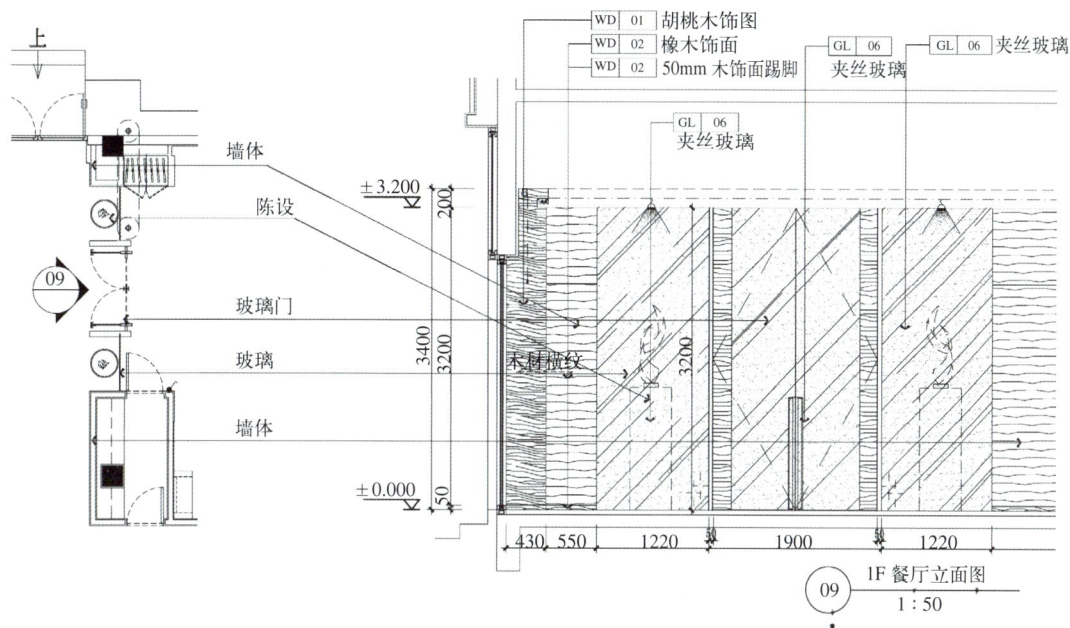

图 3-5

（3）识别地面装饰材料的种类，拼接图案，定位尺寸及地面标高的变化等（图 3-6）。

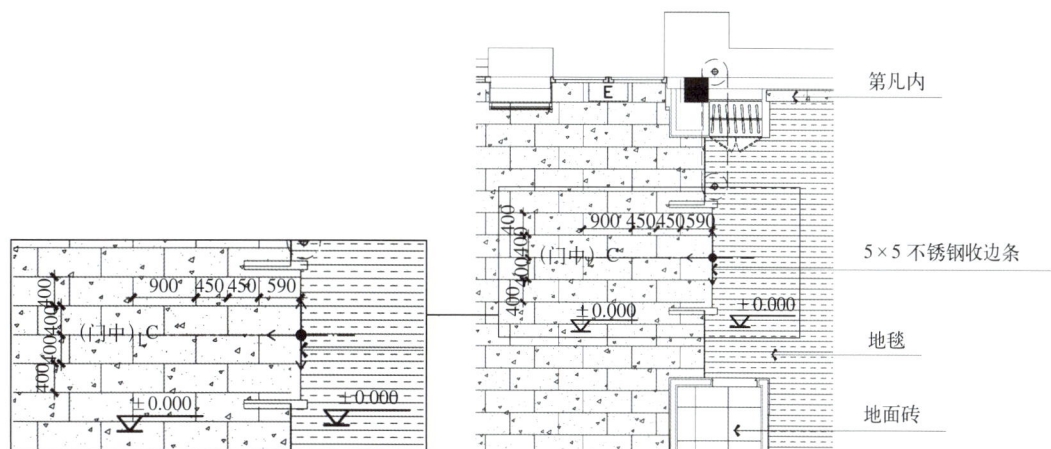

图 3-6

（4）剖（立）面的索引符号及编号。当一个立面比较长时，会分开两个绘制，图 3-7 中立面图 4 和 5 合起来是一个完整的立面。

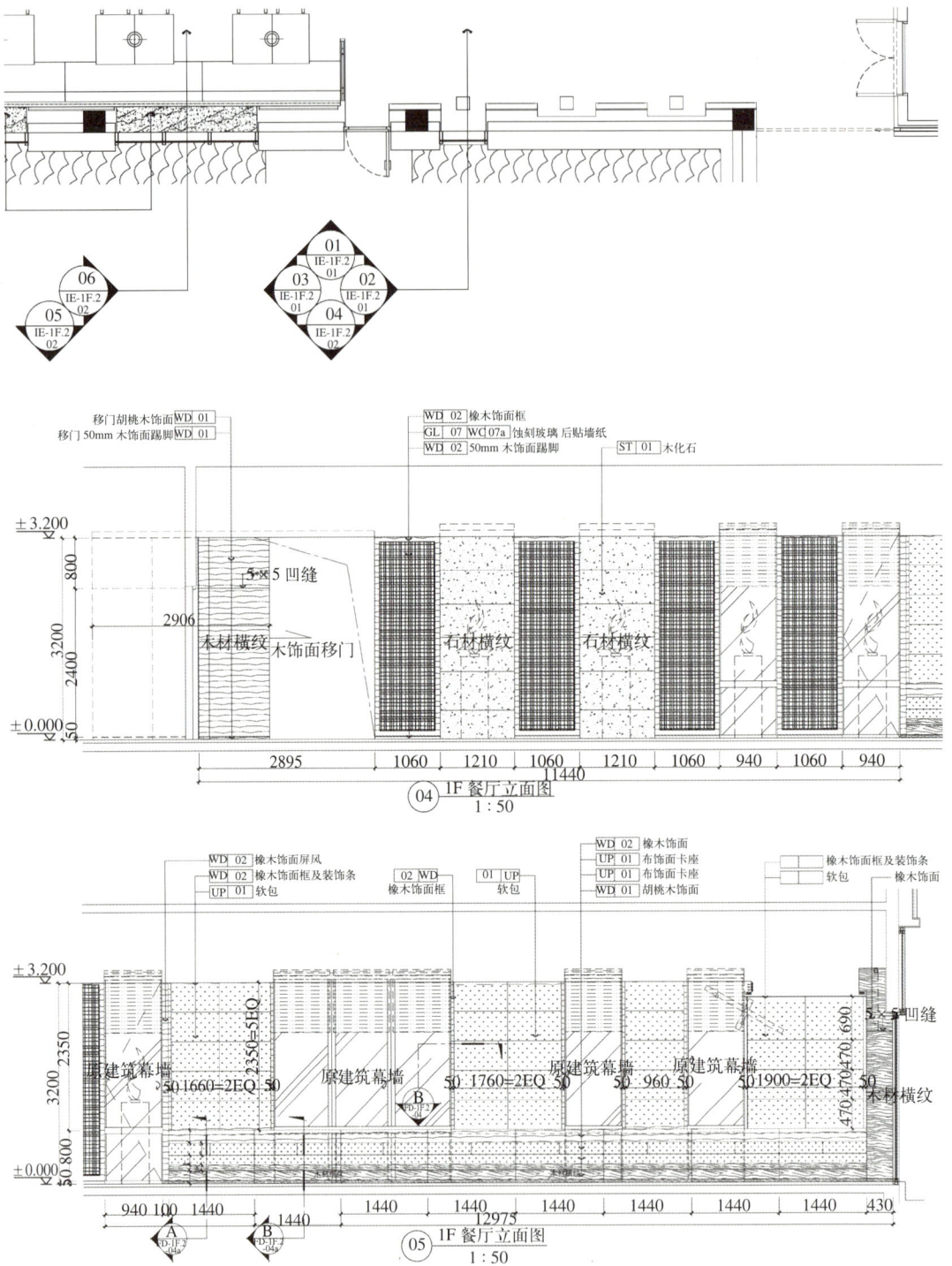

图 3-7

3. 根据顶棚布置图识读公共建筑施工图的基本内容

（1）公共建筑和居住建筑相比，需要设置烟感，喷淋系统，顶棚上除了常用的灯具，还有消防喷淋头和烟雾感应器（图 3-8）。

（2）公共建筑常常设置集中空调，空调送回风系统有底部送风，回风和侧面送回风两种形式（图 3-9）。

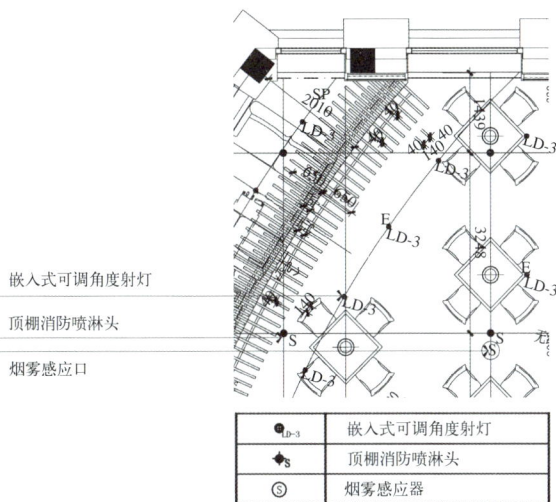

		嵌入式可调角度射灯
		顶棚消防喷淋头
Ⓢ		烟雾感应器

图 3-8

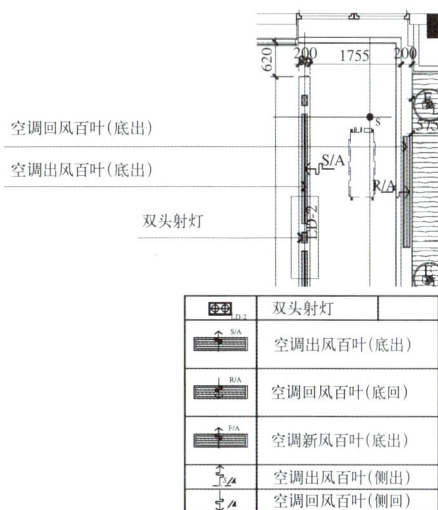

	双头射灯
	空调出风百叶（底出）
	空调回风百叶（底回）
	空调新风百叶（底出）
	空调出风百叶（侧出）
	空调回风百叶（侧回）

图 3-9

（3）顶棚上有造型构件的要标示出来，留意标高变化（图 3-10）。

（4）识读顶棚的灯具及所用的装修材料（图 3-11）。

（5）查找大样图，识读顶棚图。

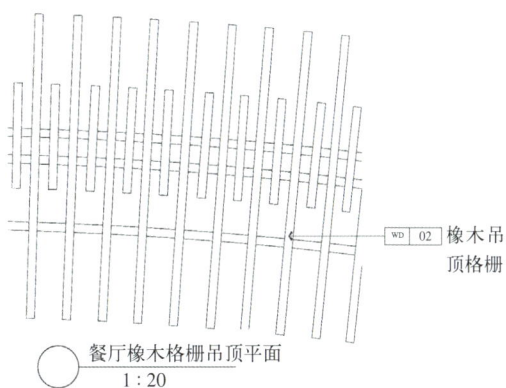

餐厅橡木格栅吊顶平面
1∶20

图 3-10（1）

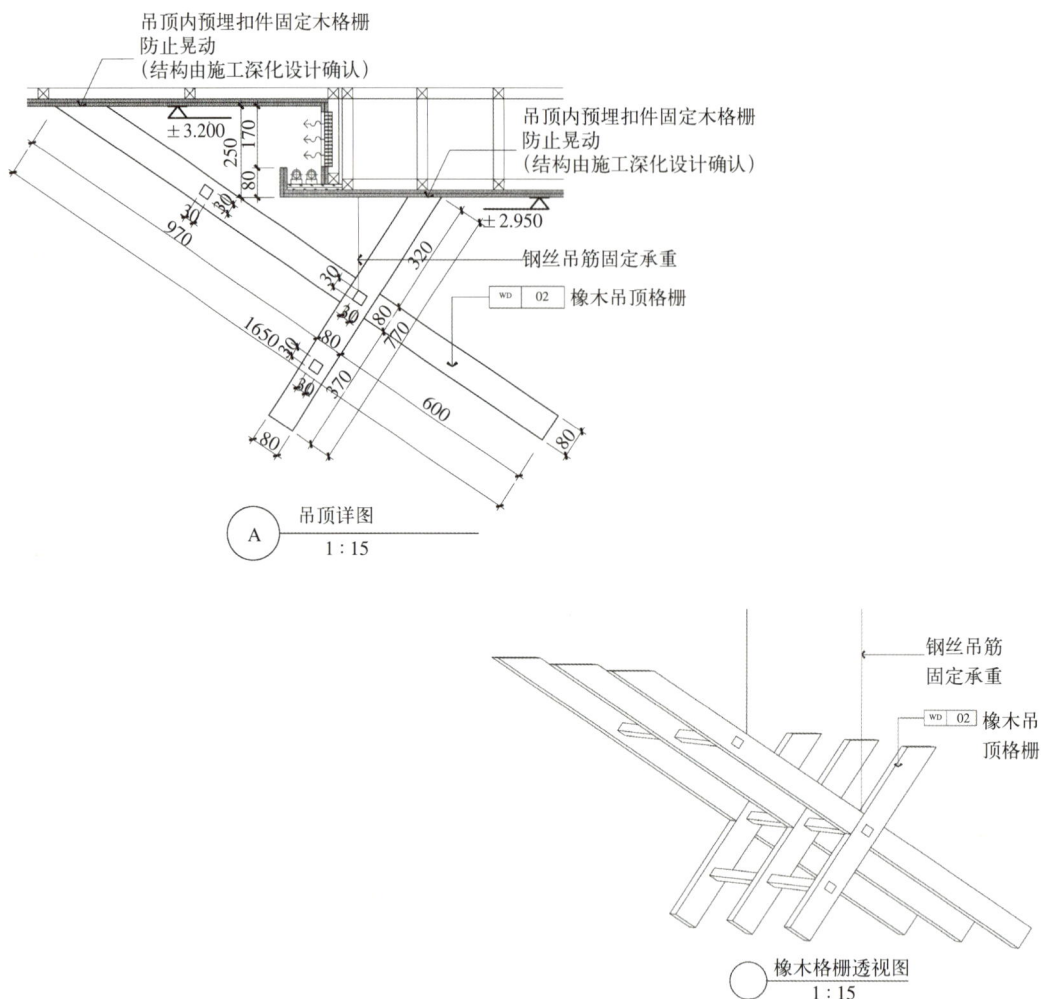

吊顶内预埋扣件固定木格栅
防止晃动
（结构由施工深化设计确认）

±3.200

吊顶内预埋扣件固定木格栅
防止晃动
（结构由施工深化设计确认）

±2.950

钢丝吊筋固定承重

| WD | 02 | 橡木吊顶格栅

970

250
170
80

30
30

1650

30
370

320

80
770

600

80

80

Ⓐ 吊顶详图
1 : 15

钢丝吊筋
固定承重

| WD | 02 | 橡木吊
顶格栅

橡木格栅透视图
1 : 15

图 3-10（2）

4. 根据剖（立）面图识读公共建筑施工图的基本内容

（1）墙面宽度，楼板底的净高，吊顶的变化。

（2）立面上装饰材料的种类，名称，拼接图案，不同材料的分界做法（图 3-12）。

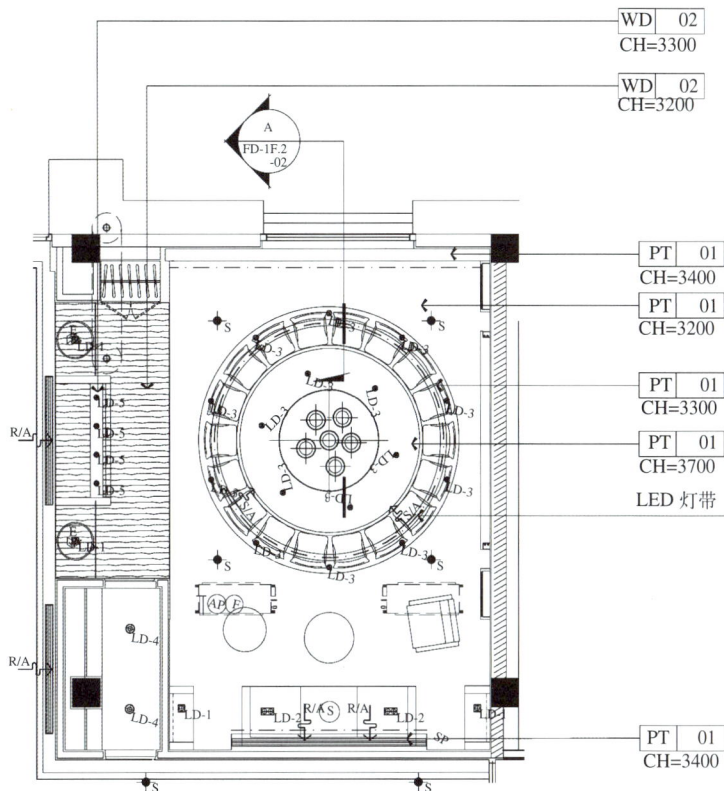

符号	名称	备注
⊕	地嵌灯	
⊕	可调向射灯	
⊕E	紧急照明灯	紧急照明灯
⊕	吊灯	
⊞ LD-1	单头射灯	
⊞⊞ LD-2	双头射灯	
⊕ LD-3	嵌入式可调节角度射灯	
⊕ LD-4	筒灯	节能光源
⊕ LD-5	嵌入式可调节角度射灯	
⊕ LD-6	嵌入式射灯	
⊞ LD-7	单头射灯	
⊞⊞ LD-8	双头射灯	
▦ LD-9	格栅灯	
⊕ LD-10	地灯	
⊕	壁灯	白炽灯泡
——	LED 灯带	色温 2700K
◻	检修板	

图 3-11

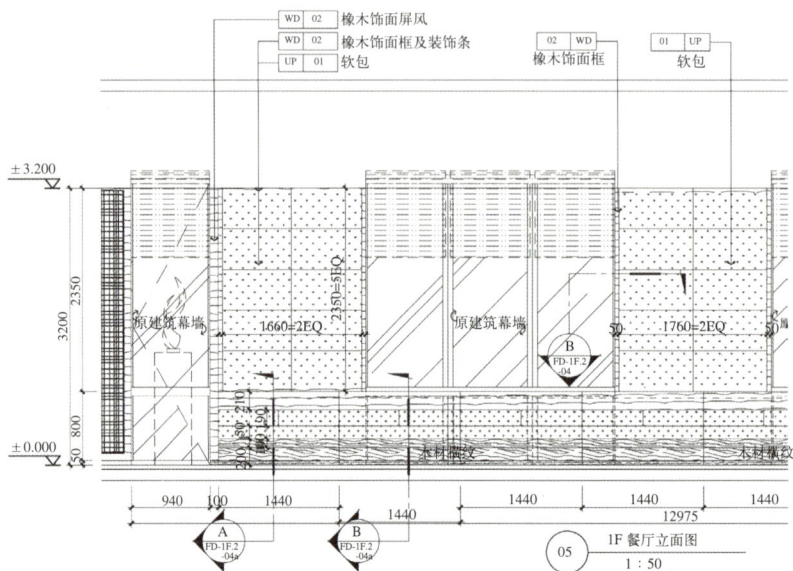

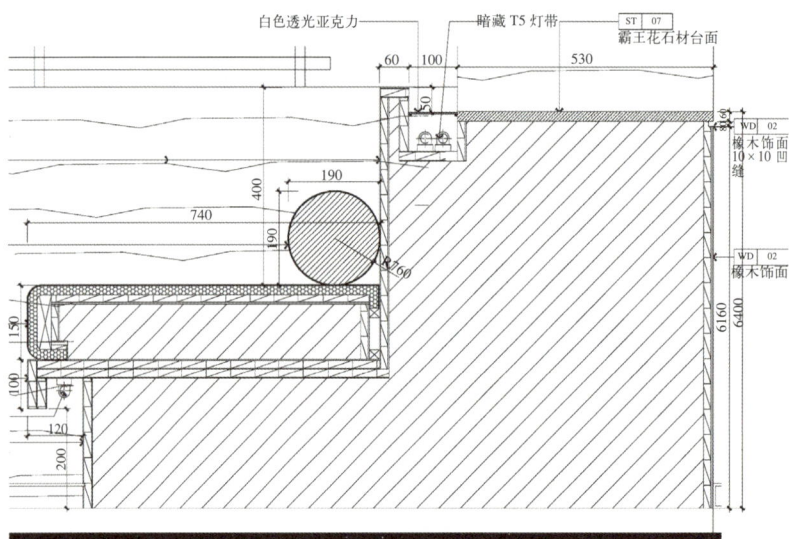

WD 02 橡木饰面屏风
WD 02 橡木饰面框及装饰条
UP 01 软包
02 WD 橡木饰面框
01 UP 软包

±3.200

3200
2350

原建筑幕墙
1660=2EQ
2250=5EQ
原建筑幕墙
1760=2EQ

B FD-1F.2 -04

±0.000

800

木材横纹
木材横纹

940 100 1440 1440 1440 1440 1440
12975

A FD-1F.2 -04a
B FD-1F.2 -04a

05 1F 餐厅立面图
1：50

白色透光亚克力
暗藏 T5 灯带
ST 07 霸王花石材台面

60 100 530

WD 02 橡木饰面 10×10 凹缝

400 190
740
190

WD 02 橡木饰面

150
100
120
200

图 3-12

【学习支持】

小型公共建筑装饰施工图的基本内容

1. 平面布置图

（1）平面布置包括的内容

◆ 陈设，家具布置。

◆ 部品部件布置。

◆ 设备设施布置。

◆ 绿化布置。

◆ 局部放大平面布置图。

（2）地面铺装

◆ 地面装饰材料的种类，拼接图案，不同材料的分界线。

◆ 地面装饰的定位尺寸，规格和异形材料的尺寸，施工做法。

◆ 地面装饰嵌条，台阶和梯段防滑条的定位尺寸，材料种类及做法。

（3）索引

索引符号根据用途的不同，可分为立面索引符号、剖切索引符号、详图索引符号、设备索引符号、部品部件索引符号，表示室内立面在平面上的位置及立面图所在图纸编号，应在平面图上使用立面索引符号。

立面索引符号应由圆圈、水平直径组成，且圆圈及水平直径应以细实线绘制。根据图面比例，圆圈直径可选择 8～10mm。圆圈内应注明编号及索引图所在页码。立面索引符号应附以三角形箭头，且三角形箭头方向应与投射方向一致，圆圈中水平直径、数字及字母（垂直）的方向应保持不变（图 3-13）。

在平面图中采用立面索引符号时，应采用阿拉伯数字或字母为立面编号代表各投视方向，并应以顺时针方向排序（图 3-14）。

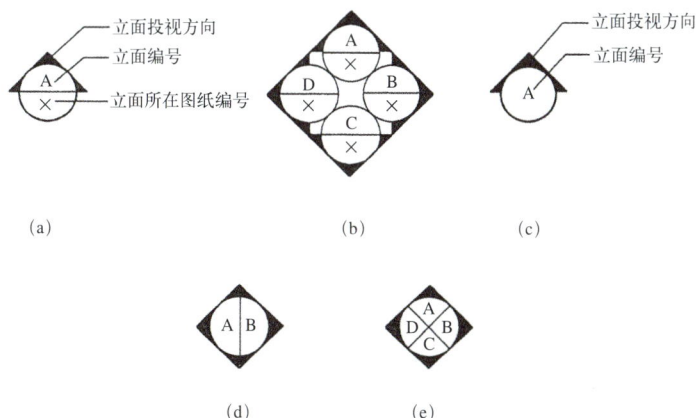

图 3-13　立面索引符号

图 3-14　字母以顺时针方向排序

2. 顶棚布置图

（1）各空间顶棚平面图

◆ 标明顶棚造型，天窗，构件，装饰垂挂物及其他装饰配置和饰品的位置，标明定位尺寸，标高或高度，材料名称和做法。

◆ 可单独绘制局部的放大顶棚图，同时绘出分区组合示意图，并标示本分区部位编号。

◆ 标注所需的构造节点详图的索引号。

◆ 可缩小比例绘制内容单一的顶棚平面。

◆ 对于对称平面，对称部分的内部尺寸可省略，对称轴部位应用对称符号表示，轴线号不得省略；楼层标准层可共用同一顶棚平面，但应注明层次范围及各层的标高。

（2）顶棚综合布点图；标明顶棚装饰装修造型与设备设施的位置，尺寸关系。

（3）顶棚装饰灯具布置图。

◆ 标明所有明装和暗装藏的灯具（包括火灾和事故照明灯具），发光顶棚。

◆ 标明空调风口，喷头，探测器，扬声器，挡烟垂壁，防火卷帘，防火挑檐，疏散和指示标志牌等的位置。

◆ 标明定位尺寸，材料名称，编号及做法。

（4）结合实景、构造节点详图识读顶棚平面图

公共建筑室内的顶棚装饰，相对于居住建筑而言复杂很多，首先造型多样，常见的有平整式、分层式，平整式顶棚可以是用轻钢龙骨与纸面石膏板、硅钙板、矿棉吸声板等材料做成，分层式顶棚做成几个高低不同的层次，可以与暗藏灯槽的照明方式相结合（图 3-15），因为一般层高较高，所以也经常使用悬挂式顶棚。

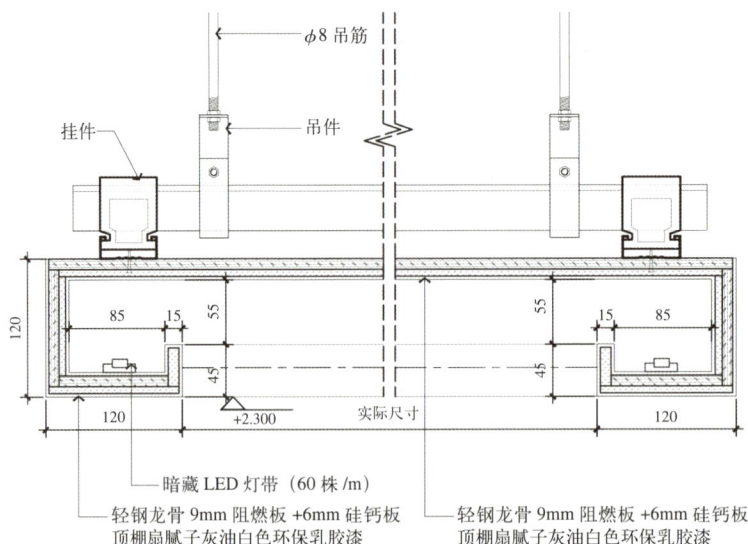

小型公共建筑物顶棚布置图识

图 3-15　分层式顶棚常和暗藏灯槽结合

在实际项目中，顶棚造型更多的是以上多种形式的综合使用，由于装饰材料丰富，构造变化多，高低错落，加上顶棚在视平线以上，所以需要结合实景、构造节点详图等，多角度理解顶棚平面图的内容。

举例来说，图3-16是某校建筑装饰实训中心的局部顶棚平面图，从图纸上面看，这是个露梁的设计，梁下面做了6块悬挂式顶棚，分别以铝扣板、铝格栅、冲孔板、铝扣边拉膜、硅钙板、长城板为面层材料，面层标高都是2.3m，留意看面材的平面表达方法。

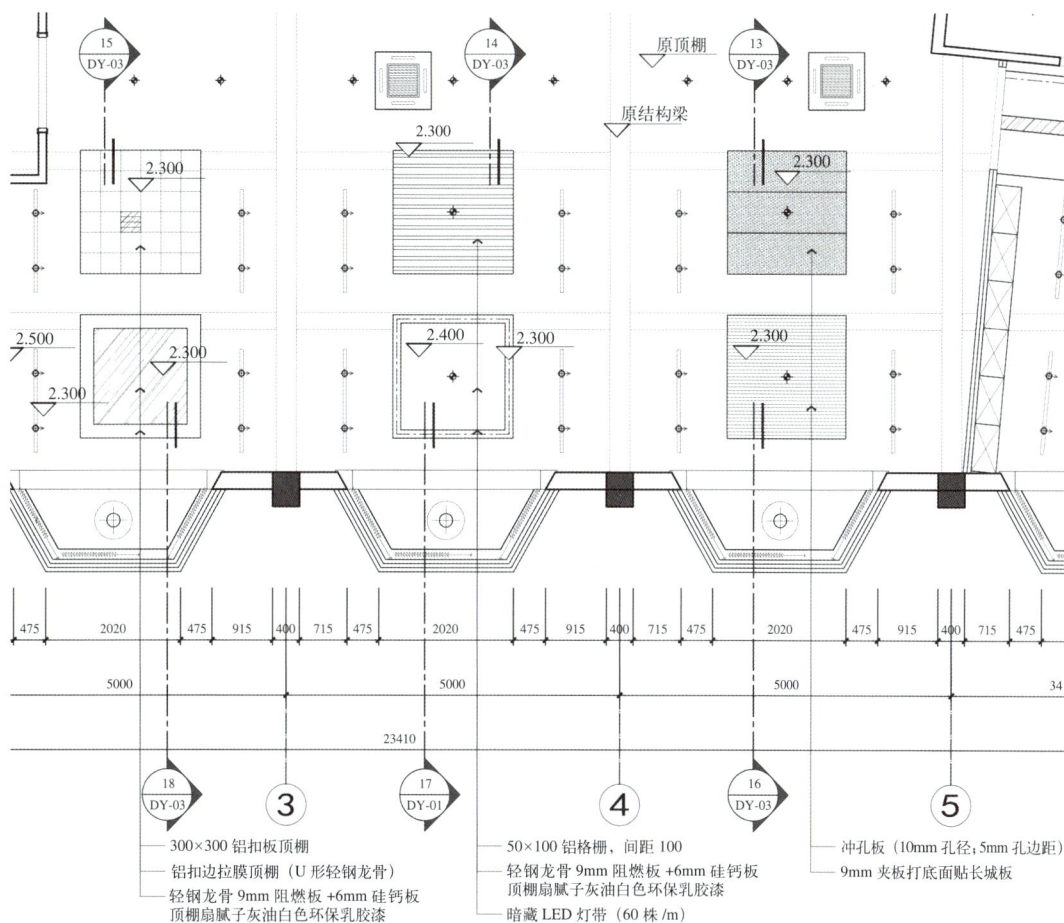

图3-16　某校建筑装饰实训中心局部顶棚平面图

接着我们参观现场（图3-17），对照实景，理解梁、悬挂顶棚、空调送回风口、灯具等具体位置，进一步增加感性认识，接着根据索引符号，找到构造节点所在的图纸，采用互相比较的方式，进一步理解悬挂式顶棚的细部做法。

从几个构造详图可以看到（图3-18），由于面层材料不同，所使用的金属龙骨构件也不同，根据构造图上的做法和细部尺寸，进一步加深了我们对顶棚平面图的识读理解。

图 3-17　实训中心实景

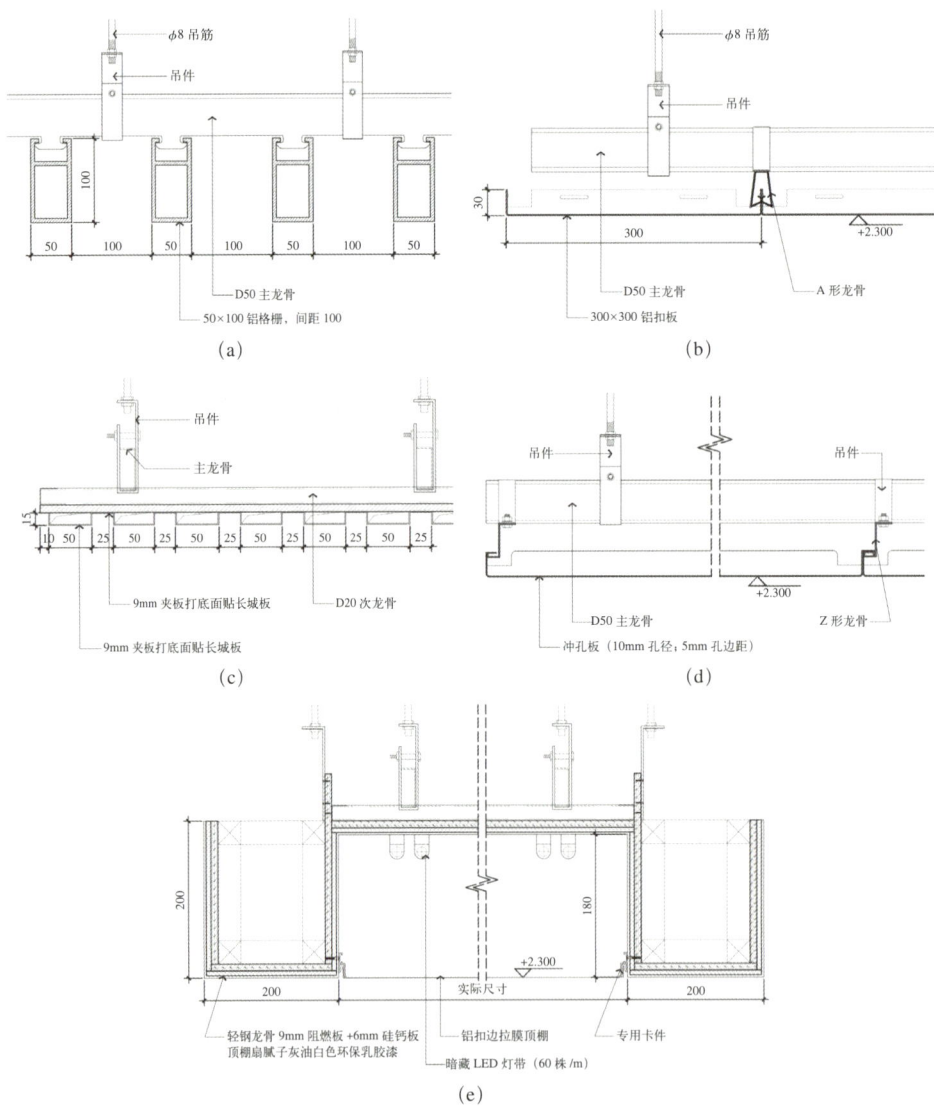

(a)

(b)

(c)

(d)

(e)

图 3-18　顶棚构造详图
（a）铝格栅顶棚；（b）铝扣板顶棚；（c）长城板顶棚；（d）冲孔板顶棚；（e）软膜顶棚

3. 剖（立）面图

（1）剖（立）面图应剖在空间关系复杂、高度和层数不同的部位和重点设计的部位，应表示剖到或看到的各相关部位内容。

（2）标明剖面所在位置，标注设计部位结构、构造的主要尺寸、标高、用材、做法。

（3）标注索引符号、编号、图纸名称和制图比例。

◆ 标注平面图，顶棚平面图和剖（立）面图中需要清楚表达的部分的详细尺寸、标高、材料名称、连接方式和做法。

◆ 部位根据表达的需要确定。

◆ 标注所需的构造节点详图的索引号。

（4）影响装修效果的电源插座、通信和电视信号插孔、空调控制器、开关、按钮、消火栓等物体，宜在立面图中绘制出其位置。

小型公共建筑物
室内立面图识读

【学习提示】 教与学注意点

从以下几方面认识小型公共建筑装饰施工图与居住建筑装饰施工图的区别：

1. 项目概况

（1）建筑层数，高度，是多层还是高层裙房中的局部几层。

（2）结构类型：钢筋混凝土框架。

（3）设计标高。

（4）防火分区。

（5）当原建筑图面积比较大时，要分区绘制装饰施工图。

2. 平面布置图部分

（1）层数，防火分区。

（2）楼梯，电梯厅，自动扶梯。

（3）卫生间。

（4）管井。

（5）地面标高的变化。

（6）是否有跃层，中空等空间变化。

（7）具体的平面布局。

（8）地面装饰材料的种类、拼接图案、定位尺寸等。

（9）剖（立）面的索引符号及编号。

3. 顶棚布置图部分

（1）楼板的净高、主次梁、边梁的位置、高度。

（2）常用灯光照明图例。

（3）顶棚造型、标高变化。

（4）顶棚的装饰材料。

（5）空调常用的设备图例：送风口、回风口、排气扇。

　　消防常用的设备图例：喷淋头、感烟探测器。

（6）天窗、玻璃光棚的画法。

（7）标明索引大样。

4. 剖（立）面图部分

（1）墙面宽度、楼板底的净高。

（2）立面上的造型。

（3）立面上装饰材料的种类、名称、施工工艺、拼接图案、不同材料的分界。

（4）标注构造节点详图的索引号。

（5）常用开关、插座、消火栓的立面图例。

（6）中空、跃层的剖（立）面画法。

【实践活动】　工作任务布置

　　能识读餐厅平面布置图，顶棚平面图，剖（立）面图具体所表示的内容（详见教材配套图纸）。

【活动评价】

识读自评： （20%）	工程概况明确	很好 ☐	较好 ☐	一般 ☐	还需努力 ☐
	平面布置图识读正确	很好 ☐	较好 ☐	一般 ☐	还需努力 ☐
	顶棚布置图识读正确	很好 ☐	较好 ☐	一般 ☐	还需努力 ☐
	剖（立）面图识读正确	很好 ☐	较好 ☐	一般 ☐	还需努力 ☐
	识读方法步骤正确	很好 ☐	较好 ☐	一般 ☐	还需努力 ☐
小组互评： （40%）	整体识读完成效果	优 ☐	良 ☐	中 ☐	差 ☐
教师评价： （40%）	整体识读完成质量	优 ☐	良 ☐	中 ☐	差 ☐

任务 3　建筑装饰构造详图识读

顶面装饰构造
详图识读　墙面装饰构造
详图识读

【任务描述】

　　建筑装饰构造详图包括装饰构造节点图和大样图，是对平、立面图纸的进一步放大及详细说明，弥补施工平面图和立面图中无法表述清楚的特殊做法和造型问题，一般用于装饰界面阴阳角收口、装饰材料安装固定、两种及两种以上材料交接处、特殊构造做法等。本次任务的学习目标主要是装饰构造节点图的识读，通过学习能根据详图编号查找出构造详图所在图纸，并能根据构造做法内容，读取装饰构造、使用装饰材料、施工要求等信息，从而提高施工图识读能力。

【任务实施】

　　装饰构造节点图的识读重点一般包含两个方面：饰面装饰材料（或设备）的安装和收口处理。"饰面装饰材料的安装"主要指装饰材料安装方法及结构，如胶水、水泥砂浆、龙骨等，这些在施工结束后是隐蔽不可见的，如图 3-19 装饰节点图与三维图对比所示。"收口处理"则主要是不同面层材料间，材料与建筑等连接处的做法。常见的节点图有地面装饰节点图、墙面装饰节点图、顶面装饰节点图、构件安装节点图等。

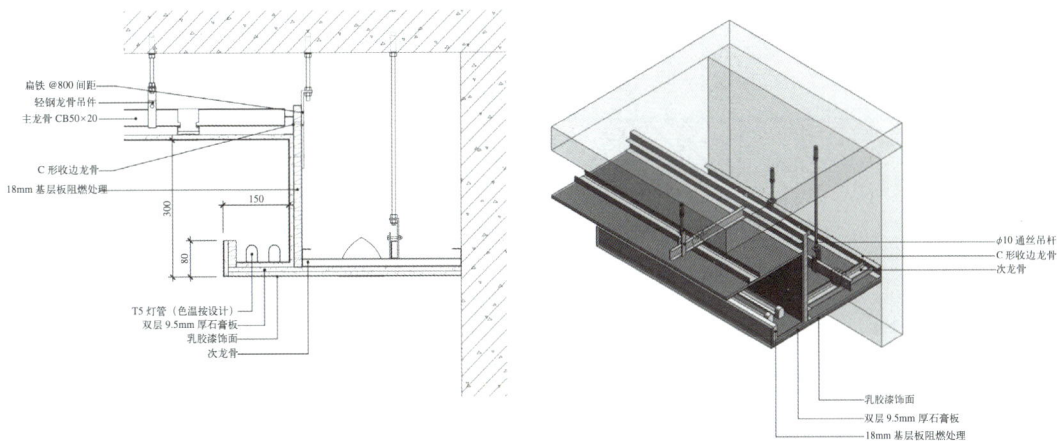

图 3-19　装饰节点图与三维图对比

　　本项工作任务实施以本书配套的住宅室内装饰装修项目的施工图为例，通过三个不同的实例进行识图学习。

1. 墙面装饰构造详图识读。如图 3-20 所示

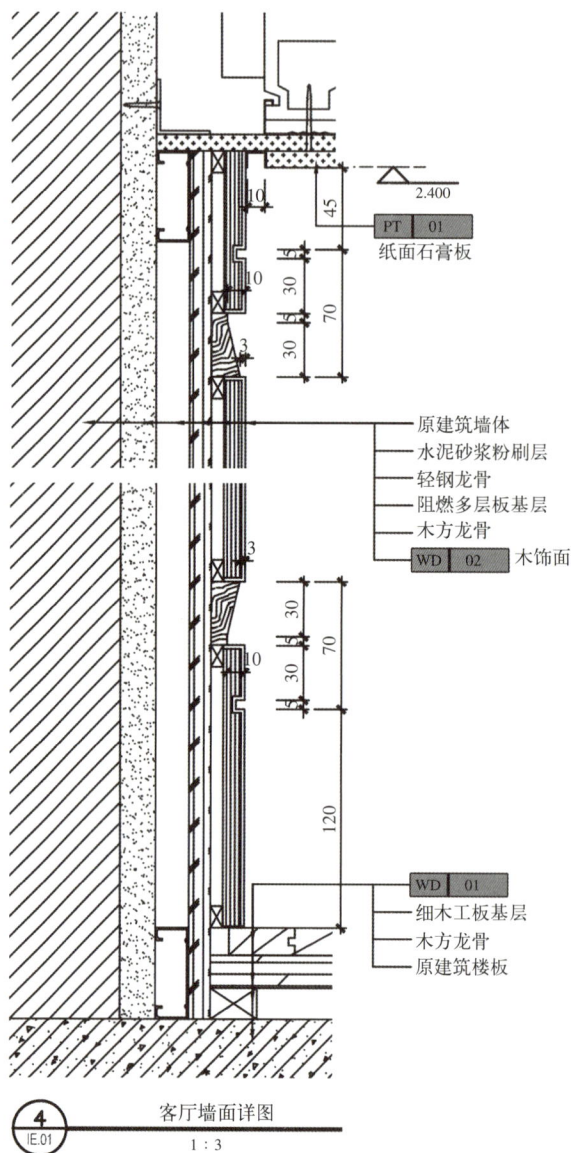

图 3-20　墙面装饰构造详图

（1）查看图名及比例

读图 3-20 可知，此构造详图是客厅墙面施工做法的构造详图，绘图比例为 1∶3（此构造详图所在配套施工图纸"上城系列户内"图纸编号为"DT.02"）。

（2）根据图名编号及图纸编号、名称，可查找对应的立面图

读图可知，此节点的编号为 4，剖切详图索引符号位于在图纸 IE.01 页面上，追踪可了解到这是"走道／玄关立面 2"WD-02 材料的造型墙面竖向剖切面（图 3-21）。

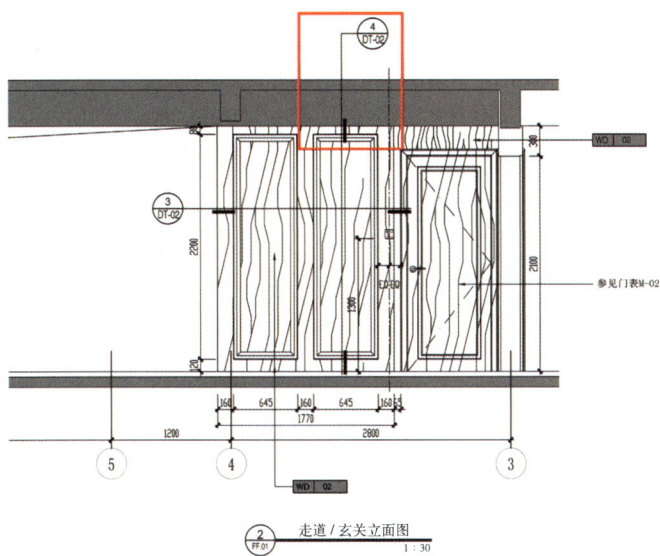

图 3-21　详图所属的立面图

（3）详图所表现的范围及识读顺序

读图可知，这张节点表现了墙身、吊顶和地面整体的构造关系，识读时可先读墙身构造，再识读墙身与顶棚、地面连接处的处理关系，切勿从上往下识读，一定先识读墙面主体部位，如图 3-22 所示。

（4）根据标注，识读构造层次及做法

从图中可知，墙身装饰有三个构造层次，从内向外分别是龙骨层、装饰基层、装饰面层，各构造层次的厚度、材料及做法详见标注，面层有装饰木线条造型，如图 3-23 所示。用同样的方式去识读顶面构造、地面构造的做法。

如图中建筑墙身包括墙体和水泥砂浆粉刷层，这部分一般是施工前的现场条件；龙骨部采用的是"轻钢龙骨"材料，距离即为龙骨的边高；装饰基层采用的是"阻燃多层板"；装饰面层采用的是"木饰面"，WD-02 是木饰面在材料表中的材料编号，可在材料表中找到代表的是"木饰面白色喷漆"；木饰面与木饰面基层间并不是直接连接的，而是采用了木方龙骨找平连接。

（5）识读各部位的标高、高度方向的尺寸

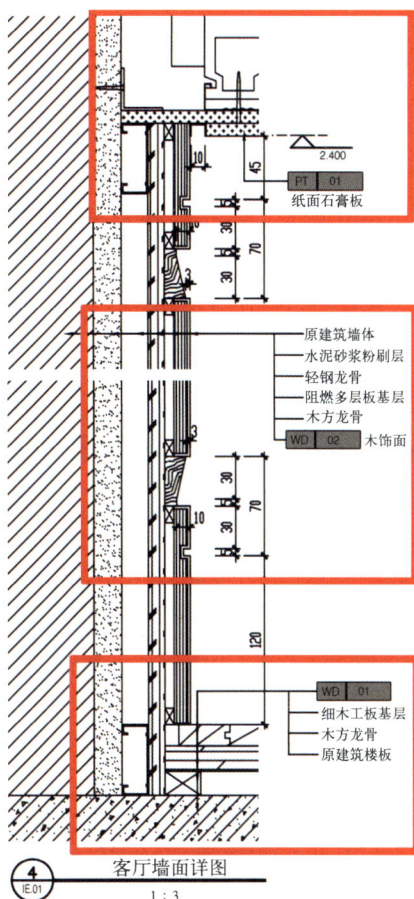

图 3-22　识读详图表现的范围

和装饰细部的小尺寸。

详图中标注了此处墙面吊顶面层的底部标高为 2.4m，饰面层有局部施工安装尺寸。

（6）墙身与其他局部构造连接做法及关系

墙身位于在吊顶结构的下面，吊顶面层采用双层纸面石膏板，墙身面层与吊顶面层之间留有 10mm 的留槽处理；墙身与地面交接时，墙体龙骨及装饰面基层直接落在楼板结构上，墙身面层木饰面则落在地板构造的面层的上面；施工时需要先完成吊顶，再完成墙身龙骨及基层，再完成地板安装及墙身装饰面层。

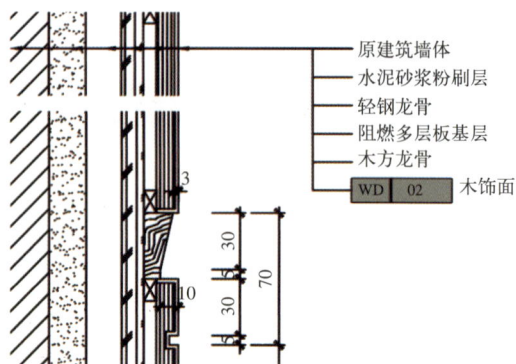

图 3-23　墙身装饰构造识读

2. 顶面装饰构造详图识读。如图 3-24 所示。

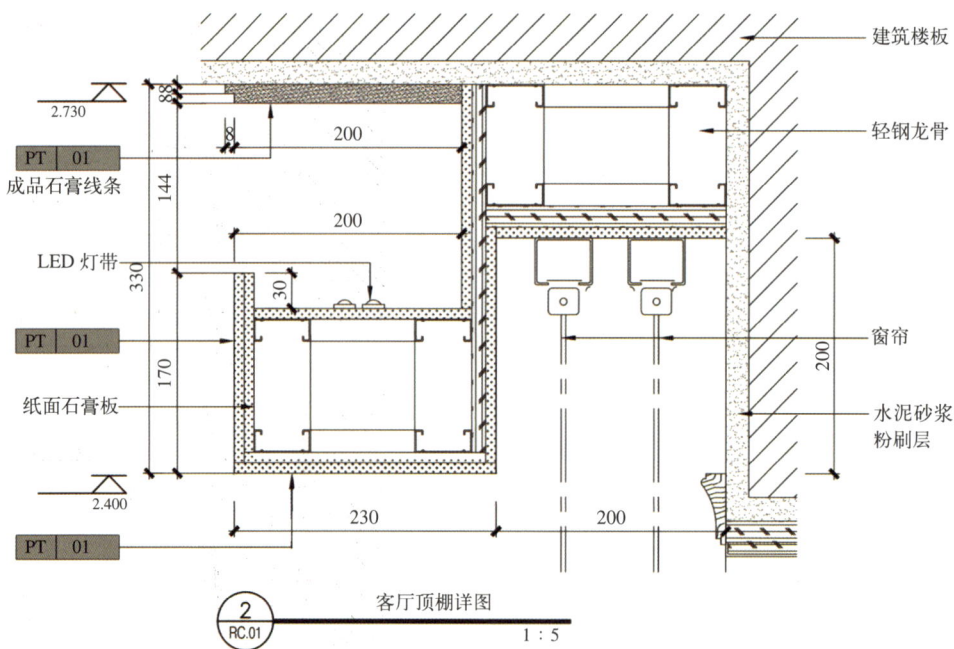

图 3-24　客厅顶棚详图识读

（1）查看图名及比例

读图 3-24 可知，此节点是"客厅顶棚详图"，绘图比例为 1∶5。

（2）根据图名编号及图纸编号、名称，查找对应的表现的结构位置。

读图可知，此节点的编号为 2，此构造详图展现的剖切位置所在施工图纸编号为"RC.01"，查找结果如图 3-25 所示。

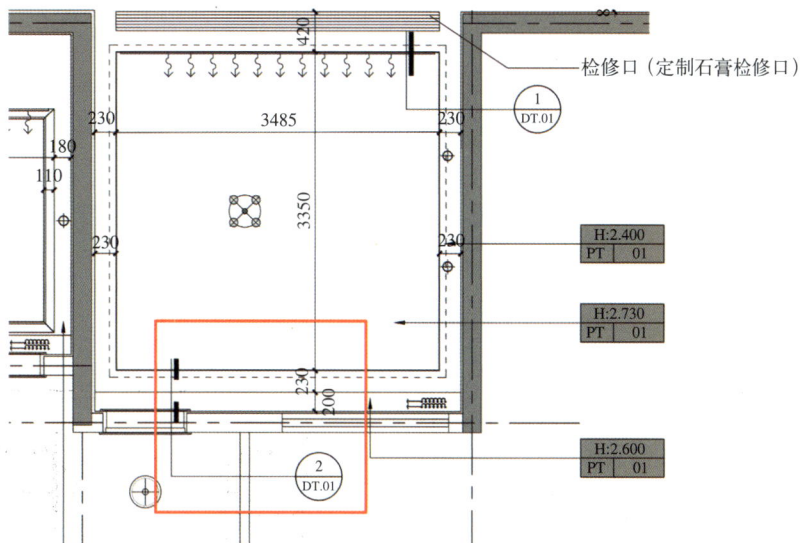

图 3-25　详图所在的顶面图

读图可知，剖切详图表示的是客厅区域吊顶窗帘及灯带做法的剖面构造，顶面最高处标高为 2.73m，跌级灯槽的标高为 2.4m，窗帘盒宽度为 200mm 且高度为 2.6m，顶面饰面材料均为 PT01，查材料表为"白色乳胶漆"。

（3）详图所表现的范围及识读顺序

读图可知，这个详图共由两部分组成，窗帘盒安装和跌级灯带构造，对于所有的顶棚构造详图的解读思路，均在于安装在哪？安装的是什么？怎么安装的？读图顺序从建筑结构开始，从上往下，即图 3-26 中两个红圈处，其次从垂直建筑结构，本图垂直结构墙体在右侧，所以从右往左进行（一个红圈处）。

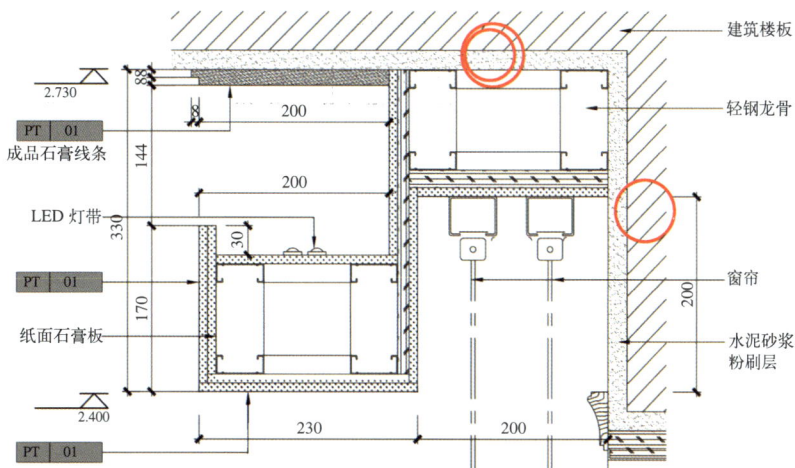

图 3-26　读图范围及顺序

（4）结合文字标注按顺序识读节点

读图 3-26，从上部建筑结构往下识读：窗帘轨道是安装在纸面石膏板吊顶上的，而此部分吊顶是通过轻钢龙骨结构与"建筑楼板"相固定连接的；客厅吊顶建筑楼板上安装的有成品的石膏线条，没有安装构件，可推测使用的是胶水安装。从右向左读，窗帘盒直接与墙面相连，而灯带则窗帘盒结构进行连接；灯带内部使用的是轻钢龙骨结构，面层板为纸面石膏板；最后所的石膏板上涂饰 PT01 即白色乳胶漆。

（5）识读各部位的标高、高度方向的尺寸和装饰细部的小尺寸。

3. 柜子大样图识读。如图 3-27 所示。

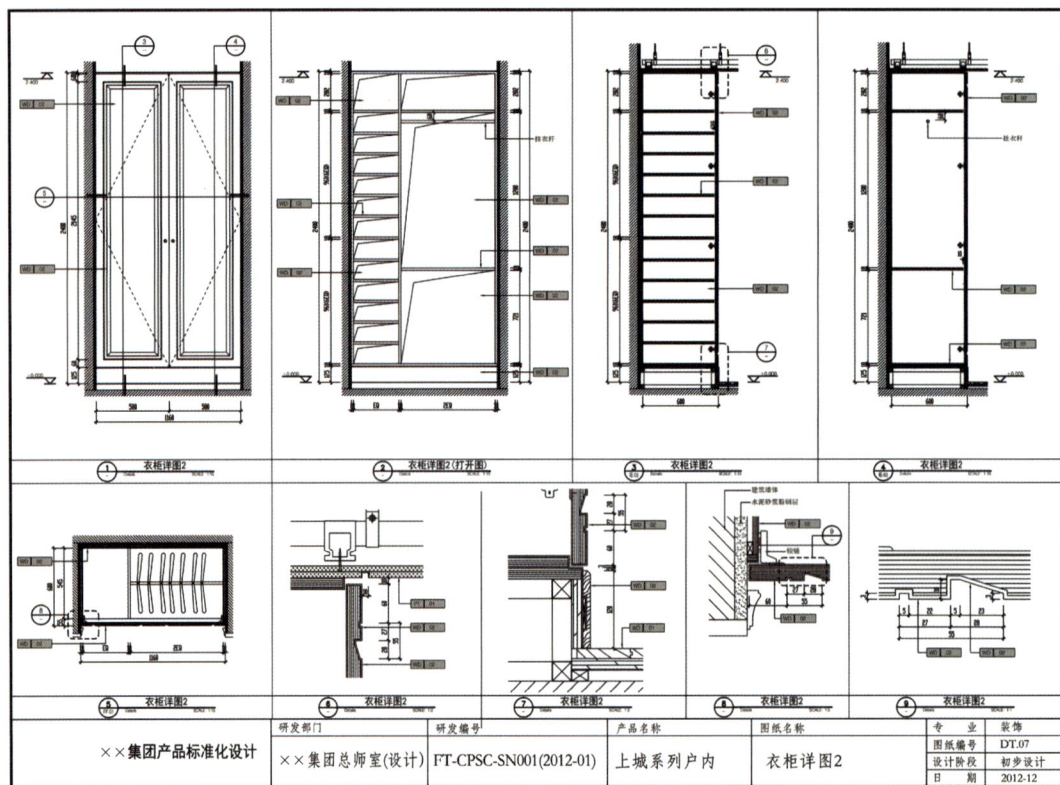

图 3-27　柜子大样图

大样图，即是对大比例的图纸中，无法清楚展现的构件或重要造型等，进行单独小比例绘制的图样，如图 3-27 中的柜子详图。由于衣柜现场制作，属于施工任务的一部分，因而需要绘制大样图，但若一个图形无法清楚展示其构造，则还需要根据其情况添加更多结构图纸，用图来清晰的说明，而且要求尺寸、材料精确便于施工。

（1）查看图名或图纸名称

读图可知，该图纸的名称为"衣柜详图 2"，其说明本页图纸主要绘制的是衣柜 2 的相关图形；找到衣柜详图识读的第一个图形——衣柜平面（为了图面排版的美观，第一张图不一定是最重要的图）。由衣柜平面可知，其衣柜详图符号所在图纸编号为"FF.01"，编号为"5"，追踪找到该详图位置，如图 3-28 所示。

（2）读图顺序

按照柜子制作时，从宏观到微观，从外到内的原则识读柜子详图的相关信息，本图中识读顺序为：平面—立面—柜子打开图—柜子剖面—细部大样。

如图 3-29 所示，若构造详图较为复杂，无法表述清楚则可以再对详图进行剖面或局部的详图绘制。图中详图索引符号分母中"—"表示：该详图就在本页图纸中。

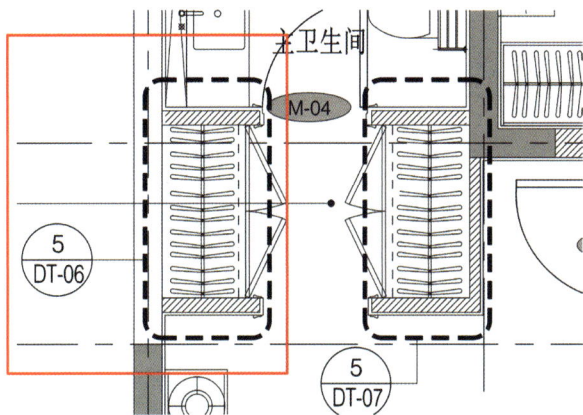

图 3-28　详图位置所在平面

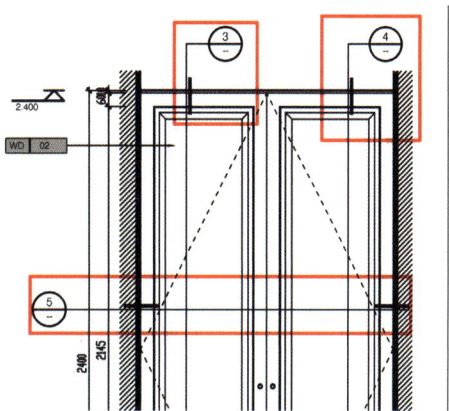

图 3-29　详图中的详图索引

（3）识读各图的细部尺寸和材料标注。图中材料 WD-02 查材料表如图 3-30 所示。

（4）读大样图

衣柜详图中的节点构造的识读同墙顶面节点的识读，这里不再详述识读方法，除此外就是大样图如图 3-31 所示。

材料索引表	
材料编号	材料名称
ST-01	咔咗啡大理石（卫生间围边及淋浴房挡水条）
ST-02	爵士白大理石（窗台板）
ST-03	路易米黄大理石（卫生间地面）
ST-04	米白洞石（卫生间台面）
ST-05	厨房橱柜台面板（人造石）
WD-01	木地板
WD-02	木饰面白色喷漆
WD-03	木饰面

图 3-30　详图中的材料查找

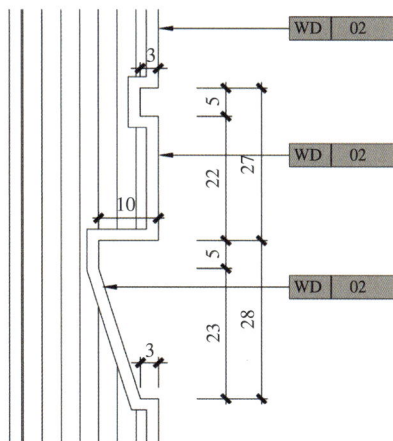

图 3-31　图样大样图

　　详图大样图的作用在于用更小的比例来显示图样，便于精确施工制作，结合图形和详细的尺寸和材料来查看即可。

【学习支持】

1. 装饰构造详图的形成及组成

（1）装饰构造详图的一般形式是剖面图，即假想一平面，剖开形体，露出形体内部结构，移走人站立观察的一部分，观察到另一部分内部结构的正面投影视图，如图 3-32 所示。一般节点共包含了详图编号、材料标注、尺寸标注、材料图例线和截断线，如图 3-33 所示。在一些特殊的构造详图中甚至还包含了建筑结构、电器设备等信息。

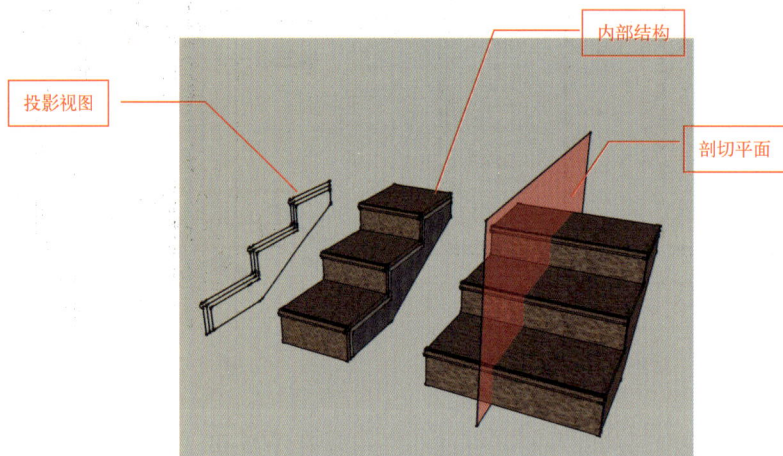

图 3-32　剖面图形成分析

图 3-33　构造详图的组成部分

（2）详图各部分详解

1）详图编号及名称——施工图中包含许多详图，因此需要对每个详图进行编号便于查找。每一个节点编号均应与平面图和立面图中设置的详图索引相对应。构造详图名称则便于进行识别和读图，常见的几种详图编号样式如图 3-34 所示。

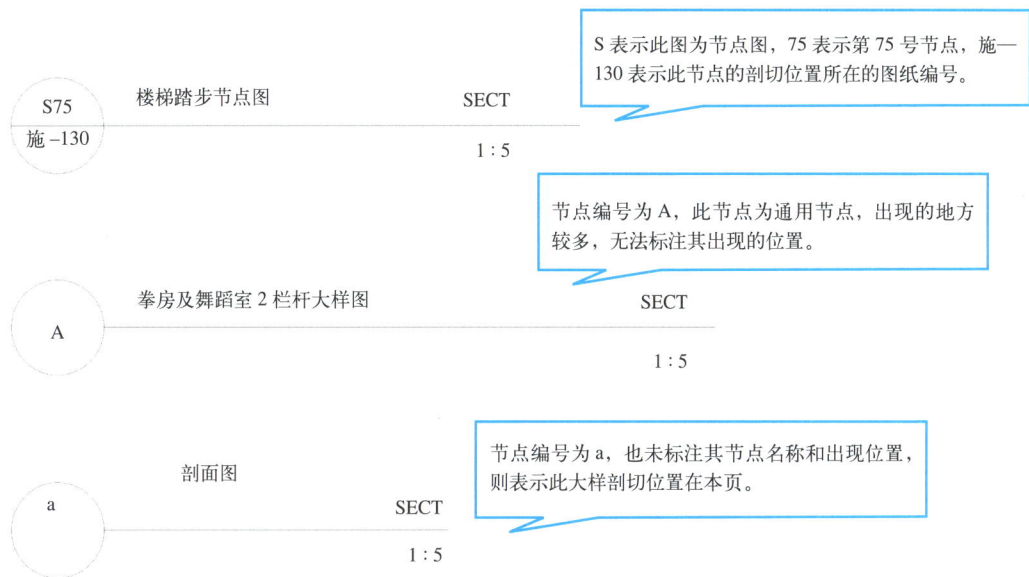

S75
施 –130
楼梯踏步节点图　　　　　　SECT
　　　　　　　　　　　　　1 : 5

> S 表示此图为节点图，75 表示第 75 号节点，施—130 表示此节点的剖切位置所在的图纸编号。

A
拳房及舞蹈室 2 栏杆大样图　　　SECT
　　　　　　　　　　　　　　1 : 5

> 节点编号为 A，此节点为通用节点，出现的地方较多，无法标注其出现的位置。

a
剖面图　　　　　　　　　SECT
　　　　　　　　　　　1 : 5

> 节点编号为 a，也未标注其节点名称和出现位置，则表示此大样剖切位置在本页。

图 3-34　详图编号及名称

2）材料标注——对图例中所代表的装饰材料、建筑结构等进行的文字说明。此部分要求学生对建筑装饰材料有所了解，常见的饰面材料如：乳胶漆、墙纸、艺术漆、金箔、玻璃、镜面、金属、布艺、木材等。

3）尺寸标注——对图例中的结构线及外轮廓线等重要部分进行必要的尺寸说明，便于识读和施工。

4）材料图例——剖切平面与形体剖切处，要用图例表示材料的类型，图例的样式要求与真实的材料结构相似，清晰易辨识。根据房屋建筑制图统一标准，常见如图 3-35 所示。

2. 详图中常用的专业名词

大样图：某一区域较为复杂，原图无法表述清楚，单独进行放大和详细表述的图例。

找平层：因原始结构表面不平整，用某种材料对其表面进行铺设处理，使其表面平整。

粘贴层：使用胶粘材料进行粘贴固定，而产生的一层粘贴结构。

倒圆角：把材料的棱角切削成圆弧面的工艺做法（图 3-36）。

木纹	水泥砂浆 / 石材	金属	镜面 / 玻璃
墙体	夹板	地板	沙土 / 乳胶漆
木工板	木龙骨	玻璃截面	泡沫填充物
大理石	石膏板	混凝土	石材截面
灯管	筒灯	膨胀螺栓	角钢
轻钢龙骨型材	空调风口	石材干挂件（侧）	石材干挂件

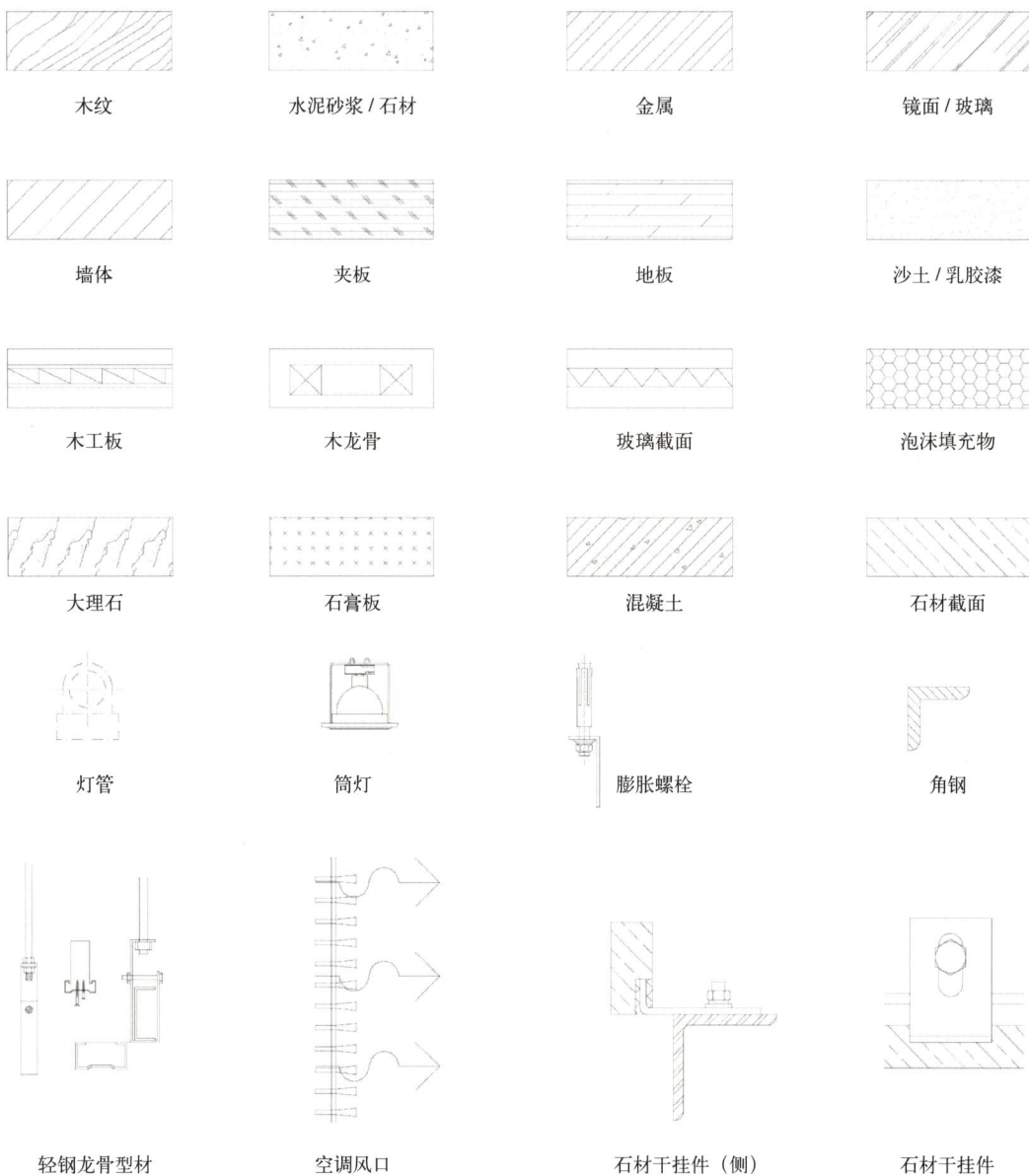

图 3-35　常见材料图例填充样式

图 3-36　倒圆角

海棠角：在装饰材料或家具的阳角处，使其钝化的一种工艺做法（图 3-37）。

图 3-37　海棠角

烤漆：一种喷漆制作工艺，使用高温进行油漆干燥固化。

配电箱：一般指强电箱，里面装配有各种电器元件，对一个区域的强电进行集中控制。

基层防火处理：是指使用防火材料对隐蔽的内部结构进行处理，使其具有一定的防火能力。

原顶：原始的建筑结构楼板底部或屋顶的内部。

原土建窗：原始建筑结构已经存在的窗子。

隔断：分割室内空间的立面，形式多样（图 3-38）。

木饰面：一种装饰面层材料，具有木材的天然纹理，是木材通过特殊工艺制作而成（图 3-39）。

图 3-38　隔断

图 3-39　木饰面

银镜：即常说的镜子，具有高反射效果，常用于装饰。

细木工板：俗称大芯板，是由两片单板中间胶压拼接木板而成，常用于基层（图 3-40）。

九厘板：胶合板的一种，9mm 厚，是由多张木皮高温压制成板，具有一定的弯曲性。

木龙骨：俗称为木方，主要由松木、椴木、杉木等经过烘干刨光加工而成，截面长方形或方形（图 3-41）。

图 3-40 细木工板

图 3-41 木龙骨

轻钢龙骨：使用优质的连续热镀锌板带为原材料，经冷弯工艺轧制而成的建筑用金属骨架，常用于吊顶和隔墙（图 3-42）。

图 3-42 轻钢龙骨

清玻：即常见的透明玻璃。

T5 暗藏灯带：使用 T5 荧光灯管制作的灯带，一般隐藏于灯槽内，只能看见发光的光带（图 3-43）。

图 3-43　T5 暗藏灯带

铝格栅：常用于开放式吊顶，由较轻的铝材制成，形式多样（图 3-44）。

软包：一种在室内墙表面用柔性材料加以包装的墙面装饰方法。常见的有布艺软包、皮革软包等（图 3-45）。

图 3-44　铝格栅

图 3-45　软包

纸面石膏板白色乳胶漆：在石膏板表面上进行乳胶漆饰面装饰。

铰链：用来连接两个固体并允许两者之间做转动的机械装置，常见的如门铰链（图 3-46）。

中式腰线：中式样式的线条，常用于墙面的腰部。

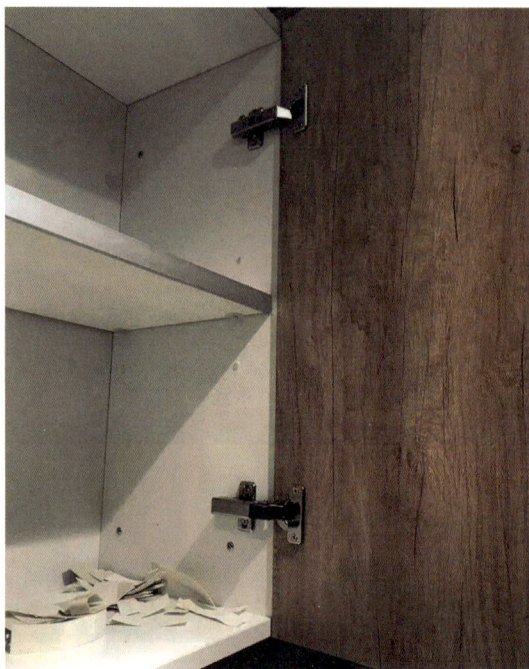

图 3-46　铰链

波打线：也称之为花边或边线等，主要用在地面周边与墙面交接的地方，具有很强的装饰性（图 3-47）。

木花格：使用实木制作的花格（图 3-48）。

图 3-47　波打线

图 3-48　木花格

【学习提示】

（1）装饰构造详图的编号和索引符号是相互对应的，二者可以相互查找，但作为通用节点，则只能通过索引号找到详图所在的位置。

（2）对于图例，在实际工作中，不同的单位有不同的表示方法，注意配合文字标注一起识读。

（3）对应常用的画图规范也有两种，一种是国家的制图标准，另一种则是行业的制图标准，二者并不冲突，无对错之分，行业规范是以国家规范为基础再结合实际运用而编写的。

（4）在识读装饰构造详图时，一定要去查找相关的施工工艺，去理解和分析，在实际施工中，有很多工艺并非与图纸完全一样，不可照本宣科，要理解并灵活运用。

（5）在详图中，对于防火和防潮等特殊的处理并未进行文字说明，因为这一部分是在施工设计说明中，可以统一表述而不必反复出现在图纸标注中。

【实践活动】

结合教材配套图纸，选取 3 ~ 5 个详图进行识读练习和实践，同时对部分详图进行整理和分析，以应对详图的灵活变通；同样对于比较特别的收口处理方法进行收集 3 ~ 5 个。

【活动评价】

装饰构造详图识读自评：（20%）	索引查找正确	很好 □	较好 □	一般 □	还需努力 □
	平面图识读正确	很好 □	较好 □	一般 □	还需努力 □
	立面图识读正确	很好 □	较好 □	一般 □	还需努力 □
	材料施工工艺掌握	很好 □	较好 □	一般 □	还需努力 □
	图例识读正确	很好 □	较好 □	一般 □	还需努力 □
	构造详图识读正确	很好 □	较好 □	一般 □	还需努力 □
小组互评：（40%）	整体完成效果	优 □	良 □	中 □	差 □
教师评价：（40%）	详图整体识读质量	优 □	良 □	中 □	差 □

项目 4
建筑装饰
施工图绘制

【项目概述】

　　建筑装饰施工图的绘制主要分为 5 个任务，分别是居住建筑装饰施工图抄绘、小型公共建筑装饰施工图抄绘、建筑装饰施工图绘制、建筑装饰施工图设计说明材料表编制、建筑装饰工程图样绘制。通过对 5 个任务的学习，完成对于建筑装饰施工图的绘制。融会贯通到整本教材的学习中，较全面地掌握建筑装饰施工图的知识和技能。

任务 1　居住建筑装饰施工图抄绘

居住建筑平面图
的绘制

【任务描述】

　　在学习居住建筑装饰施工图抄绘中，通过对居住建筑装饰施工图识读的基础上再对于建筑装饰制图标准进行深入了解，进而对于整套居住建筑装饰施工图进行标准的抄绘。在抄绘过程中需要注意各类图纸的图线、图形、材料、说明以及标准的要求，同时还应该注意绘图的步骤和制图的方法。

　　准备工作：

　　1.对设计内容进行全面了解，在绘图前做到心中有数。

　　2.准备好必要的绘图工具。把图板、三角板、丁字尺等擦拭干净，为不影响丁字尺额上下移动，需要把各种绘图工具放到桌子的右边。

　　3.选好图纸并鉴别图纸的正反面，用橡皮擦在边沿擦拭，不起毛的为正面。

　　4.将图纸用胶带纸固定在图板的适当位置，并用丁字尺确保图纸不歪斜。

　　制图工具：

　　图板、图纸、丁字尺、三角板、圆规、比例尺、绘图笔、曲线板、铅笔等。

【任务实施】

居住建筑装饰施工图抄绘

1. 平面图

（1）平面图的画法步骤

◆ 画所有定位轴线，然后画出墙身厚度、柱轮廓线。

◆ 定门窗洞的位置，画门的开启线及窗的图例。

◆ 画室内各种构件、家具、设备、家电，如楼梯、台阶、卫生设备等。

◆ 标注轴线编号、标高尺寸、内外部尺寸、门窗编号、索引符号以及书写其他文字说明。

◆ 在平面图中，还应画剖切符号以及在图外适当的位置画上指北针图例，以表明方位。在平面图下方写出图名及比例等。

◆ 经检查无误后，擦去多余的图线，按规定线型加深。

（2）平面布置图的图线要求（图 4-1）

◆ 被剖切到的主要建筑结构，如墙体、柱子等用粗实线表示。

◆ 未被剖切的但可见的建筑结构轮廓，用中实线表示。

◆ 门用中实线或两根细实线，门弧用细实线，窗子用中实线，窗台用细实线。

◆ 家具、陈设、电器的外轮廓线用中实线表示，结构线和装饰线用细实线表示。

图 4-1 某集团产品标准化设计平面布置图

◆ 各种符号、尺寸线、引出线按制图规范设置，顶面布置图的图线要求。

（3）顶面布置图的图线要求（图4-2）

◆ 被剖切到主要建筑结构，如墙体、柱子等用粗实线。

◆ 未剖切的但可见的建筑结构轮廓，用中实线。

◆ 主要吊顶结构用中实线。

◆ 灯具、喷淋头、烟感等设备的外轮廓用中实线表示，其装饰线用细实线表示。

◆ 各符号、尺寸线、引出线按制图规范设置。

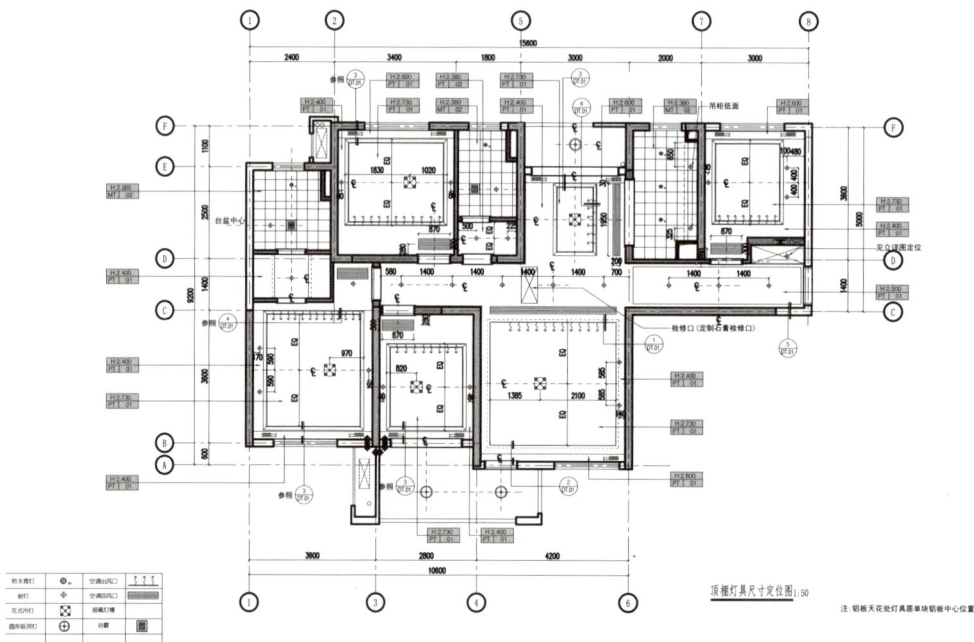

图4-2 某集团产品标准化设计顶棚灯具尺寸定位图

2. 立面图（图4-3）

（1）建筑立面图的画法步骤

◆ 画出定位轴线、外墙轮廓线、屋顶线等。

◆ 根据层高、各种分标高和平面图门窗洞口尺寸，画出立面图中门窗洞、檐口、雨篷、雨水管等细部的外形轮廓。

◆ 画出门扇、墙面分格线、雨水管等细部，对于相同的构造、做法（如门窗立面和开启形式）可以只详细画出其中的一个，其余的只画外轮廓。

◆ 检查无误后加深图线，并注写标高、图名、比例及有关文字说明。

（2）立面图的图线要求

◆ 墙体外轮廓线用粗实线。

◆ 家具的外轮廓用中实线，内轮廓跟装饰线用细实线。

◆ 在立面图中，地面图线宽可加粗到 $1.4b$。

◆ 各类符号、尺寸线、文字引出线按制图规范执行。

3. 剖面图

（1）剖面图的画法步骤

◆ 绘制出各处的墙体剖面轮廓线。

◆ 绘制各层楼板、地平线，以及被剖切到的门窗轮廓。

◆ 绘制出被剖切到的梁、楼梯、扶手、露台、柱子以及其他可见部分。

◆ 添加标高及其他必须标注的局部尺寸。

◆ 标记详细的索引符号。

◆ 加图框和标题。

（2）剖面图的图线要求

◆ 图幅：根据要求选择建筑图纸大小。

◆ 比例：根据建筑物大小，采用不同的比例。

◆ 定位轴线：剖面图一般只绘制两端的轴线及编号，与建筑平面图相对照，方便阅读。

◆ 线型：建筑剖面图中，被剖切轮廓线应该采用粗实线表示，其余构配件采用细实线，被剖切构件内部材料也应该得到表示。如楼梯构件，在剖面图中应表现出其内部材料。

◆ 图例：剖面图一般也要采用图例来绘制图形。一般情况下，剖面图上的构件，如门窗等，都应该采用国家有关标准规定的图例来绘制，而相应的具体构造会在建筑详图中采用较大的比例来绘制。常用构造以及配件的图例可以查看有关建筑规范。

◆ 尺寸标注：建筑剖面图主要标注建筑物的标高，具体为室外地平、窗台、门、窗洞口、各层层高、房屋建筑物的总高度，习惯上将建筑剖面图的尺寸也分为3道。

◆ 详图索引符号：一般凡是需要绘制详图的地方都要标注详图符号。

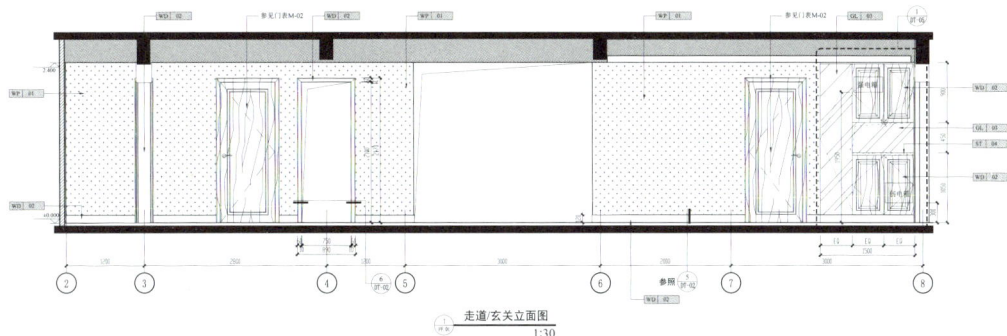

图4-3　某集团产品标准化设计走道/玄关立面图（1）

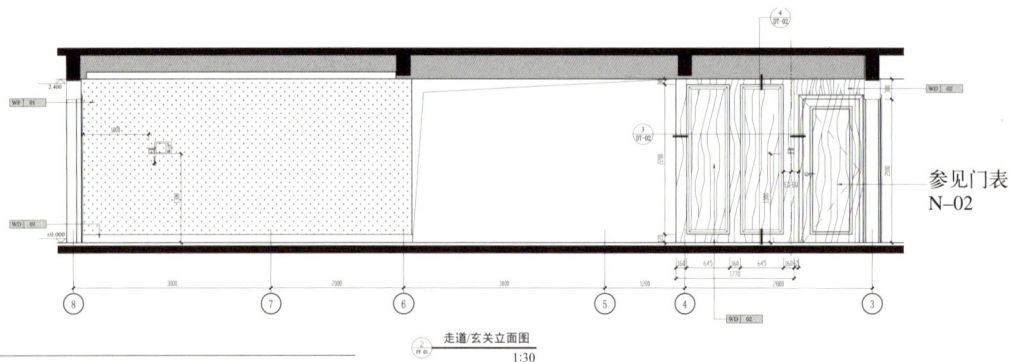

图 4-3　某集团产品标准化设计走道／玄关立面图（2）

4. 楼梯详细的画法步骤

（1）楼梯平面图

◆　首先画出楼梯间的开间、进深轴线和墙厚、门窗洞位置。确定平台宽度、楼梯宽度和长度。

◆　采用两平行线间距任意等分的方法划分踏步宽度。

◆　画栏杆（或栏板），上下行箭头等细部，检查无误后加深图线，注写标高、尺寸、剖切符号、图名、比例及文字说明等。

（2）楼梯剖面图的画法步骤

◆　画轴线、定室内外地面与楼面线、平台位置及墙身，量取楼梯段的水平长度、竖直高度及起步点的位置。

◆　用等分两平行线间距离的方法划分踏步的宽度、步数和高度、级数。

◆　画出楼板和平台板厚，再画楼梯段、门窗、平台梁及栏杆、扶手等细部。

◆　检查无误后加深图线，在剖切到的轮廓范围内画上材料图例，注写标高和尺寸，最后在图下方写上图名及比例等。

【学习支持】

房屋建筑室内装饰装修制图标准

常用家具图例见表 4-1。

常用家具图例　　　　　　　　　　　　　　　　　　　　　　　　表 4-1

序号	名称		图例	备注
1	沙发	单人沙发		1. 立面样式根据设计自定。 2. 其他家具图例根据设计自定
		双人沙发		

续表

序号	名称		图例	备注
1	沙发	三人沙发		
2	办公桌			
3	椅	办公椅		1. 立面样式根据设计自定。 2. 其他家具图例根据设计自定
		休闲椅		
		躺椅		
4	床	单人床		
		双人床		

常用电器图例见表 4-2。

常用电器图例   表 4-2

序号	名称	图例	备注
1	电视	TV	
2	冰箱	REF	1. 立面样式根据设计自定。 2. 其他电器图例根据设计自定
3	空调	A C	
4	洗衣机	W M	

序号	名称	图例	备注
5	饮水机		
6	电脑	PC	1. 立面样式根据设计自定。 2. 其他电器图例根据设计自定
7	电话	TEL	

常用厨具图例见表4-3。

常用厨具图例 表4-3

序号	名称		图例	备注
1	灶具	单头灶		1. 立面样式根据设计自定。 2. 其他厨具图例根据设计自定
		双头灶		
		三头灶		
		四头灶		
		六头灶		
2	水槽	单盆		
		双盆		

常用洁具图例见表 4-4。

常用洁具图例　　　　　　　　　表 4-4

序号	名称		图例	备注
1	大便器	坐式		
		蹲式		
2	小便器			
3	台盆	立式		
		台式		
		挂式		1. 立面样式根据设计自定。 2. 其他洁具图例根据设计自定
4	污水池			
5	浴缸	长方形		
		三角形		
		圆形		
6	沐浴房			

常用灯光照明图例见表4-5。

灯光照明图例　　　　　　　　　　　表4-5

序号	名称	图例	序号	名称	图例
1	艺术吊灯		10	台灯	
2	吸顶灯		11	落地灯	
3	筒灯		12	水下灯	
4	射灯		13	踏步灯	
5	轨道射灯		14	荧光灯	
6	格栅射灯	（单头）（双头）（三头）	15	投光灯	
7	格栅荧光灯	（正方形）（长方形）	16	泛光灯	
8	暗藏灯带		17	聚光灯	
9	壁灯				

【学习提示】

这部分主要内容有：一般规定、常用建筑装饰材料图例、建筑及装饰构造图示、建筑装饰装修制图常用图例。其中，常用建筑装饰装修材料图例和建筑装饰装修制图常用图例是掌握的重点。

【实践活动】

结合居住建筑装饰施工图学习一般规定、常用建筑装饰材料图例、建筑及装饰构造图示、建筑装饰装修制图常用图例，并对本任务中的居住建筑装饰施工图进行抄绘。

【活动评价】

规范查找自评：(20%)	抄绘任务明确	很好 □	较好 □	一般 □	还需努力 □
	抄绘规范正确	很好 □	较好 □	一般 □	还需努力 □
	图纸选用正确	很好 □	较好 □	一般 □	还需努力 □
	抄绘步骤正确	很好 □	较好 □	一般 □	还需努力 □
小组互评：(40%)	整体完成效果	优 □	良 □	中 □	差 □
教师评价：(40%)	抄绘实施质量	优 □	良 □	中 □	差 □

任务 2 小型公共建筑装饰施工图抄绘

小型公共建筑装
饰施工图抄绘

【任务描述】

> 抄绘一套小型公共建筑装饰施工图，包括平面布置图、顶棚布置图、剖面图、立面图，能按照比例，熟练运用制图工具，了解施工图基本知识点，重点学习施工图绘制过程。

【任务实施】

小型公共建筑装饰施工图抄绘

抄绘所给的餐厅的施工图，完成以下的图纸：

（1）平面布置图（1：75）

（2）顶棚布置图（1：75）

（3）餐厅横向和纵向剖面图各一个（1：50）

（4）餐厅包间立面图两个（1：50）

以上图纸均采用二号图幅，均要上墨线，制图符合相关规范。

1. 抄绘平面图布置

结合任务书中给定的平面布置图（图 4-4）、砌墙尺寸平面图、饰面尺寸平面图、地坪平面图，绘制平面布置图。

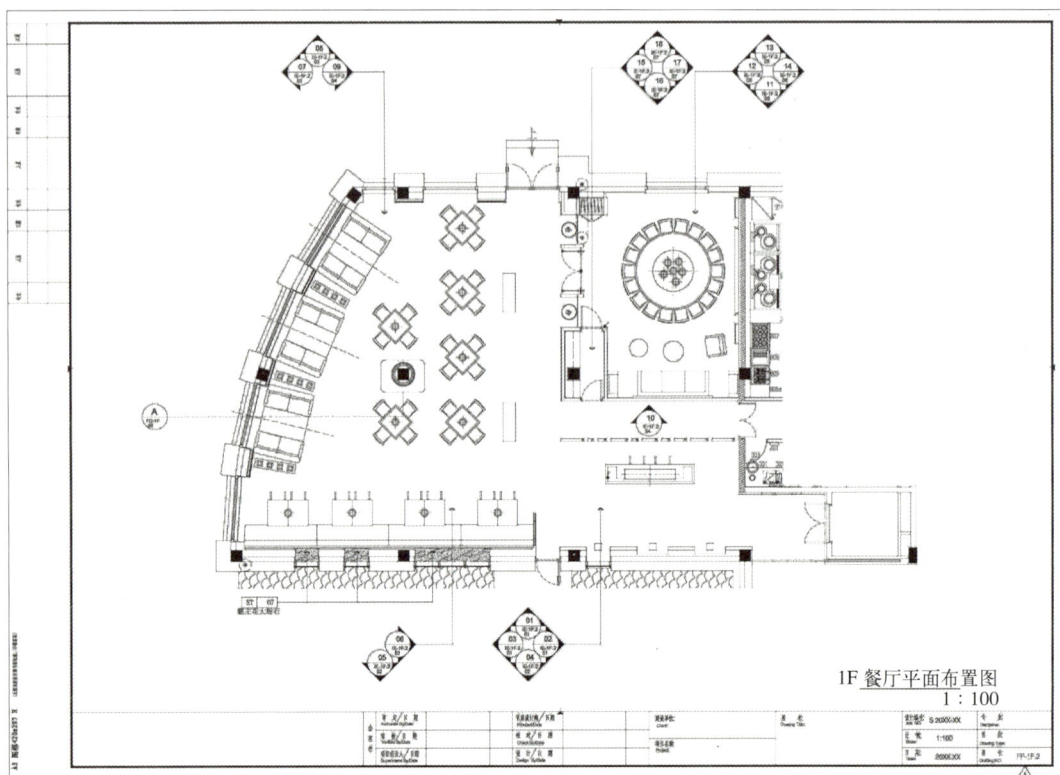

图 4-4

（1）画出二号图框、标题栏，根据餐厅的大小，确定外轮廓在图纸中所摆放的位置（居中），四边各画出三道尺寸线，图名、比例的位置。

（2）绘制定位轴线，为了控制好建筑画面的尺寸，画轴线应同时画出尺寸线及轴号的位置。改变原图的轴号，将 2-F，2-G，2-H 改为 A，B，C；将 2-1 到 2-4 改为 1-4，在 1 和 2 中间加上两个分轴号 1/1 和 2/1，如图 4-8 所示。

第一道尺寸线表示外门窗洞口的尺寸；第二道尺寸线表示柱子与柱子（承重墙）之间的距离；第三道尺寸表示建筑总长。

（3）绘制柱子和墙体，画出门、窗洞口的位置（图 4-5）。

（4）绘制隔墙的位置，画出家具和陈设（图 4-6）。

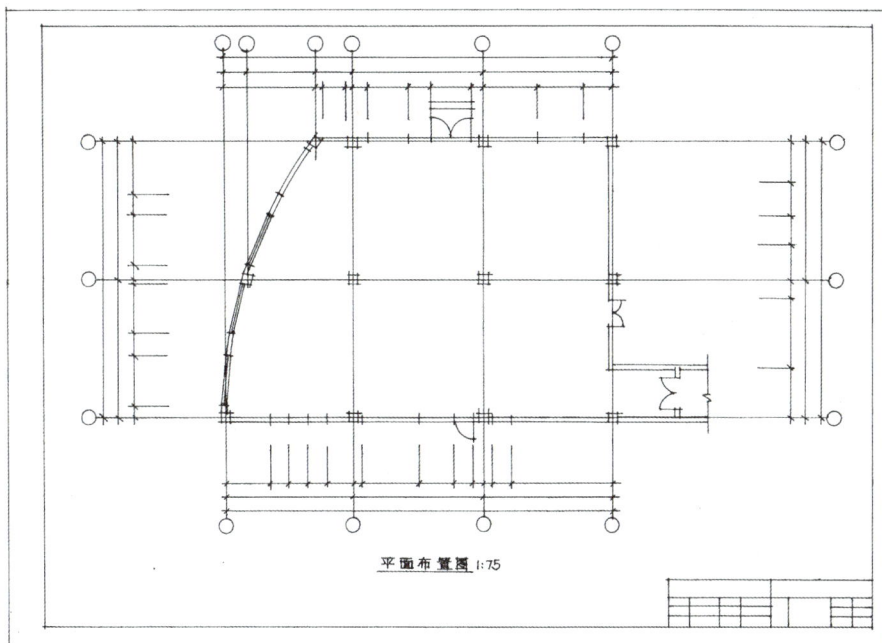

图 4-5

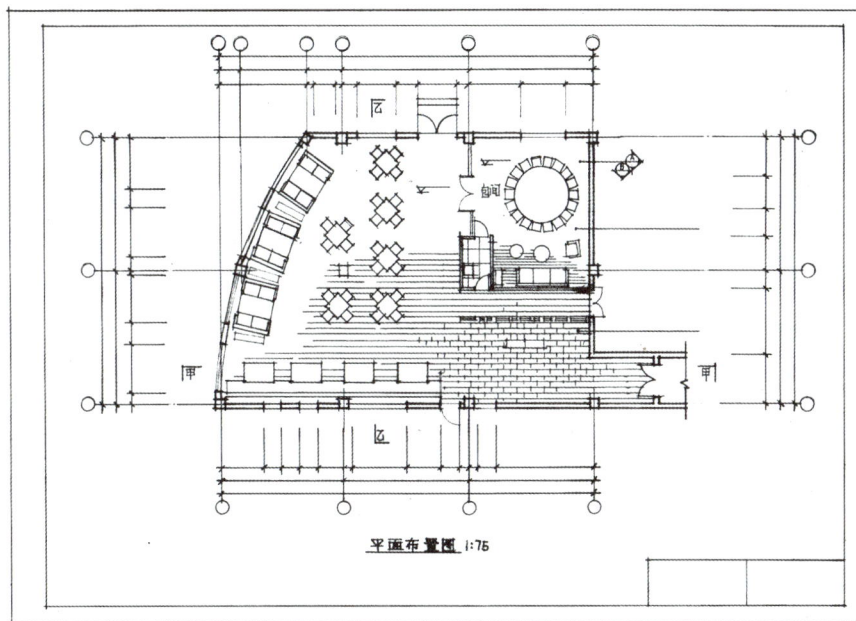

图 4-6

（5）绘制剖面符号，立面示意符号、地面材料分隔线，注出标高等。

（6）标注房间名称、地面材料名称、图名、比例（图4-7）。

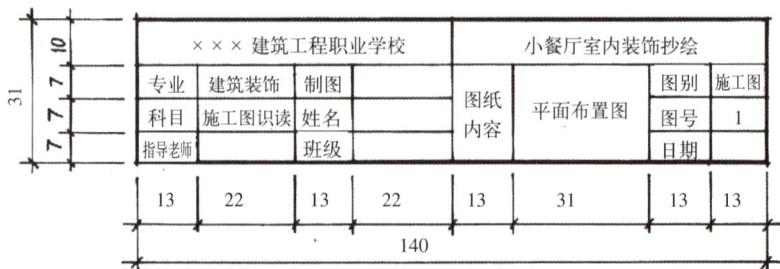

××× 建筑工程职业学校				小餐厅室内装饰抄绘			
专业	建筑装饰	制图		图纸内容	平面布置图	图别	施工图
科目	施工图识读	姓名				图号	1
指导老师		班级				日期	

图 4-7

（7）常见错误：

1）构图不均匀，平行排列的尺寸线的距离，宜为 7 ～ 10mm，并保持一致。

2）没有四面都绘制尺寸线，只绘制了两侧或三侧。

3）没有整体概念，从一个局部画起，先画细部，后再补充尺寸线，定位轴线，轴号，导致图面构图不好。

2. 抄绘顶棚布置图

结合任务书中给定的顶棚平面图（图4-8）、顶棚尺寸平面图、灯具尺寸平面图、灯具控制平面图、绘制顶棚布置图。

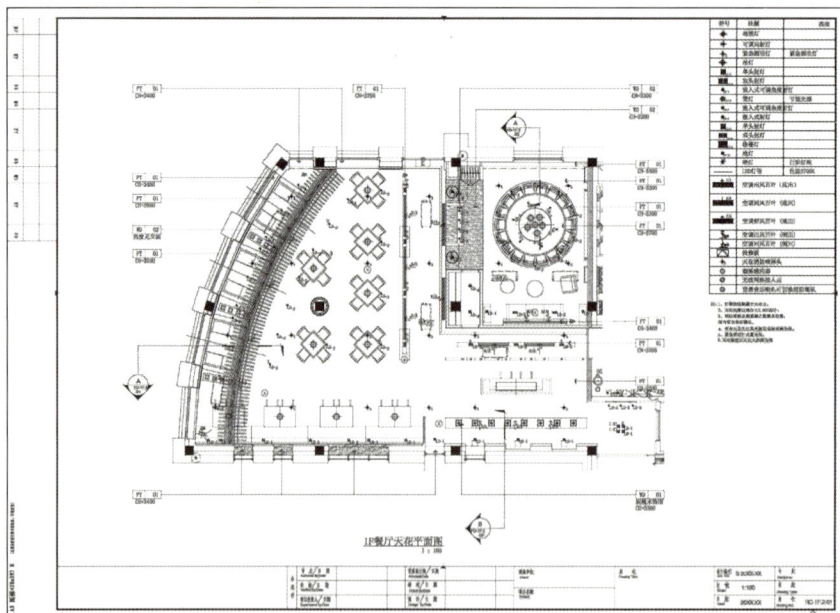

图 4-8

（1）画出二号图框、标题栏，根据餐厅的大小，确定外轮廓在图纸中所摆放的位置（居中），四边各画出三道尺寸线，图名，比例，灯具常用设备符号示意图的位置。

（2）绘制定位轴线这个步骤同平面绘制图

第一道尺寸线表示灯具的中心控制线尺寸及顶棚造型标高有变化的控制线尺寸；第二道尺寸线表示柱子与柱子（承重墙）之间的距离；第三道尺寸表示建筑总长。

（3）绘制柱子和墙体，顶棚图上不标示门扇，只需画出门洞边线即可。

（4）绘制灯具，空调送回风口，消防烟感器，喷淋头等。

（5）绘制顶棚上有特殊造型的装饰构件。

（6）留意隔断，家具到顶与不到顶的表示方法。

（7）注出顶棚标高，选用材料名称，图名，比例（图 4-9）。

（8）标明索引大样符号。

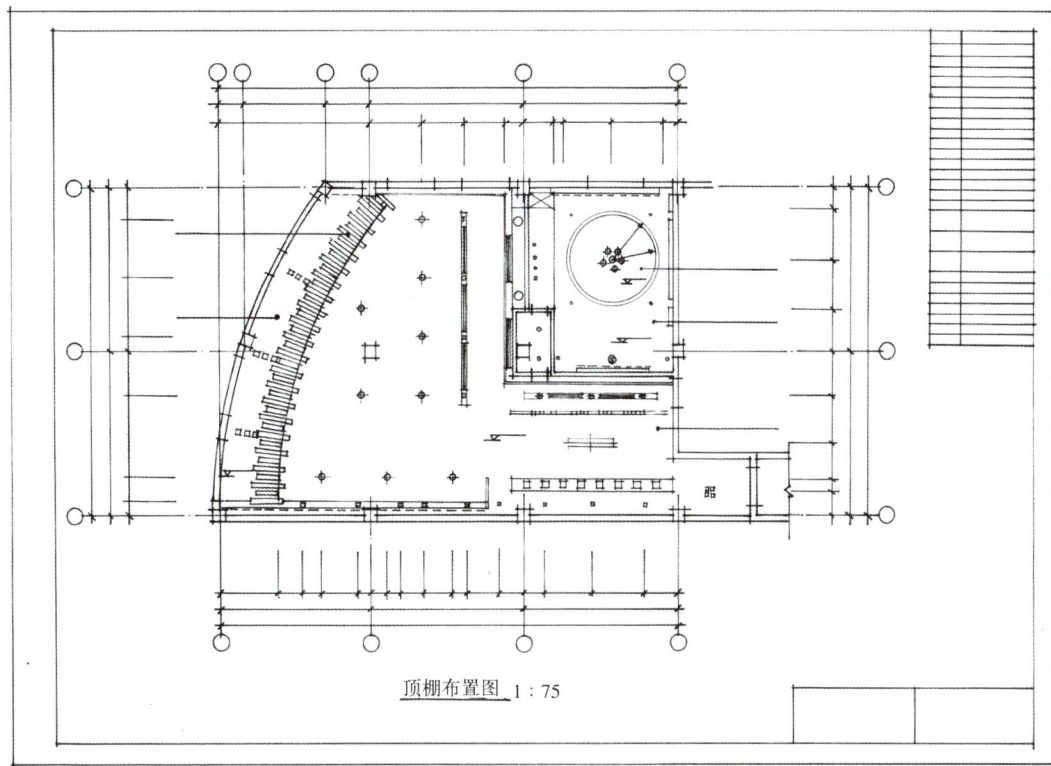

顶棚布置图 1：75

图 4-9

3. 抄绘剖面图

结合任务书中给定的餐厅 4 立面图与 5 立面图（图 4-10），绘制横向剖面图（甲 - 甲剖面图），根据任务书中餐厅 9 立面图（图 4-10），绘制纵向剖面图（乙 - 乙剖面图）。

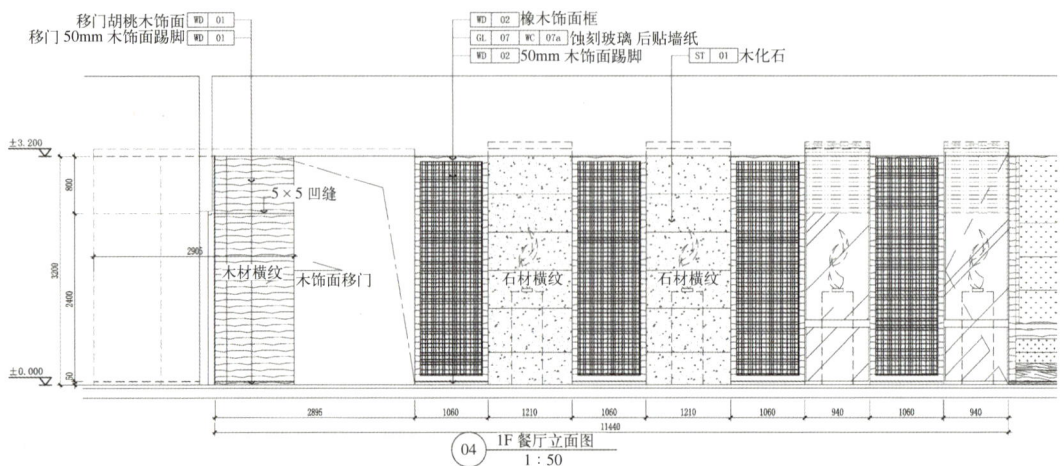

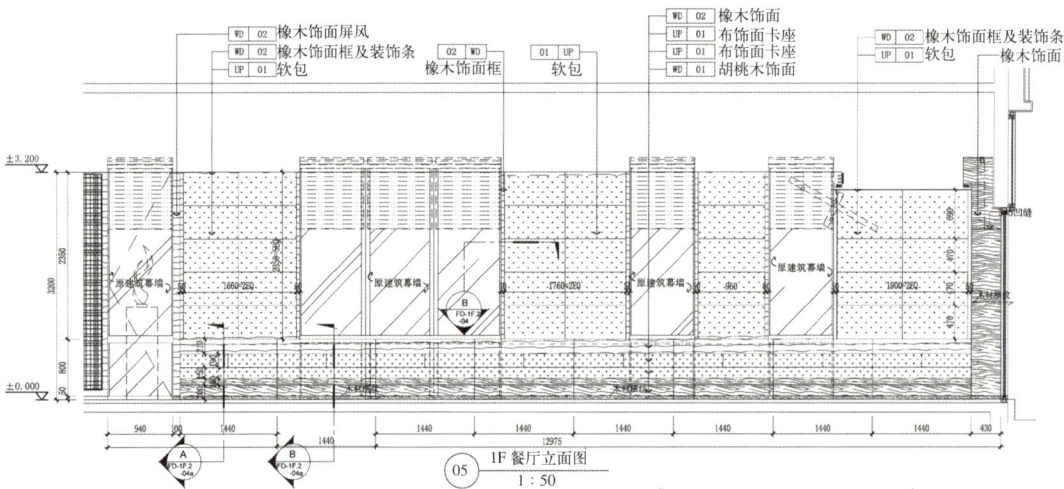

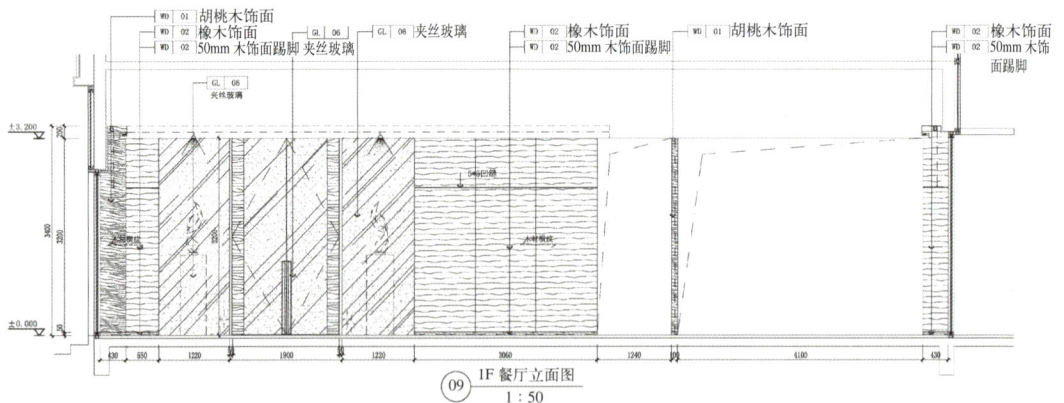

移门胡桃木饰面 WD 01
移门 50mm 木饰面踢脚 WD 01

WD 02 橡木饰面框
GL 07 WC 07a 蚀刻玻璃 后贴墙纸
WD 02 50mm 木饰面踢脚   ST 01 木化石

±3.200

5×5 凹缝

木材横纹   木饰面移门   石材横纹   石材横纹

±0.000

2895 1060 1210 1060 1210 1060 940 1060 940
11440

04 1F 餐厅立面图
1:50

WD 02 橡木饰面屏风
WD 02 橡木饰面框及装饰条
UP 01 软包
02 WD 橡木饰面框
01 UP 软包

WD 02 橡木饰面
UP 01 布饰面卡座
UP 01 布饰面卡座
WD 01 胡桃木饰面

WD 02 橡木饰面框及装饰条
UP 01 软包
橡木饰面

±3.200

原建筑幕墙   原建筑幕墙   原建筑幕墙   原建筑幕墙

±0.000

940 100 1440 1440 1440 1440 1440 1440 1440 430
12975

A   B
FD-1F.2   FD-1F.2
04a   04a

05 1F 餐厅立面图
1:50

WD 01 胡桃木饰面
WD 02 橡木饰面   GL 06 GL 06 夹丝玻璃
WD 02 50mm 木饰面踢脚 夹丝玻璃

WD 02 橡木饰面
WD 02 50mm 木饰面踢脚   WD 01 胡桃木饰面

WD 02 橡木饰面
WD 02 50mm 木饰面踢脚

GL 06
夹丝玻璃

±3.200

±0.000

430 650 1220 1900 1220 1240 4100 430

09 1F 餐厅立面图
1:50

图 4-10

（1）计算所绘剖面总长度和层高，确定剖面抄绘比例为 1：50。

（2）合理安排版面，将两个剖面放在一张二号图上，剩余的位置可以绘大样图。

（3）绘制剖面，标注尺寸线，顶棚有吊顶时画出吊顶，跌级，灯槽等剖切轮廓线，墙面与吊顶的收口形式，可见灯具投影图形等。

（4）绘制梁所在的位置，剖切的墙体，门窗的表示。

（5）绘制墙面装饰造型及陈设（如壁挂、工艺品等），门窗造型及分格，墙面固定家具、灯具等装饰内容。

（6）标注装饰材料的名称、拼接图案、定位尺寸、不同材料的分界等内容。

（7）标注两道竖向及水平向尺寸、标注地面、层高的标高。

（8）标注剖面图上的索引号、说明文字、图名及比例（图 4-11）。

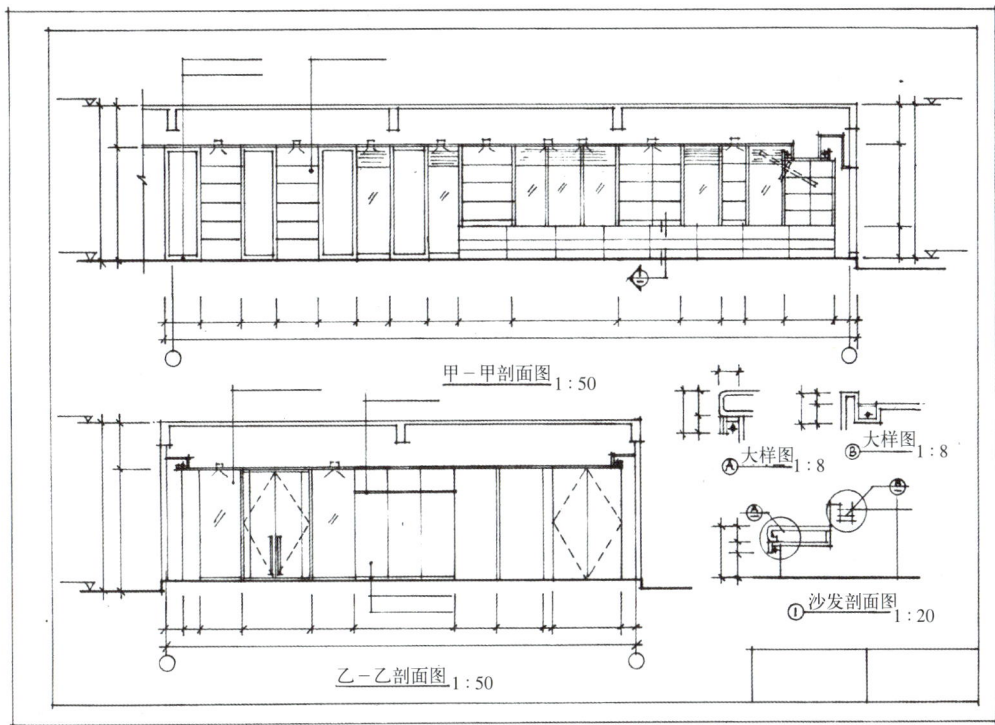

图 4-11

4. 抄绘立面图

结合任务书中给定的餐厅包间 11、14 立面图（图 4-12），绘制包间立面图。

（1）计算所绘立面总长度和层高，确定剖面抄绘比例为 1：50。

（2）合理安排版面，将两个立面放在一张二号图上。

（3）绘制立面，标注尺寸线，顶棚有吊顶时画出吊顶，跌级，灯槽等剖切轮廓线，墙面与吊顶的收口形式，可见灯具投影图形等。

WD	02	橡木饰面
WC	07	墙面壁纸饰面
WD	02	橡木踢脚线

| WD | 02 | 橡木饰面 |
| WD | 02 | 橡木踢脚线 |

| WD | 02 | 橡木饰面 |
| WD | 02 | 橡木踢脚线 |

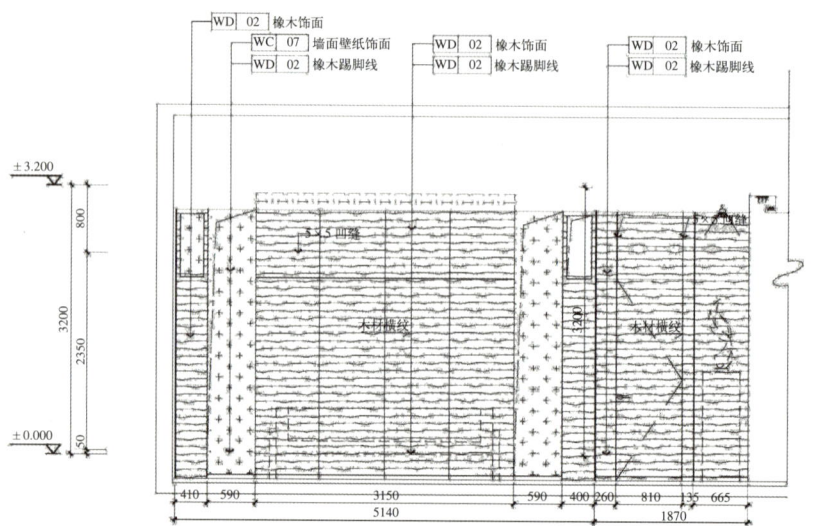

11　1F 餐厅包房立面图
1：50

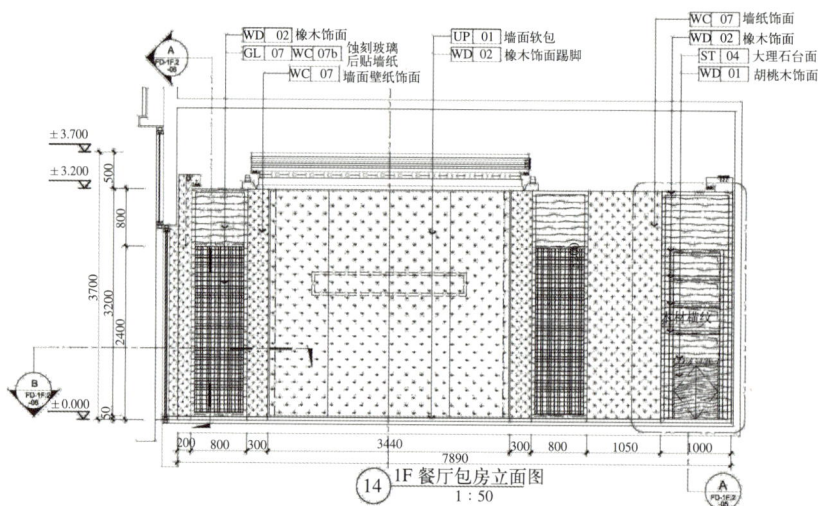

WD	02	橡木饰面
GL	07	WC	07b	蚀刻玻璃后贴墙纸
WC	07	墙面壁纸饰面

| UP | 01 | 墙面软包 |
| WD | 02 | 橡木饰面踢脚 |

WC	07	墙纸饰面
WD	02	橡木饰面
ST	04	大理石台面
WD	01	胡桃木饰面

14　1F 餐厅包房立面图
1：50

图 4-12

（4）绘制墙面装饰造型及陈设（如壁挂、工艺品等）、门窗造型及分格、墙面固定家具、灯具等装饰内容。

（5）标注装饰材料的名称、拼接图案、定位尺寸、不同材料的分界等内容。

（6）标注两道竖向及水平向尺寸、标注地面、层高的标高（图 4-12）。

5. 墨线图的描绘

（1）平面布置图

平面布置图是在家具图、地面铺装图、墙体放线定位图、立面索引图等基础上综合而成，最后上墨线时，图框用特粗线（0.8mm）；墙线用粗线（0.6mm）；家具、标高符号、尺寸线、文字数字、索引符号、引出线等用中线（0.3mm）；地面材料的分格和填充线用细线（0.1mm），各种线型应表达清楚（图4-13）。

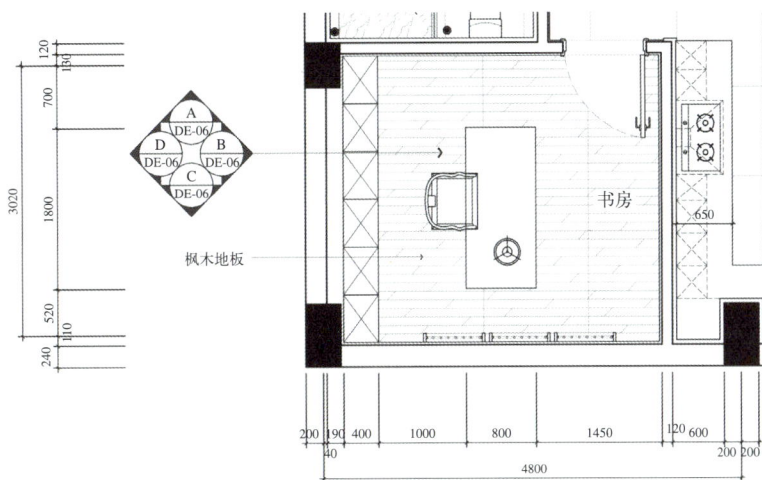

图 4-13　平面布置图局部

（2）顶棚平面图

顶棚平面图上图框用特粗线（0.8mm）；墙线、顶棚造型突出线用粗线（0.6mm）；灯具、送排风口、标高符号、尺寸线、文字数字、索引符号、引出线等用中线（0.3mm）；顶棚材料的填充线用细线（0.1mm）。如果柜子到顶，顶棚上就用细实线表示，如果高柜不到顶棚，就用细虚线表示柜子的位置（图4-14）。

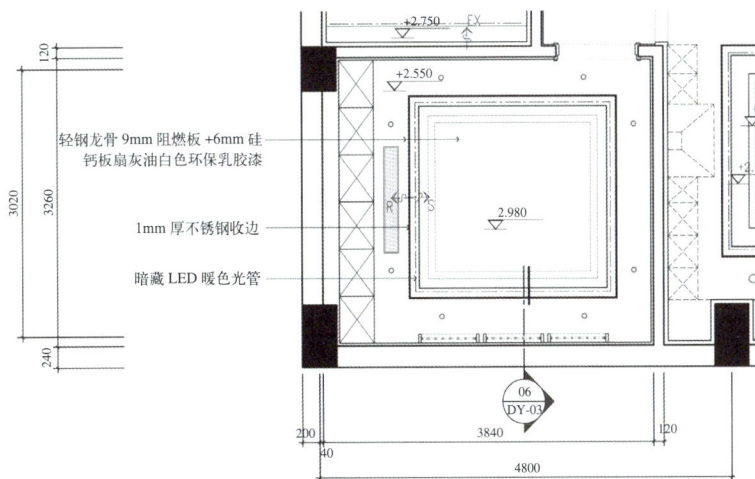

图 4-14　顶棚平面图局部

通过查阅顶棚构造节点详图（图4-15）得知，房间中部暗藏灯带的顶棚造型有线条突出板面，这部分线条在顶棚平面图中用粗线（0.6mm）表示。

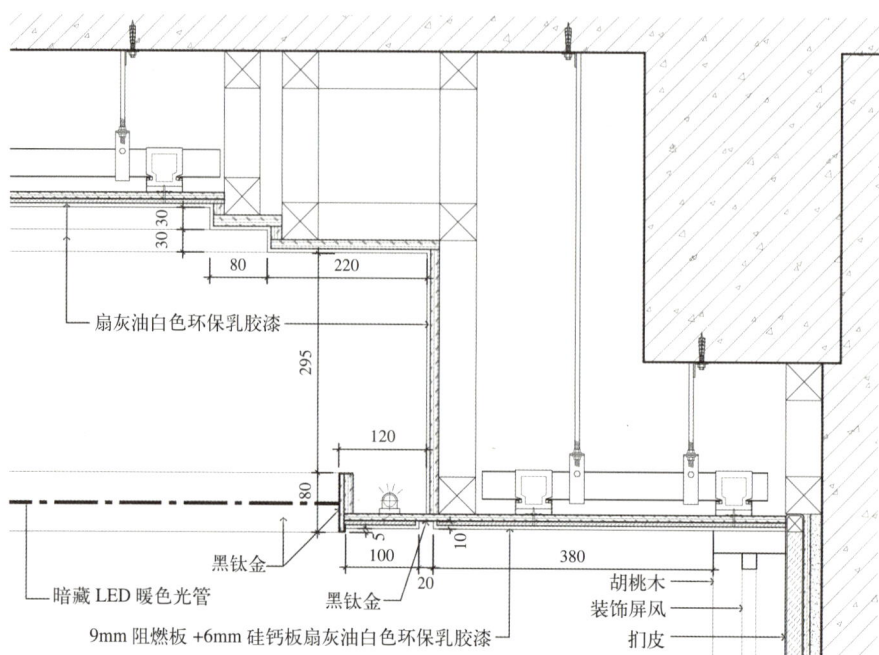

扇灰油白色环保乳胶漆

黑钛金

暗藏 LED 暖色光管

黑钛金

9mm 阻燃板 +6mm 硅钙板扇灰油白色环保乳胶漆

胡桃木
装饰屏风
扪皮

图 4-15　顶棚构造节点详图

（3）（剖）立面图

在（剖）立面图上墨线之前，需要明确图纸上每条线的含义，图 4-16 所示的立面上有竖向的线条，表示钢板压槽，但线条之间的距离是多少，该图上并没有标注相关数字，要准确地上墨线，就要明确线条之间的间距和前后关系，需对照索引符号查阅相应的节点详图。

从图 4-17 所示的详图上可以看到，钢板压槽端部与 50mm 宽喷黑色漆的方通相连，中部每隔 150mm 宽、深 30mm 的 U 形凹口，就有 100mm 宽的水平面，整个钢板的竖向线条形成有韵律的节奏，U 形凹口中部的水平面也是 100mm 宽，这样就能准确画出立面上线条的间距。

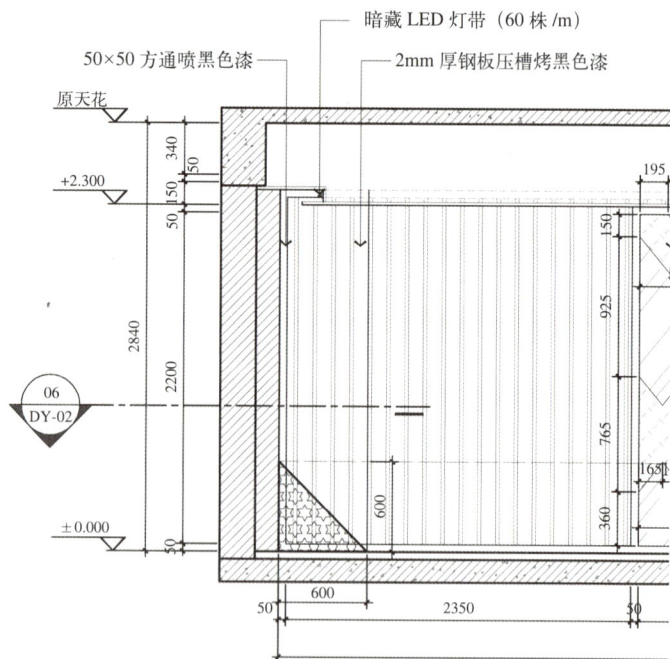

暗藏 LED 灯带（60 株/m）
50×50 方通喷黑色漆
2mm 厚钢板压槽烤黑色漆
原天花

图 4-16　带钢板压槽材料的立面图

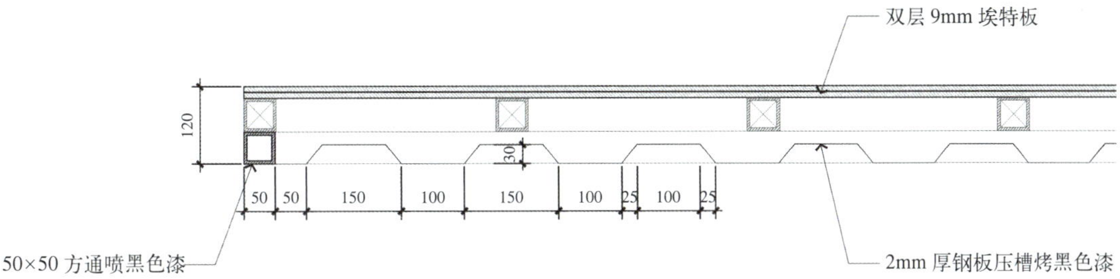

图 4-17　钢板压槽构造节点详图

（剖）立面图上图框、地面线用特粗线（0.8mm）；剖到的楼板、梁边框、墙体、墙面上硬装造型的突出线用粗线（0.6mm）；家具、标高符号、尺寸线、文字数字、索引符号、引出线等用中线（0.3mm）；墙面材料的填充线用细线（0.1mm）（图 4-18）。

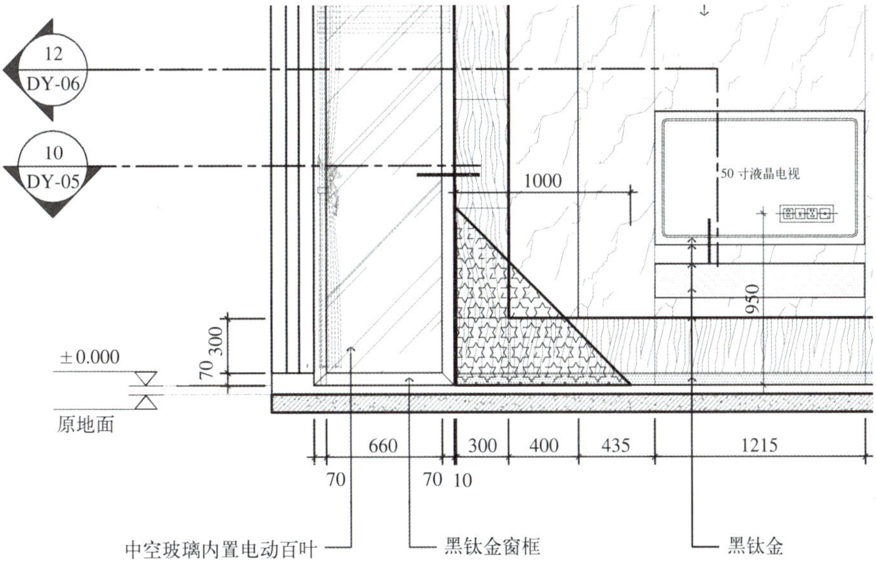

图 4-18　（剖）立面图局部

【**学习支持**】

1. 楼梯画法

公共建筑内部常用楼梯作为上下层之间的垂直交通联系方式，应有足够的通行宽度和疏散能力。常见的双跑楼梯的绘制如下：底层楼梯只能表现下段可见的踏步面与扶手，在剖切处用折断线表示，以上梯段则不用表示出来了。在楼梯起步处用细实线加箭头表示上楼方向，并标注"上"字。中间层楼梯应表示上、下梯段踏步面与扶手，用折断线区别上、下梯段的分界线，并在楼梯口用细实线加箭头画出各自的走向和"上""下"的标注。顶层楼梯应表示出自顶层至下一层的可见踏步面与扶手，在楼梯口用细实线加箭头表示下楼的走向，并标注"下"字。也可在楼梯相关的中间平台标注标高（图4-19）。

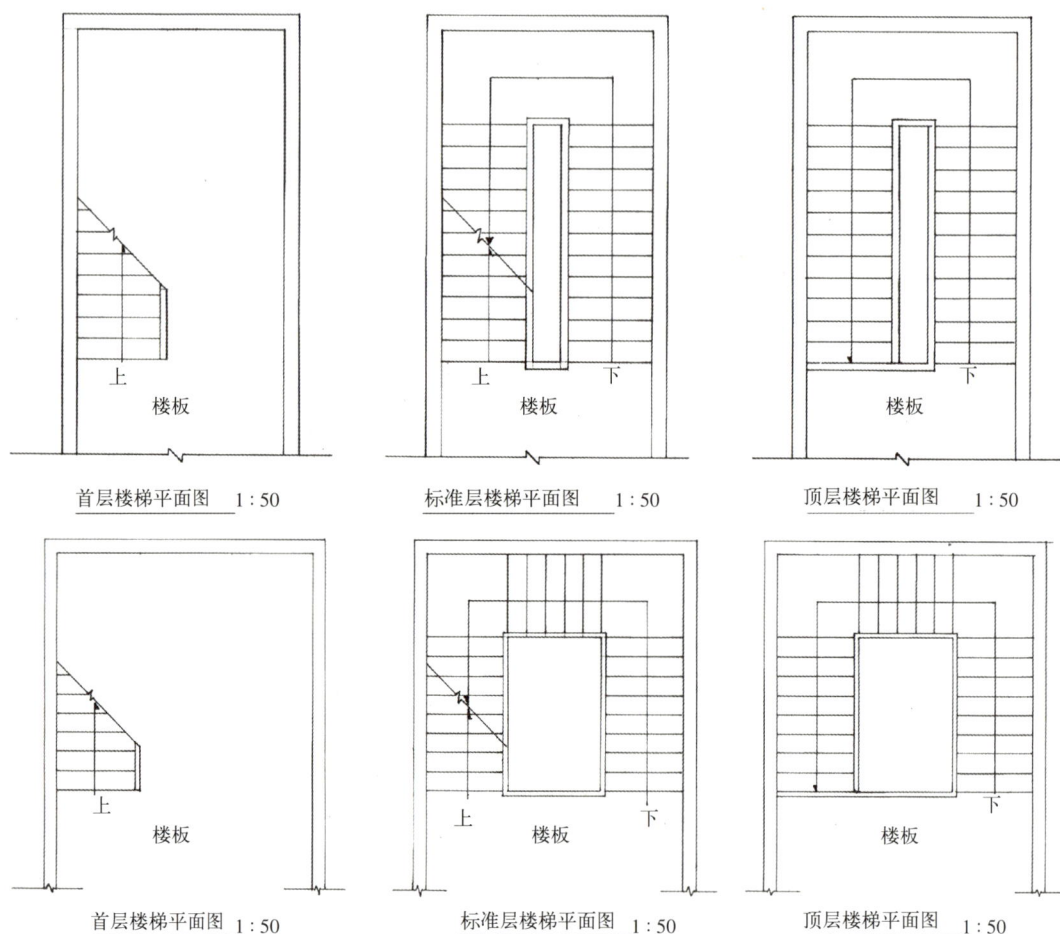

图 4-19

2. 常用房屋建筑室内装饰装修材料图例（表4-6）

常用房屋建筑装饰装修材料图例　　　　　　　表 4-6

名　称	图　例	名　称	图　例
夯实土壤		纤维材料	
砂砾石、碎砖三合石		泡沫塑料材料	
石材		密度板	

续表

名　称	图　例	名　称	图　例
毛石		实木	
普通砖			
轻质砌块砖			
轻钢龙骨板材隔墙		胶合板	
饰面砖		多层板	
混凝土		木工板	
钢筋混凝土		石膏板	
多孔材料		金属	
液体			
		橡胶	
玻璃砖		塑料	

名　称	图　例	名　称	图　例
普通玻璃	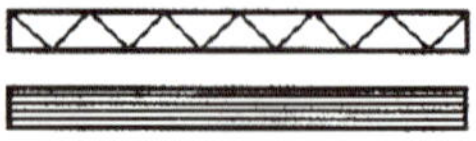	地毯	
	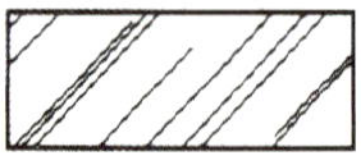	防水材料	
磨砂玻璃	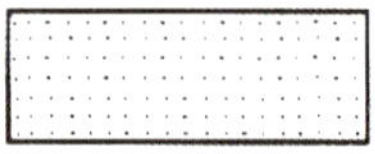	粉刷	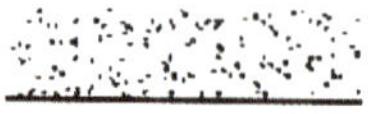
夹层（夹绢、夹纸）玻璃	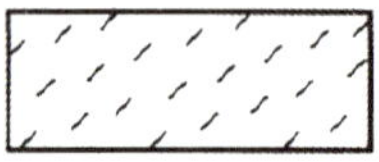	窗帘	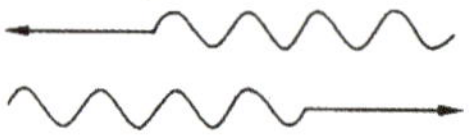
镜面	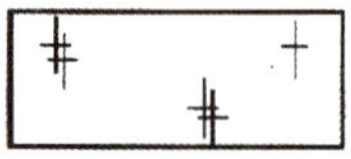		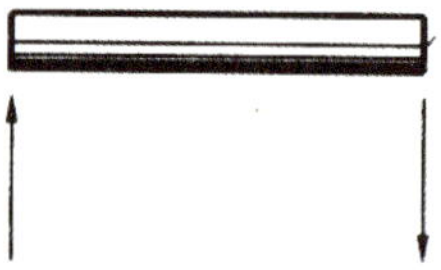

【学习提示】

（1）立面图与剖面图的比较

立面图与剖面图的区别是：剖面图中需要画出被剖的墙体及顶部楼板和梁等，而立面图是直接绘制垂直界面的正投影图，画出侧墙内表面，不必画出墙体及楼板等。

（2）当地面做法比较复杂，有多种材料、多变的图案时就要单独绘制地面平面图。地面平面图的形成方法与平面图的形成方法完全一样，不同之处在于地面平面图不画家具与陈设。为了避免地面平面图文字造成画面凌乱，可以把图中出现过的材料列表并加以说明。

【实践活动】

选择一个典型小型公共建筑室内装饰装修项目，抄绘平面布置图、顶棚布置图、剖面图、立面图。

【活动评价】

抄绘自评：(20%)	图纸完整，图面好	很好 ☐	较好 ☐	一般 ☐	还需努力 ☐
	内容表达清晰准确	很好 ☐	较好 ☐	一般 ☐	还需努力 ☐
	符合制图规范	很好 ☐	较好 ☐	一般 ☐	还需努力 ☐
小组互评：(40%)	整体完成效果	优 ☐	良 ☐	中 ☐	差 ☐
教师评价：(40%)	整体完成质量	优 ☐	良 ☐	中 ☐	差 ☐

任务 3　建筑装饰施工图绘制

【任务描述】

　　这次活动中将进行建筑装饰施工图的绘制，其中包括平面布置图、顶面布置图、剖（立）面图、常用装饰构造详图的绘制。图纸的绘制使学生对学习的内容进行自查、回顾以及复习。通过此次活动让学生在实践活动中能够独立的完成建筑装饰施工图的绘制。

【任务实施】

居住和小型公共建筑装饰施工图绘制

1.建筑装饰施工图的绘制要点

（1）确定绘制图样的数量。根据设计内容的复杂程度以及施工的具体要求确定图样的数量，做到表达内容既不重复也不遗漏。图样的数量在满足施工要求的条件下以少为好。

（2）选择适当的比例。

（3）进行合理的图面布置图面布置。要主次分明，排列均匀紧凑，表达清楚，尽可能保持各图之间的投影关系。同类型的、内容关系密切的图样，集中在一张或图号连续的几张图纸上，以便对照查阅。

（4）施工图的绘制方法。绘制建筑施工图的顺序，一般是按平面图→立面图→剖面图→详图顺序来进行的。先用铅笔画底稿，经检查无误后，按"国标"规定的线型加深图线。铅笔加深或描图上墨时，一般顺序是：先画上部，后画下部；先画左边，后画右边；先画水平线，后画垂直线或倾斜线；先画曲线，后画直线。

2. 平面布置图的绘图步骤

（1）选比例，画图幅。

（2）画出建筑主体结构，标注其开间、进深、门窗洞口等尺寸。

平面图的绘制（一）　平面图的绘制（二）　地面材质图绘制

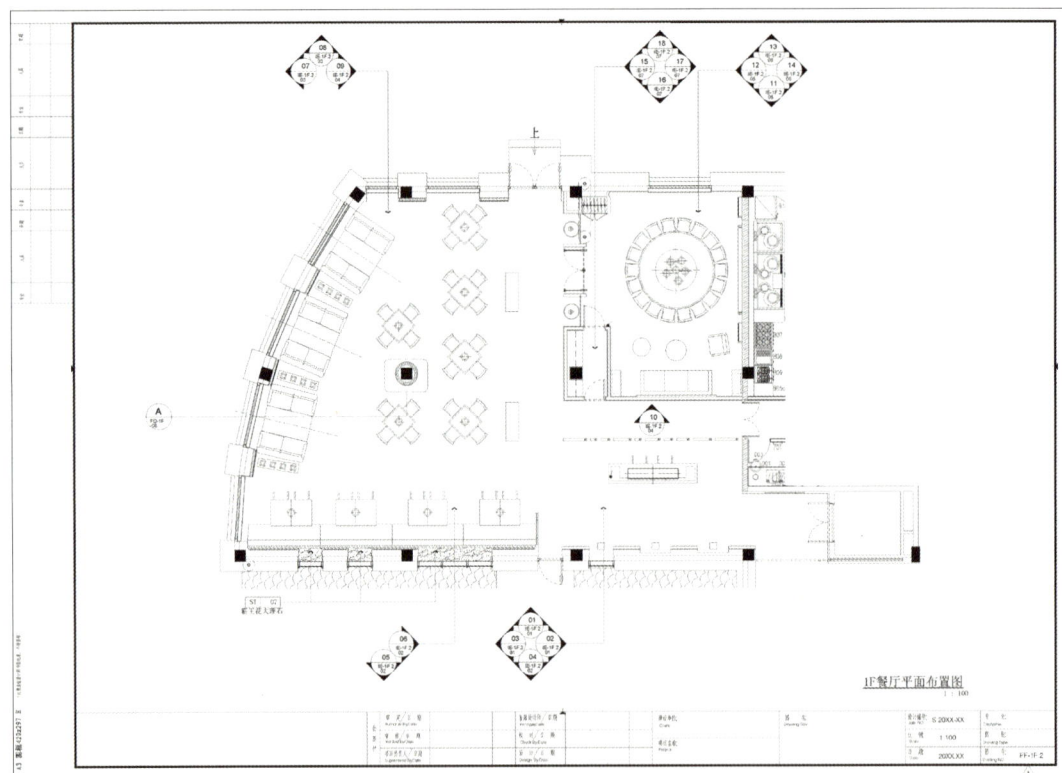

（3）画出各功能空间的家具、陈设、隔断、绿化等的形状、位置。

（4）标注装饰尺寸，如隔断、固定家具、装饰造型灯的定形、定位尺寸。

（5）绘制内视符号、详图索引符号等。

（6）注写文字说明、图名比例等。

（7）检查并加深、加粗图线。剖切到的墙体轮廓、剖切符号用粗实线，未剖切到但能看到的图线，如窗户图例、楼梯踏步等则用中实线或细实线表示。

（8）加绘图框，完成如图 4-20 所示。

图 4-20　某餐厅平面布置图

3. 顶面布置图的绘图步骤

（1）选比例，画图幅。

（2）画出建筑主体结构。

（3）画出顶棚的造型轮廓线、灯饰、空调封口等设施。

（4）标注尺寸和相对于本层楼地面的顶棚标高。

（5）画详图索引符号，标注说明文字、图名和比例。

（6）检查并加深、加粗实线。墙体粗实线，顶棚及灯饰等造型轮廓中实线，顶棚装饰及分格线用细实线。

（7）画出图框，完成如图 4-21 所示。

顶面图的绘制（一）　顶面图的绘制（二）

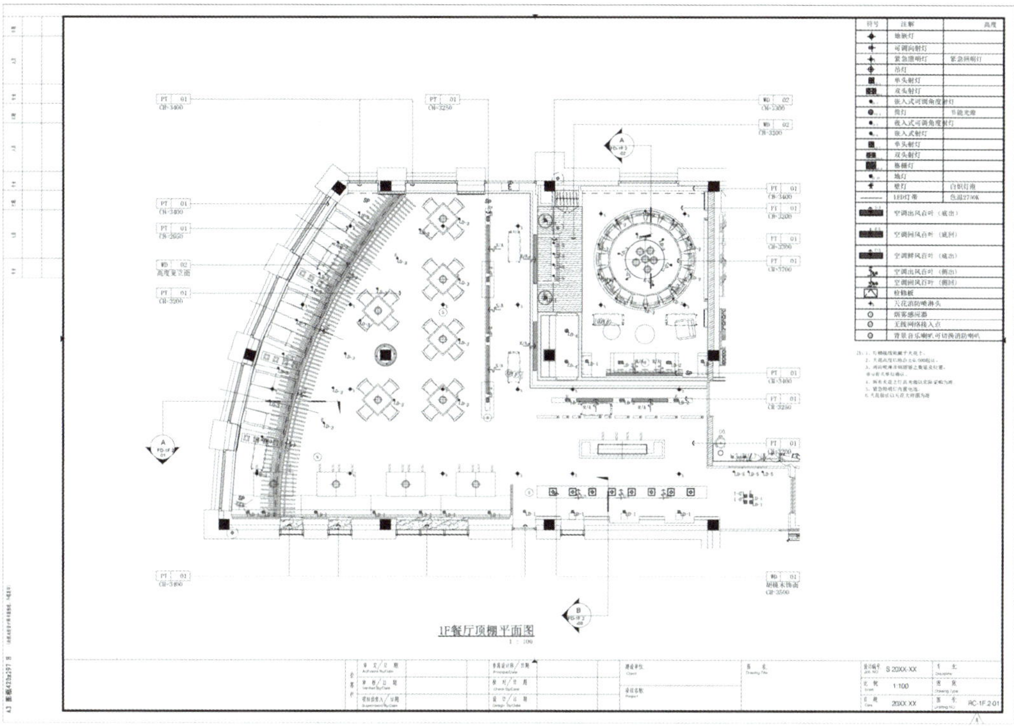

图 4-21　某餐厅顶棚布置图

4. 立面图的绘图步骤

（1）绘制立面的外轮廓线、地坪线。

（2）绘制固定的构件，门窗、墙柱、踢脚线等固定的造型设计。

（3）进行陈设物品的设计和绘制，如壁灯、开关、窗帘、墙面等设计。

立面图的绘制（一）　立面图的绘制（二）

（4）绘制有饰面分格要求的造型，如木材的分格、玻璃的分格、装饰物的分格、材质填充等。

（5）添加尺寸标注、符号标注、文字标注、图名和比例。

（6）设定线宽，添加图框、标题栏、填写标题。

（7）完成如图 4-22 所示。

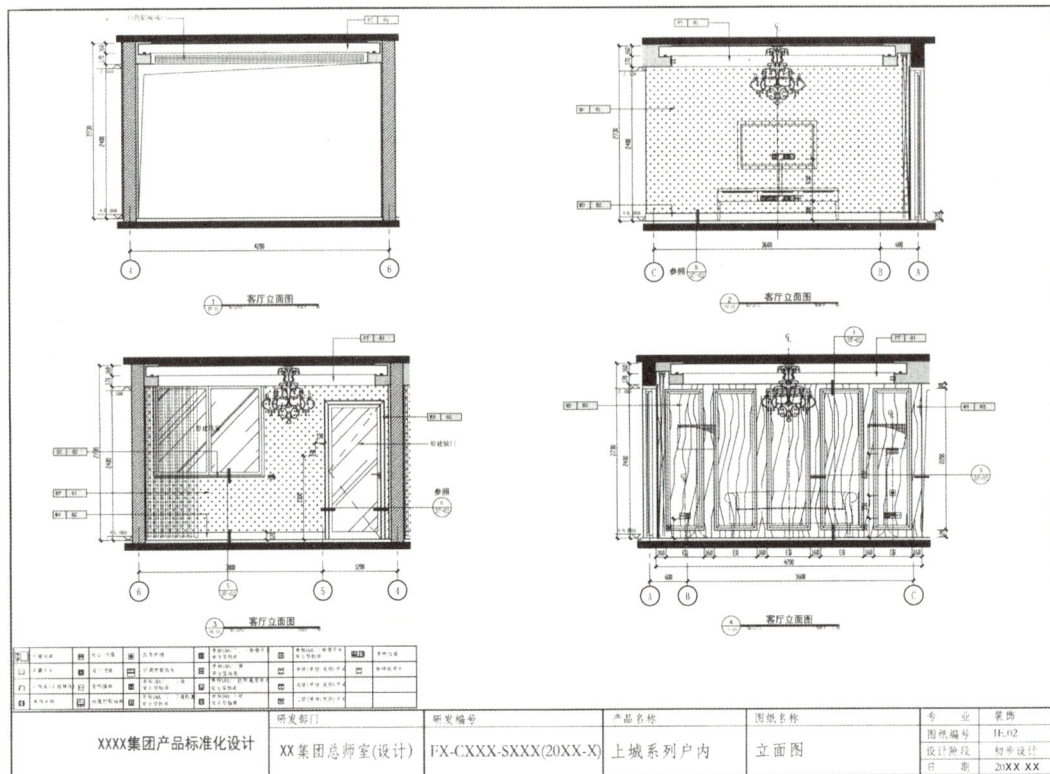

图 4-22　某集团产品标准化设计立面图

5. 剖面图的绘图步骤

（1）首先画作为剖面图外轮廓的墙体、楼地面、楼板和顶棚：被剖墙体、底界面、顶界面。

（2）处于正面的柱子、墙面及按正投影到画面上的所有构配件：门窗、隔断等，窗帘盒和窗帘杆，家具，可视的灯具，绿化、工艺品等摆设。

（3）能够看到的家具、陈设、设备与设施。

（4）墙面、柱面的材料与做法。

6. 绘制节点大样详图步骤

现以某餐厅的衣柜图 4-23 为例说明其作图的一般步骤。

（1）选比例、定图幅。

（2）画柜（柱）的结构轮廓。

（3）画出衣柜的细部结构等装饰形体轮廓。

（4）详细画出各部位的构造层次及材料图例。

详图的绘制

（5）检查并加深、加粗图线。剖切到的结构体用粗实线，各装饰构造层用中实线，其他内容如图例、符号和可见线均为细实线。

（6）标注尺寸、做法及工艺说明。

（7）完成作图。

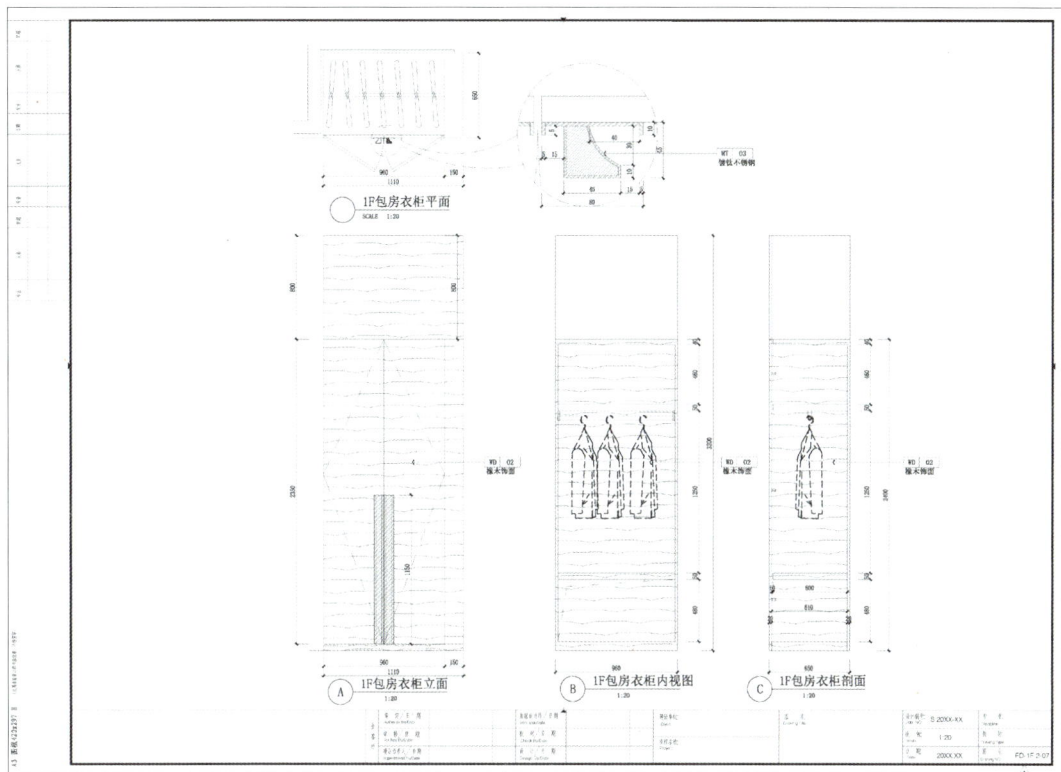

图 4-23　某餐厅衣柜详图

【学习支持】

1. 居住和小型公共建筑装饰施工图的组成

（1）设计说明。设计说明是建筑装饰施工图中非常重要的部分，但大多数的在校学生对此却不以为然，又或者是对其知之甚少。设计说明的内容既是建筑装饰工程按图施工的重要依据，也是编制建筑装饰工程预算书的重要依据。设计说明的内容主要包括施工图设计依据、工程概况、设计的创意、各分项工程的做法说明、施工图中未说明的部分等等。

（2）平面图。平面图包括平面布置图、平面隔间尺寸图、地面材质图、顶棚平面图。

平面布置图，主要表达建筑内部空间的功能布置、流线组织以及门窗和出入口的位置等内容。

平面隔间尺寸图，在钢筋混凝土框架结构的公共建筑装饰施工图中，用以表达各种隔墙之间的尺寸位置关系。

地面材质图，主要表达楼地面采用的各种装饰材料，注意楼地面的标高以及装饰材料的规格尺寸。

顶棚平面图，主要表达顶棚的种类和形式，灯具以及其他设施的布置。注意顶棚的标高和尺寸，灯具的布置方式和定位尺寸。

（3）立面图。立面图是表达墙柱面的施工图纸。一般情况下，我们需要运用到材料线条、质感和色彩三大设计元素对其进行造型。

（4）节点大样图。节点大样图都可以统称为详图。节点图主要是表达材料之间的相互构造与连接。我们可以从字面的意义来理解，"节"就像是我们身体的关节部位。大样图主要是有些详图由于比例大小原因，造成打印在图纸上，无法表达具体的尺寸和材料等内容，从而需要放大比例进行绘制。

2. 各种符号、图形元素的含义

索引符号。在建筑装饰施工图纸中，索引符号是用来联系平面图、立面图以及节点大样详图的。在一套施工图中，索引符号必须是两个一组同时出现。需要我们注意的是，打印在图纸上的索引符号圆圈直径是多少，圆圈上面标示的英文字母和下面标示的阿拉伯数字的含义是什么。

填充式样。在建筑装饰施工图纸中，材料的填充式样可以分为两种情况。一是运用《房屋建筑制图统一标准》GB/T 50001上面规定的材料填充式样，包括常用的钢筋混凝土、砖墙、金属以及石材等；二是建筑装饰行业规定，如果遇到《房屋建筑制图统一标准》GB/T 50001规定以外的材料填充式样，应按照材料的组成性状进行填充。

引线。必须使用《房屋建筑制图统一标准》GB/T 50001规定的小实心圆点加细线的表达式样。

标注。在建筑装饰施工图纸中，常采用三道尺寸标注法。第一道，表示最细部的尺寸；第二道，表示轴距尺寸；第三道，表示建筑的外部最大尺寸。

线型。在建筑装饰施工图纸中，虚线表示看不到但客观存在的线型。顶棚平面中，暗藏灯带使用的线型。实线表示能够看到的线型。平面布置图中，门窗使用的线型。点画线表示建筑轴线。

3. 空间转换

建筑装饰施工图是二维图形。识图时，需要把二维的图形转换为三维的图形。装饰工程施工图是在建筑工程施工图完成后，针对使用环境所进行的二次设计。由于工程对象仍是房屋建筑，所以建筑装饰施工图的画法与建筑施工图的画法与步骤基本相同，所不同的是造型做法及构造细节在表达上的细化以及做法的多样性。如装饰平面布置图是在建筑平面图的基础上进行墙面造型的位置设计、家具布置、陈设布置、地面分格及拼花布置的图样，它必须以建筑平面图为条件进行设计、制图。在平面布置图中家具、陈设、绿化等要以设计尺寸按比例绘制，并要考虑它们所营造的空间效果及使用功能，而这些内容在建筑平面图上一般不需表示。建筑装饰工程施工通常是在建筑工程粗装修完成后进行，建筑结构主体已经形成，所以有些尺寸在建筑装饰施工图上可以省略，突出建筑装饰设计的内容。

【学习提示】

绘图前的准备工作

（1）明确建筑装饰工程施工图的设计与绘图顺序。建筑装饰工程施工图的设计工作一般先从平面布置图开始，然后着手进行顶棚平面图、室内立面图、墙（柱）面装饰剖面图、装饰详图等的绘制。

（2）明确工程对象的空间尺度和体量，确定比例，选择图纸的幅面大小。当确定了绘图顺序后，接下来就是了解绘制对象的体量大小，如房间大小、高度等，根据所绘图样的要求确定绘图比例，如绘制平面布置图常用 1∶50、1∶100 的比例，由此确定图纸的幅面大小。

值得注意的是无论设计还是抄绘（或测绘）图样，一套图纸的图幅大小一般不宜多于两种，不含目录及表格所采用的 A4 幅面。

（3）明确所绘图样的内容和任务。作绘图练习前，首先应将示范图样看懂，明确作图的目的与要求，做到心中有数。

（4）注意布图的均衡、匀称，以及图样之间的对应关系。通常情况下，建筑装饰工程施工图应按基本投影图的布局来布置图面，应尽量将平、立、剖等多向投影绘制在一张图纸上。但在实际工程中由于工程形体较大，图样布局往往达不到上述要求。倘若某图幅能布置两个图样时，如平面布置图和室内立面图，应将室内立面图布置在平面图的上方，以利于对应绘制，同时也便于识读。当一张图纸只能布置一个图样时，则将此图样居中布置。

（5）准备好手工绘图用的绘图工具、用品，准备好蒙图纸（遮盖图纸用的干净纸张），着手绘图。

【实践活动】

完成本任务中某餐厅平面布置图、某餐厅顶棚布置图、某餐厅立面图、某餐厅衣柜详图的绘制。

【活动评价】

规范查找自评： （20%）	绘制步骤明确	很好 ☐	较好 ☐	一般 ☐	还需努力 ☐
	绘制依据正确	很好 ☐	较好 ☐	一般 ☐	还需努力 ☐
	图纸选用正确	很好 ☐	较好 ☐	一般 ☐	还需努力 ☐
	规范使用正确	很好 ☐	较好 ☐	一般 ☐	还需努力 ☐
小组互评： （40%）	整体完成效果	优 ☐	良 ☐	中 ☐	差 ☐
教师评价： （40%）	绘制内容质量	优 ☐	良 ☐	中 ☐	差 ☐

任务 4　建筑装饰施工图设计说明、材料表编制

建筑装饰施工图设计
说明、材料表编制

【任务描述】

　　建筑装饰施工图设计文件的编制必须依据建设单位提供的相关资料、建设单位确认的平面布置图及方案设计、原建筑设计整套图纸、各专业提供的相关资料，还应依据设计规范，包括相关的国家标准、规范，行业标准，地方标准和其他通用标准，如《房屋建筑制图统一标准》《建筑设计防火规范》《建筑内部装修设计防火规范》《民用建筑工程室内环境污染控制标准》《绿色建筑评价标准》及相关建筑设计规范等，在项目 2 中我们已经学习了如何查找建筑装饰施工图设计文件的编制规范，本次课学习目标是能根据建筑装饰装修工程项目的类型、规模和性质等特点，查找建筑装饰施工图设计文件编制规范，并学习使用与设计项目相关的国家规范编制建筑装饰施工图设计说明，有助于进一步认知施工图设计文件编制依据，从而提高施工图的识读能力。

【任务实施】

建筑装饰施工图设计说明、材料表编制

　　本项工作任务实施以建筑室内装饰装修工程项目为例，介绍建筑装饰装修施工图设计说明、材料表的基本构成，以及各部分编制的内容与要求。

1. 编制建筑装饰装修施工图设计说明提纲

建筑室内装饰装修总说明一般包括，工程概况、设计依据、设计通则、装饰材料及施工要求、室内装修做法、构造做法等。

2. 查找工程相关资料，编写工程概况及设计依据

（1）工程概况一般包括，工程名称、工程地址、建设单位和工程性质。

工程概况

1.1 工程名称：××花园广场会所

1.2 工程地址：金浜路

1.3 建设单位：××集团

1.4 工程性质：室内装饰设计（普通旅馆高级住宅）

（2）设计依据一般包括，建设单位提供的相关资料、确认的平面功能布置图及方案设计文件、原建筑设计文件、各专业提供的相关资料和设计规范选用。

设计依据

2.1 建设单位提供的相关资料

2.2 建设单位确认的平面功能布置图及方案设计文件

2.3 原建筑设计图纸（含建筑、结构、给水排水、电气、暖通、弱电、消防、网络、安全监控、有线等）

2.4 设计院各专业提供的相关资料（二次机电、照明设计、标识设计和软装设计等）

2.5 设计规范

2.5.1 《建筑设计防火规范（2018年版)》GB 50016—2014

2.5.2 《民用建筑设计统一标准》GB 50352—2019

2.5.3 《住宅设计规范》GB 50096—2011

2.5.4 《建筑内部装修设计防火规范》GB 50222—2017

2.5.5 《无障碍设计规范》GB 50763—2012

2.5.6 《绿色建筑评价标准》GB/T 50378—2019

2.5.7 《民用建筑工程室内环境污染控制标准》GB 50325—2020

2.5.8 《建筑照明设计标准》GB 50034—2013

2.5.9 《建筑玻璃应用技术规程》JGJ 113—2015

2.5.10 《建筑内部装修防火施工及验收规范》GB 50354—2005

2.5.11 《上海市全装修住宅室内装修设计标准》DG/TJ 08-2178—2015

2.5.12 《建筑工程设计文件编制深度规定》2016年11月

3. 编写设计通则

（1）一般说明中，在《建筑装饰装修工程质量验收标准》GB 50210—2018中对材料规格、施工要求及验收规则等有规定的，均按有关规定执行。

（2）对尺寸、标高单位，装饰标高概念进行界定。

（3）对设计文件中标准图，通用图或重复利用图在施工中的使用进行说明。

（4）对给水排水、电气、暖通等工种的配合原则进行说明。

（5）对施工中材料的选用原则进行说明。

（6）对设计文件中，图纸表达与设计说明表述有不一致时，处理原则进行说明。

（7）对本设计说明适用范围，及与区域设计说明表述有不一致时，处理原则进行说明。

设计通则

3.1 凡《建筑装饰装修工程质量验收标准》GB 50210—2018 已对所用材料规格、施工要求及验收规则等有规定的，本说明不再重复，均按有关规定执行。

3.2 所注尺寸均以毫米（mm）为单位，标高也以米（m）为单位。标高均为完成面至完成面尺寸之相对标高。顶棚标高为相对于各层地坪完成面之标高。

3.3 设计中采用标准图，通用图或重复利用图，不论采用其局部节点或全部详图，均应按照各图纸要求全面配合施工。

3.4 所有与给水排水、电气、暖通等工种有关的预埋件，预留孔洞施工时必须与相关的图纸密切配合。

3.5 所选用的材料需做小样并由业主会同设计认可后，方能实施。

3.6 本项目设计图中表达的材质和做法与本说明有矛盾的，均以本说明为准。

3.7 此设计说明为装饰设计的总说明，如其他区域设计说明和本说明有冲突，以此设计说明为准。

4. 编制装饰材料及施工要求

（1）首先，说明参照标准。

参照标准

本工程所有的参照标准均为最新的施工及验收标准及相关的国家现行标准，施工方在进行工程中应采用最佳及最合适的标准。同时，业主、监理也有权要求施工方在工程实施中采用最合理标准。但必须满足《建筑装饰装修工程质量验收标准》GB 50210—2018。

（2）其次，根据施工图设计范围、要求、深度和设计内容所涉及的材料分项目类别进行编制。

4.1 石料工程

4.1.1 材料

4.1.2 安装

4.1.3 石料加工

4.2 木料工程

4.2.1 材料

4.2.2 防火处理

4.2.3 尺寸

4.2.4　装饰

4.2.5　收缩度

4.2.6　装配

4.3　装饰五金

4.4　油漆工程

4.4.1　材料和品质

4.4.2　上油漆

4.5　墙纸、壁布

4.6　地毯楼地面

4.7　玻璃工程

4.7.1　采用的玻璃须满足《建筑玻璃应用技术规程》JGJ 113—2015 中的相关规定，安全玻璃的最大许用面积应符合该《规程》中表 7.1.1-1 的规定；有框平板玻璃、真空玻璃和夹丝玻璃的最大许用面积应符合该《规程》中表 7.1.1-2 的规定。

4.7.2　玻璃必须顾及温差力和视觉歪曲的效果。

5. 编制室内装修做法

（1）根据《建筑设计防火规范（2018 年版）》GB 50016—2014，确定本工程耐火等级，以及本项目中各类建筑相应构件的燃烧性能和耐火极限。

（2）根据《建筑内部装修设计防火规范》GB 50222—2017，确定本项目中各部位装修材料的燃烧性能等级。

（3）说明本项目中各部位装修材料燃烧性能等级的一般要求。

（4）说明隔声要求。

（5）说明各种墙体的防火要求，以及选材、施工等方面的要求。

（6）说明顶棚的防火要求、工作范围，以及选材、安装等方面的要求。

（7）说明各种门设置的防火要求，以及施工等方面的要求。

（8）其他说明，包括照明、各种五金件、织物的选用要求，以及油漆施工要求、洁具等选用要求。

室内装修做法

5.1　根据《建筑设计防火规范（2018 年版）》GB 50016—2014，本工程耐火等级为一级，本项目中各类建筑构件的燃烧性能和耐火极限不应低于表 4-7 的要求。

表 4-7

序号	构件名称	燃烧性能和耐火极限（h）
1	防火墙	不燃性 3.00
2	承重墙、楼梯间的墙、电梯井的墙	不燃性 2.00
3	非承重外墙、疏散走道两侧的隔墙	不燃性 1.00

续表

序号	构件名称	燃烧性能和耐火极限（h）
4	房间隔墙	不燃性 0.75
5	楼板、疏散楼梯、屋顶承重构件	不燃性 1.50
6	吊顶	不燃性 0.25

5.2　根据《建筑内部装修设计防火规范》GB 50222—2017，本项目中各部位装修材料的燃烧性能等级不应低于表 4-8 的要求。

表 4-8

建筑规模、性质	装修材料燃烧性能等级									
	顶棚	墙面	地面	隔断	固定家具	窗帘	帷幕	家具包布	床罩	其他装饰材料
一类普通旅馆高级住宅	A	B1	B2	B1	B2	B1	B1	B2	B2	—

注：有喷淋的有窗房间的窗帘燃烧性能等级可为 B2 级。

5.3　一般要求

5.3.1　建筑内部装修不应擅自减少、改动、拆除、遮挡消防设施、疏散指示标志、安全出口、疏散出口、疏散走道和防火分区、防烟分区等。

5.3.2　建筑内部消火栓箱门不应被装饰物遮掩，消火栓箱门四周的装修材料颜色应与消火栓箱门的颜色有明显区别或在消火栓箱门表面设置发光标志。

5.3.3　疏散走道和安全出口的顶棚、墙面不应采用影响人员安全疏散的镜面反光材料。

5.3.4　地上建筑的水平疏散走道和安全出口的门厅，其顶棚应采用 A 级装修材料，其他部位应采用不低于 B1 级的装修材料；地下民用建筑的疏散走道和安全出口的门厅，其顶棚、墙面和地面均应采用 A 级装修材料。

5.3.5　疏散楼梯间和前室的顶棚、墙面和地面均应采用 A 级装修材料。

5.3.6　建筑物内设有上下层相连通的中庭、走马廊、开敞楼梯、自动扶梯时，其连通部位的顶棚、墙面应采用 A 级装修材料，其他部位应采用不低于 B1 级的装修材料。

5.3.7　无窗房间的内部装修材料的燃烧性能等级除 A 级外，应在规定的基础上提高一级。

5.3.8　消防水泵房、机械加压送风排烟机房、固定灭火系统钢瓶间、配电室、变压器室、发电机房、储油间、通风和空调机房等，其内部所有装修均应采用 A 级装修材料。

5.3.9　消防控制室等重要房间，其顶棚和墙面应采用 A 级装修材料，地面及其他装修应采用不低于 B1 级的装修材料。

5.3.10　建筑物内的厨房，其顶棚、墙面、地面均应采用 A 级装修材料。

5.3.11　防烟分区的挡烟垂壁，其装修材料应采用 A 级装修材料。

5.3.12　经常使用明火器具的餐厅，装修材料的燃烧性能等级，除 A 级外，应在规定的基础上提高一级。

5.3.13　照明灯具及电气设备、线路的高温部位，当靠近非 A 级装修材料或构件时，应采取隔热、散热等防火保护措施，与窗帘、帷幕、幕布、软包等装修材料的距离不应小于 500mm；灯饰应采用不低于 B1 级的材料。

5.3.14　建筑内部不宜设置采用 B3 级装饰材料制成的壁挂、布艺等，当需要设置时，不应靠近电气线路、火源或热源，或采取隔离措施。

5.4　根据隔声要求，做好幕墙与楼板、隔墙的填充吸声物和密封的处理

　　　　根据功能区域有不同要求：宴会厅、多功能厅、会议室、客房都需达到 50dB；机电房、厨房也需达到 50dB。

5.5　墙体

5.5.1　墙体选用应满足 5.1 和 5.2 的要求。

5.5.2　室内墙面装饰应选用符合国家 A 级或 B1 级防火规范要求的装饰材料。

5.5.3　所有木装修墙面衬底的木龙骨，细木工板等不露面大木料均涂三度防火漆。大面积木装修，木材需防火浸渍处理以达到 B1 级防火等级。

5.5.4　楼层强、弱电间的墙体石膏板为剪力墙或蒸压加气混凝土砌块。

5.5.5　(1) 普通墙体为：双层 9.5mm 厚纸面石膏版内嵌 50mm 厚岩棉隔墙或蒸压加气混凝土砌块。

　　　(2) 走道部分的墙体采用加气混凝土砌块，从地面砌到梁顶或顶面楼板。

　　　(3) 具体墙体材料见平面图中的图例。

5.5.6　室内墙面装饰应选用符合国家 B1 级防火规范要求的装修材料。

5.5.7　所有木装修墙面衬底用的木龙骨，细木工板等不露面大木料均涂三度防火漆。大面积木装修，木材需防火浸渍处理以达到 B1 级防火等级。

5.5.8　所有门的门垛尺寸都应根据装修后的尺寸反推，请施工单位按实际情况确定，图内尺寸仅供参考。门洞高度与原设计不同处，应重新设置门过梁。

5.5.9　花岗石、大理石、铝板装饰内墙及钢化玻璃落地门窗均应由专业合格厂商供应，并提供有关节点详图和施工方法。

5.5.10　凡采用砌体砌筑的排烟道、排烟竖井、各类管道井，当不能内部粉刷施工时，其井道内壁要求砌筑砂浆边砌边刮平。

5.5.11　卫生间等遇水房间隔墙下端浇筑 200mm 高 C20 素混凝土墙坎，厚同墙体。

5.5.12　卫生间要做防水层连地至墙面离地 2.0m 高。

5.5.13　凡室内露明的水管及上下管井皆采用 60mm 厚蜂窝型 GRC 板封包，外饰面做法同邻近墙面。

5.5.14　玻璃隔墙高度在 2.8m 以下，玻璃采用 12mm 厚钢化玻璃，2.8～4.0m 间，

玻璃采用 18mm 厚钢化玻璃。

5.6 顶棚

5.6.1 顶棚吊顶装饰应选用符合国家 A 级防火规范要求的装修材料。

5.6.2 顶棚龙骨应选用优质轻钢龙骨，局部使用的木龙骨需涂三度防火漆。

5.6.3 工作范围

5.6.4 材料

5.6.5 安装

5.7 门

5.7.1 本项目中的隔热防火门以 FM 甲 / FM 乙 / FM 丙表示，其中 FM 甲为甲级防火门，其耐火极限为 1.50h；FM 乙为乙级防火门，其耐火极限为 1.00h；FM 丙为丙级防火门，其耐火极限为 0.50h。应满足《建筑设计防火规范（2018 年版)》GB 50016—2014 和原建筑图纸对防火门的要求，并在装修工程中严格落实。

5.7.2 防火门应为向疏散方向开启的平开门，并应能在其内外两侧手动开启。

5.7.3 本项目中采用的防火卷帘，其耐火极限不低于 3.00h；应符合《建筑设计防火规范（2018 年版)》GB 50016—2014 第 6.5.3 条的规定。

5.7.4 本项目中门的编号及选用防火等级，无论详图或其他图纸中是否表述，均以各层平面图为准。

5.8 其他

5.8.1 五金件

5.8.2 织物

（除图中注明外）窗帘为白色，遮光卷轴窗帘。

5.8.3 油漆

5.8.4 洁具

洁具均选用白色洁具。

5.8.5 风口

所有送回风口均采用铝合金白色烤漆（除图中特殊标注外）。

6. 编制构造做法

一般依次说明墙面构造做法、楼地面、顶棚和踢脚构造做法。

构造做法

6.1 墙面构造做法

6.1.1 室内墙面装饰应选用符合国家 A 级或 B1 级防火规范要求的装饰材料。

6.1.2 所有木装修墙面衬底的木龙骨，细木工板等不露面大木料均涂三度防火漆，以达到 B1 级防火等级。

6.2 楼地面

6.2.1 楼地面装饰应选用符合国家 B1 级防火规范要求的装修材料。

6.2.2　卫生间地面低于走道地坪 20mm，残疾人卫生间地面低于走道 15mm，地面坡度 0.5%，坡向地漏。

6.2.3　楼地面构造做法：略（见教材配套图纸）。

6.3　顶棚

6.3.1　顶棚吊顶装饰应选用符合国家 A 级防火规范要求的装修材料。

6.3.2　顶棚龙骨应选用优质轻钢龙骨。

6.3.3　吊顶及平顶构造做法：略（见教材配套图纸）。

6.4　踢脚构造做法。

7. 编制材料表

室内装修一览表一般按空间区域，及相应各界面（地面、踢脚、墙面／柱面、顶棚）主要用材与防火等级依次编制汇总表。

如 ×× 花园会所室内装修一览表，见表 4-9。

表 4-9

编号	区域名	地面	防火等级	踢脚	防火等级	墙面/柱面	防火等级	顶棚	防火等级
1	一楼区域	第凡内／西班牙米黄	A	黑色镀钛拉丝不锈钢踢脚	A	木化石	A/B1	乳胶漆	A
2	二楼区域	地毯／木地板	B1	镜面不锈钢踢脚	A	乳胶漆／墙纸／木皮	B1/A	乳胶漆	A
3	泳池、更衣区	第凡内／陶瓷锦砖	A	镜面不锈钢踢脚	A	木化石／美国木纹	B1/A	乳胶漆	A
4	所有疏散楼梯间／前室	地砖	A	地砖踢脚	A	无机乳胶漆	A	无机乳胶漆	A

按装饰材料类别列出项目，如石材、木材、玻璃、镜子、油漆、地毯、壁纸、硬包、金属、砖（陶瓷锦砖、墙面砖、地面砖等）及其他（艺术拉手）；其次在每个项目中再进行编号与说明，如石材按不同品种，分别编为 ST-01 为木化石（镜面），ST-02 为第凡内（镜面）；接着进行使用区域说明，如 ST-01 木化石（镜面）用于大堂墙面，ST-02 第凡内（镜面）用于大堂、中餐厅、聚会沙龙地面；最后说明规格或型号、供应厂商与联系人，如石材由 ×× 石材供货，联系人 × 先生。

【学习支持】

装饰施工图设计说明、材料表及数据

（1）建筑装饰施工图设计说明格式

工程概况、设计依据、设计通则、装饰材料及施工要求、室内装修做法、构造做法。

设计依据、工程概况、防火要求、防潮防锈隔声处理、设备安装、图纸及建材说明书、施工说明、补充说明、主要用材防火等级表。

（2）材料表及数据

在公共建筑装饰施工图设计说明中，室内装修一览表一般按空间区域，及相应各界面（地面、踢脚、墙面/柱面、顶棚）主要用材与防火等级依次编制汇总表，见表4-10。在住宅建筑装饰施工图设计说明中，室内装修一览表一般根据住宅建筑基本空间构成及常见界面、建筑与装饰构件进行编制，见表4-11。

材料表（适用公共建筑装饰装修项目）　　　　表 4-10

编号	区域名	地面	防火等级	踢脚	防火等级	墙面/柱面	防火等级	顶棚	防火等级
1									
2									
3									

材料表（适用住宅建筑装饰装修项目）　　　　表 4-11

部位　　　　空间名称	地面	墙面	顶棚	踢脚	门	窗台板	备注

同时，按装饰材料类别列出项目，如石材、木材、玻璃、镜子、油漆、地毯、壁纸、硬包、金属、砖（马赛克、墙面砖、地面砖等）及其他（艺术拉手）；其次在每个项目中再进行编号与说明，编制材料索引表，以便查找，见表4-12、表4-13。

材料索引表（适用公共建筑装饰装修项目）　　　　表 4-12

项目	符号	说明	区域	规格型号	供应厂商

材料索引表（适用住宅建筑装饰装修项目）　　　　表 4-13

序号	材料编号	材料名称

【学习提示】

编制建筑装饰施工图设计说明时，首先应根据工程概况确定项目类型，是公共建筑还是住宅建筑，其次再查找相应的设计规范，并结合项目类型和空间功能特点，选用相关规定。

在本项任务实施环节是以公共建筑室内装饰装修项目为例，实施设计说明编写。如果是全装修住宅项目，那么在编制装饰材料及施工要求、室内装修做法时，应该根据住宅建筑空间功能特点，选用相关规定。如根据《建筑内部装修设计防火规范》GB 50222—2017，5.3 一般要求中，5.3.2 建筑内部消火栓箱门不应被装饰物遮掩，消火栓箱门四周的装修材料颜色应与消火栓箱门的颜色有明显区别或在消火栓箱门表面设置发光标志。5.3.3 疏散走道和安全出口的顶棚、墙面不应采用影响人员安全疏散的镜面反光材料。5.3.11 防烟分区的挡烟垂壁，其装修材料应采用 A 级装修材料。这些条目与住宅无关，因此，不需要编入设计说明。再如，5.7 门中，5.7.3 条款，是关于卷帘门的防火要求，也与住宅无关，因此，也不需要编入。

【实践活动】

选择一个典型小型公共建筑室内装饰装修项目，根据工程概况、设计依据、设计通则、装饰材料及施工要求、室内装修做法、构造做法，并按空间区域及相应各界面（地面、踢脚、墙面/柱面、顶棚）主要用材与防火等级、选用装饰材料类别，学习依次编制建筑装饰施工图设计说明、材料汇总表与材料符号表。

【活动评价】

设计说明与材料表编制自评：（20%）	工程概况明确	很好 □	较好 □	一般 □	还需努力 □
	设计依据正确	很好 □	较好 □	一般 □	还需努力 □
	规范选用正确	很好 □	较好 □	一般 □	还需努力 □
	装饰材料及施工要求正确	很好 □	较好 □	一般 □	还需努力 □
	室内装修做法正确	很好 □	较好 □	一般 □	还需努力 □
	构造做法正确	很好 □	较好 □	一般 □	还需努力 □
	材料表编制正确	很好 □	较好 □	一般 □	还需努力 □
小组互评：（40%）	整体完成效果	优 □	良 □	中 □	差 □
教师评价：（40%）	设计说明与材料表编制质量	优 □	良 □	中 □	差 □

任务 5　建筑装饰工程图样绘制

节点图的绘制（一）　节点图的绘制（二）

【任务描述】

　　建筑装饰工程图样是对建筑装饰施工图平面图及立面图纸的重要补充，对工程中的施工细节及施工节点的图纸化，是施工图绘制中的重要组成部分，是工程按图施工的重要依据，也是工程质量的保障。本次任务的目标在于学习建筑装饰工程图样的绘制过程，掌握建筑装饰工程图样的绘制方法和绘制步骤，拓展学习新的施工工艺和新材料使用的能力，也更进一步提高对施工图的识读能力，满足工作岗位的职业需求。

【任务实施】

绘制建筑装饰工程图样

　　本项工作任务实施是在学习了前面课程的基础上，依据本书配套的施工图纸实例为参考，介绍绘制建筑装饰工程图样的流程和主要绘制方法，同时考虑相关的防火、防潮要求，并符合《房屋建筑制图统一标准》GB/T 50001—2017 和《房屋建筑室内装饰装修制图标准》JGJ/T 244—2011 中的制图要求。本次任务共分为两个部分，第一部分为节点图的绘制，第二部分为详图绘制。

1. 节点图的绘制

　　节点图是指在房屋建筑室内装饰装修设计中表示物体重点部位构造做法的图样。主要对一些装饰材料收口处、装饰界面阴阳角处理，特殊装饰构造做法进行的单独说明，并用图样形式进行呈现，常见都有地面节点图、墙面节点图、顶棚节点图、成品安装节点图等。

　　根据项目需求绘制门槛石节点图

　　◆　添加节点索引符号

　　图 4 -24 为配套住宅施工图纸中的地面铺装图，图纸编号为"FC. 01"，查看图中红色线框区域，为阳台与客厅交界区域，立面用移门分割。此处室内为地板铺设，阳台为地砖铺设，两区域间存在高差，为了详细表述其施工做法，所以添加了节点，详图编号为 9，详图所在图纸编号为"DT. 01"，节点索引绘制方法参见"学习支持"。

　　◆　根据节点所涉及的施工工艺，进行资料绘图准备。

　　在绘制装饰工程图样前，首先要确定该处的施工做法，而后才能以图纸的形式去表达，故此一定要先熟悉相关的施工工艺，并根据具体条件及要求进行数据的变化和工艺

图 4-24　地面铺装图

的选择，并根据实际情况加以完善，本次任务执行我们以抄绘为主，来讲解绘制过程。

◆　根据索引和施工工艺绘制节点图

1）根据剖切线的位置绘制建筑楼板结构及安装的移门示意图，如图 4-25 所示。

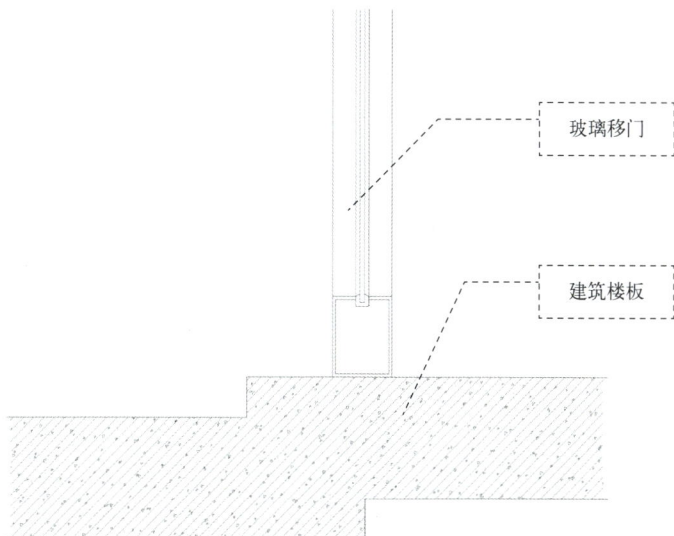

图 4-25　绘制建筑现场结构及现有移门

楼板厚度根据实际绘制，此处 120mm；移门根据实际结构进行示意即可，此处厚度 80mm，由移门边框和玻璃组成。

2）根据施工工艺绘制装饰构造如图 4-26 所示。

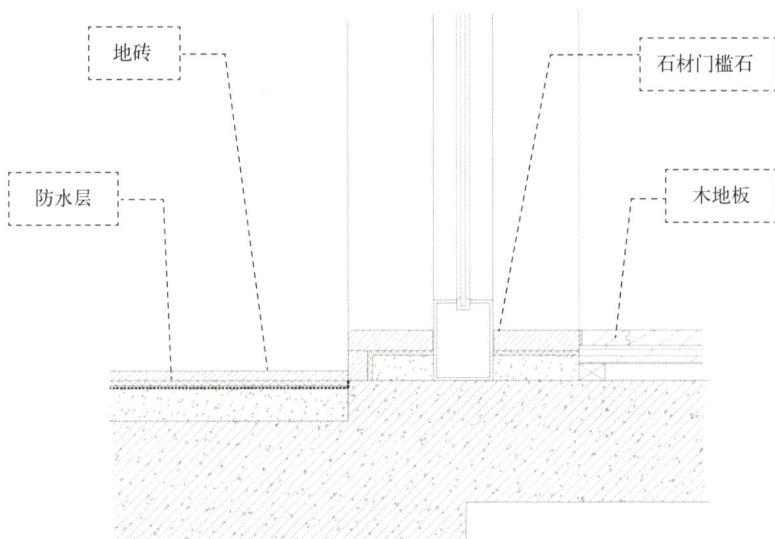

图 4-26　绘制石材及木地板装饰构造

如图 4-26 所示，干硬性水泥砂浆结合层 30mm 厚；然后绘制大理石粘结层 5mm 厚；面层大理石和走道地砖面层的绘制，大理石厚度为 20mm，地砖厚度 9 ~ 12mm；阳台的地面高度比门槛石低 40mm。

3）标注尺寸和材料如图 4-27 所示。

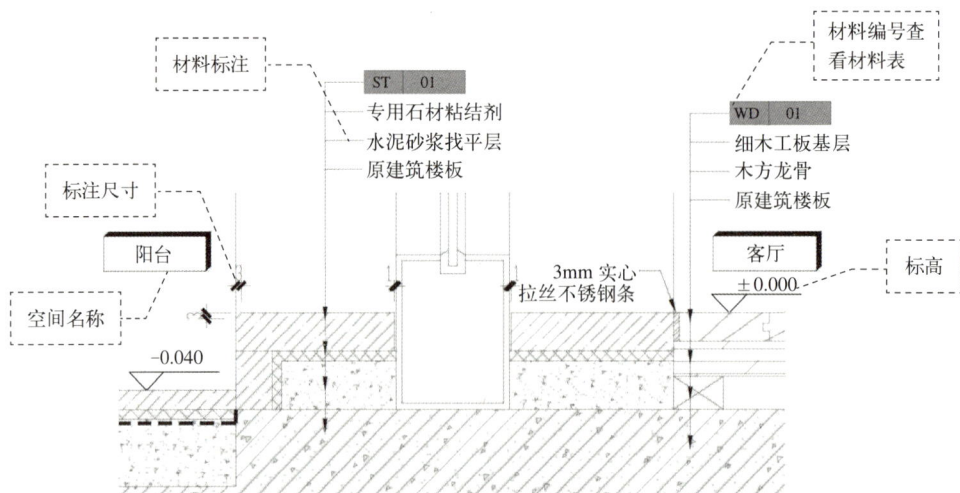

图 4-27　标注图样

如图 4-27 所示，对图样进行标注，包含：尺寸标注（只需标注施工时所需的关键尺寸，对于某些未标注的关键尺寸可能是需要根据现场来确定，无具体数据）、材料标注（包含内部材料和饰面材料）、标高标注（对于地面和顶棚节点需要标注标高，立面节点则无需标注）、空间名称标注（可以忽略不标）。

4）绘制节点图名编号如图 4-28 所示，成图参见图纸编号"DT.01"。

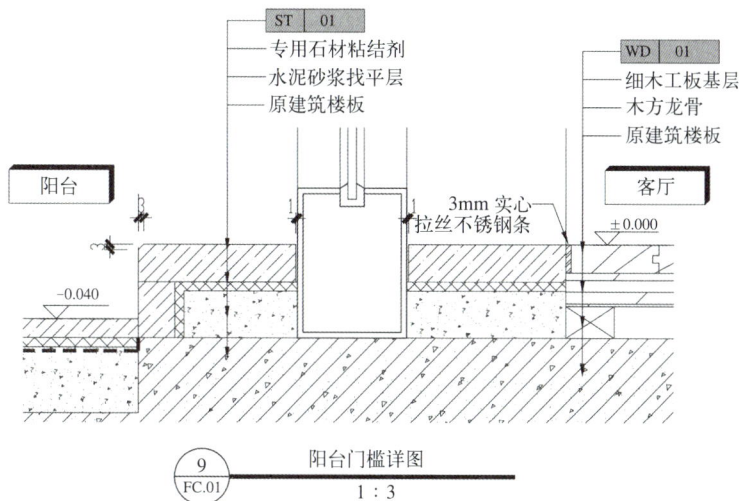

ST 01
专用石材粘结剂
水泥砂浆找平层
原建筑楼板

WD 01
细木工板基层
木方龙骨
原建筑楼板

阳台

客厅

3mm 实心
拉丝不锈钢条

±0.000

−0.040

9
FC.01
阳台门槛详图
1 : 3

图 4-28 绘制图名编号

2. 大样图的绘制

详图俗称"大样图"，在工程制图中对物体的细部、构件或配件用较大的比例将其形状、大小、材料和做法详细表示出来的图样，在房屋建筑室内装饰装修设计中指表现细部形态的图样。

◆ 添加详图索引

如图 4-29 所示为配套公共餐厅 2F 图纸中的"会议室及宴会厅立面 1"，图纸编号为"IE-2F.2-01"，查看图中红色线框区域，由于图形比例的原因而无法显示其内部细节，又由于需要表现的节点过多，因此使用装饰大样图的方法对其进行单独绘制。添加详图索引，详图编号为 B，详图所在图纸编号为"FD-2F-01"，详图索引符号绘制方法参见"学习支持"。

◆ 根据详图中所涉及到施工工艺，进行资料查找，做好准备工作

在绘制装饰工程大样图前，首先要确定该处的施工做法，而后才能以图纸的形式去表达，故此一定要先熟悉相关的施工工艺，并根据具体条件及要求进行数据的变化和工艺的选择，并根据实际情况加以完善。本次任务执行我们以抄绘为主，来讲解绘制过程。

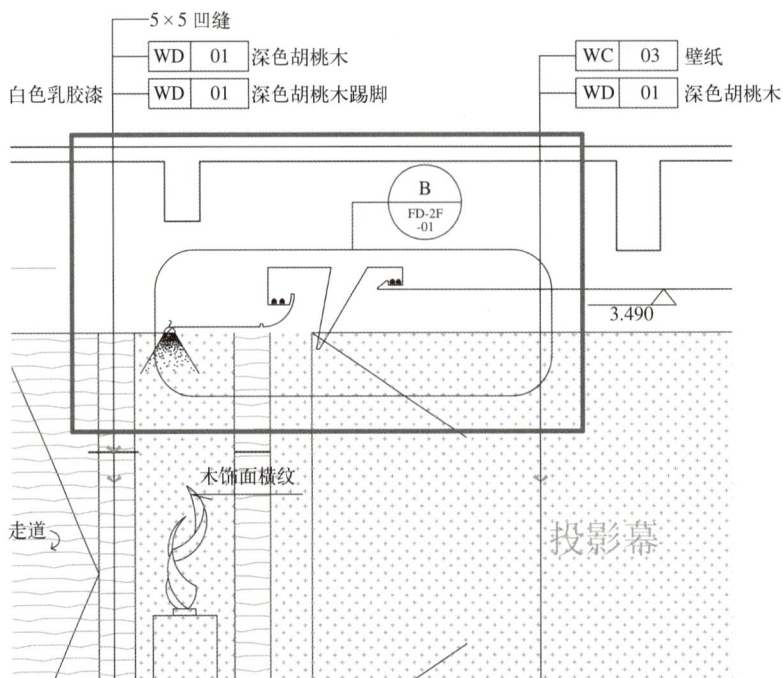

图 4-29　添加详图索引

◆　根据索引和施工工艺绘制节点图

1）根据详图索引范围初步绘制大样图范围，如图 4-30 所示。大样图轮廓可直接从索引立面进行复制，同样的结构可以使用连接符号进行连接。

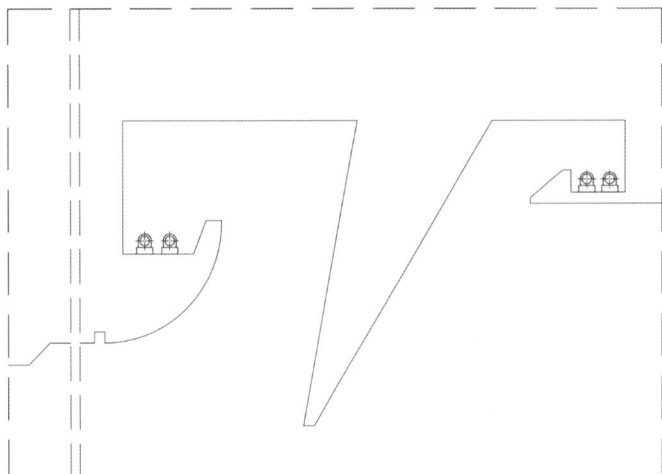

图 4-30　绘制大样图轮廓

2）根据施工工艺绘制装饰构造，如图 4-31 所示。大样图的内部龙骨结构可以使用图样填充的方式进行减弱，重点表现饰面层的造型及其基层的结构、材料。这里面所使

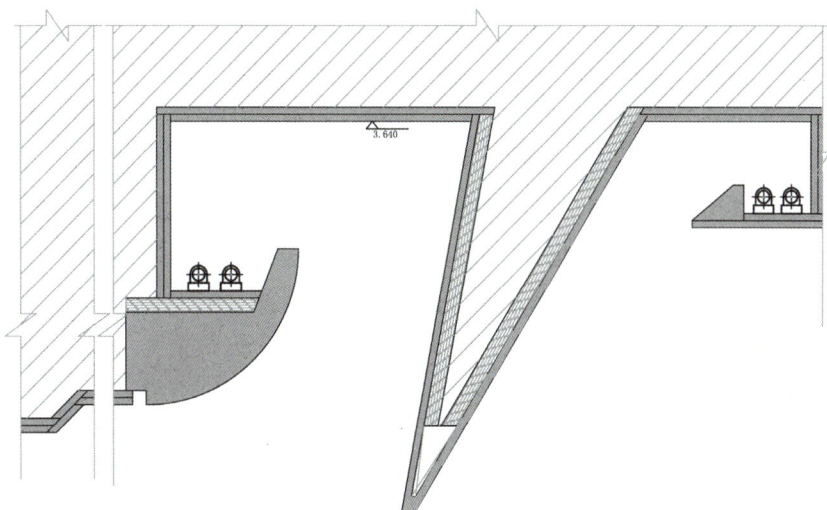

图 4-31　绘制内部结构

用的材料的填充图例需要符合国家相关建筑制图标准的要求。

3）标注尺寸和材料如图 4-32 所示。我们需要对施工时需要的各个尺寸进行标注说明。标注对应的标高。对施工时采用的材料进行必要的文字说明。

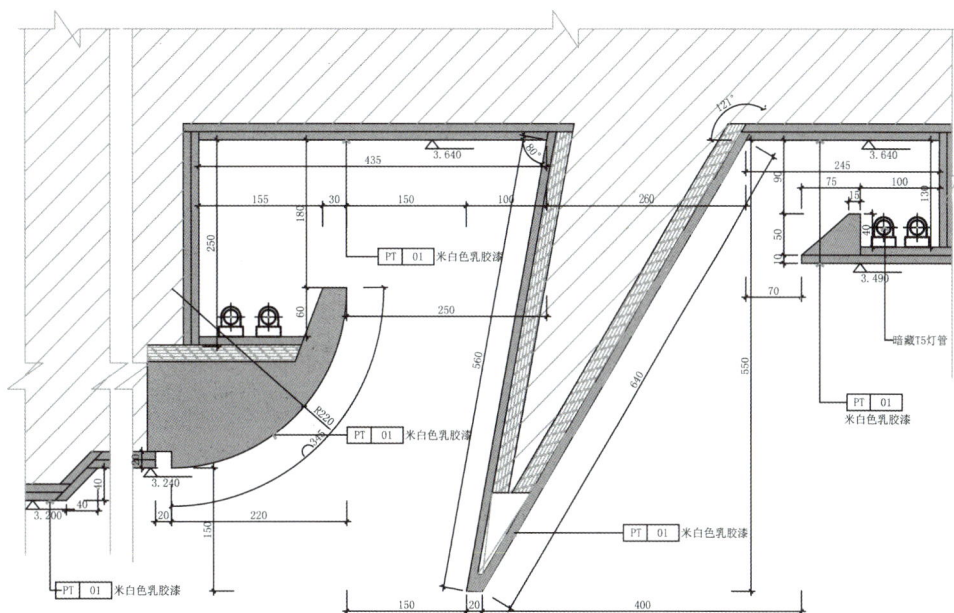

图 4-32　标注尺寸和材料

4）绘制大样图图名如图 4-33 所示，成图参见图纸编号"FD-2F-01"。大样图的图名可以由详图编号和详图部位来描述，绘图规则参见学习支持。

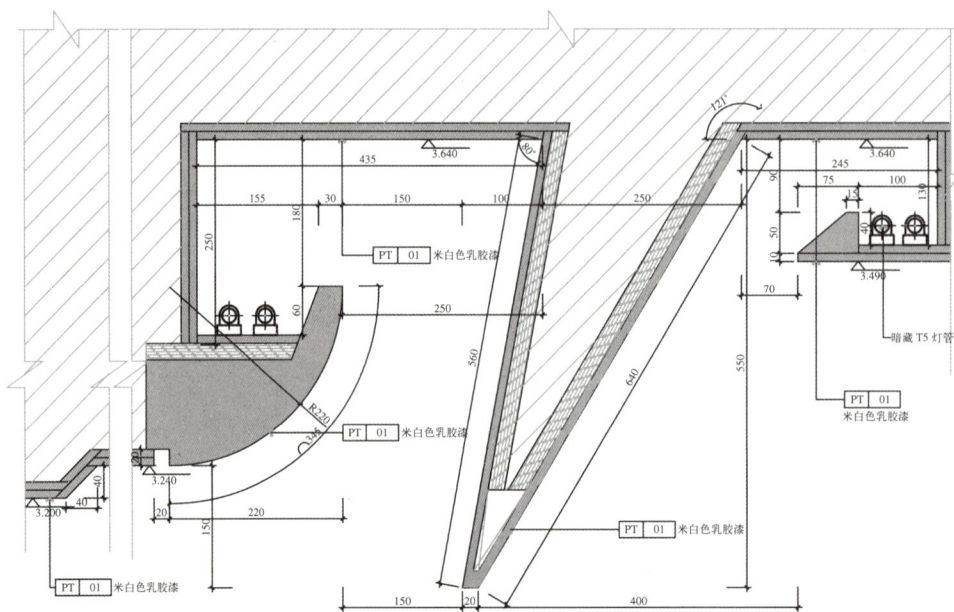

$$\bigcirc\!\!\!\!B \quad \underline{\text{会议室顶棚大样图}}$$
$$1:5$$

图 4-33　注写图名

【学习支持】

绘图规范

（1）关于图线

装饰工程图样的线型应符合现行国家标准《房屋建筑制图统一标准》GB/T 50001 和《房屋建筑室内装饰装修制图标准》JGJ/T 244 中关于图线的规定，在绘制工程图样时常使用的线型见表 4-14。

常用线型名称、式样和适用范围　　　　　　表 4-14

线型名称及式样	适用范围
粗实线　线宽：b	1. 平、剖面图中被剖切的房屋建筑和装饰构造的主要轮廓线； 2. 房屋建筑室内装饰装修立面图的外轮廓线； 3. 房屋建筑室内装饰装修构造详图、节点图中被剖切的主要轮廓线； 4. 平、立、剖面图中的剖切符号
中粗实线　线宽：$0.7b$	1. 平、剖面图中被剖切的房屋建筑和装饰装修构造的次轮廓线； 2. 房屋建筑室内装饰装修详图中的外轮廓线
中实线　线宽：$0.5b$	1. 房屋建筑室内装饰装修构造图详图中的一般轮廓线； 2. 小于 $0.7b$ 的图形线、家具线、尺寸线、尺寸界限、索引符号、标高符号、引出线、地面、墙面的高差分界线等

续表

线型名称及式样	适用范围
细实线 线宽：0.25b	图形和图例的填充线
中粗虚线 线宽：0.7b	1. 表示被遮挡部分的轮廓线； 2. 表示被索引图样的范围； 3. 拟建、扩建房屋建筑室内装饰装修部分轮廓线
中虚线 线宽：0.5b	表示平面图中上部结构的投影轮廓线
细虚线 线宽：0.25b	1. 表示平面图中上部结构的投影轮廓线； 2. 构件或结构中不可见的轮廓线
单点长画线 线宽：0.25b	中心线、对称线、定位轴线
折断线 线宽：0.25b	不需要画全的断开界线
样条曲线 线宽：0.25b	1. 不需要画全的断开界线； 2. 制图需要的引出线
云线 线宽：0.5b	1. 圈出被索引的图样范围； 2. 标注材料的范围； 3. 标注需要强调、变更或改动的区域

（2）索引符号绘制

索引符号根据用途的不同可分为立面索引符号、剖切索引符号、详图索引符号、设备索引符号、部品部件索引符号。这里主要对绘制剖切索引符号和详图索引符号：

◆ 如图 4-34 及图 4-35 所示。

◆ 除了上述两种外，行业中常用的几种装饰详图如图 4-36、图 4-37 所示。

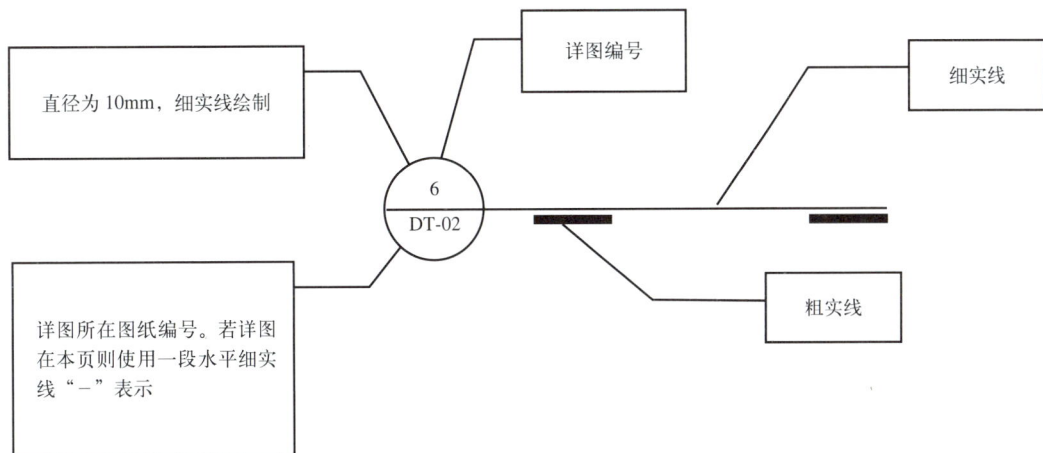

直径为 10mm，细实线绘制

详图编号

细实线

6
DT-02

粗实线

详图所在图纸编号。若详图在本页则使用一段水平细实线"－"表示

图 4-34 剖面索引符号

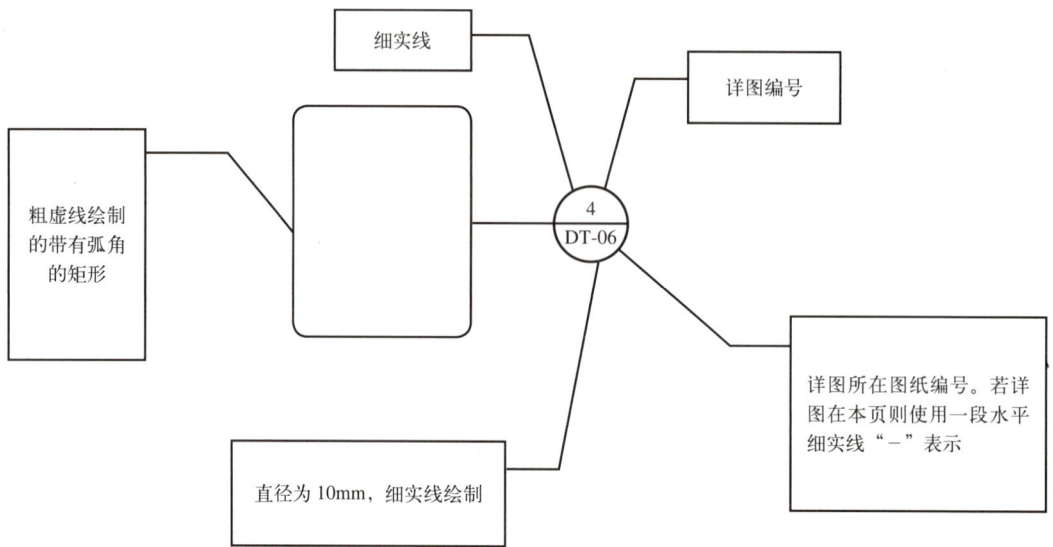

图 4-35 范围较大的索引符号

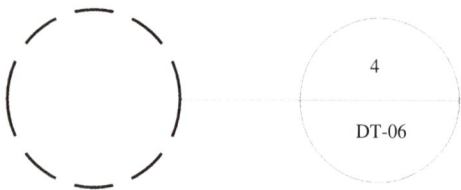

图 4-36 较小范围的索引

图 4-37 剖面索引符号

（3）图名编号绘制，如图 4-38 所示。

餐厅顶棚详图

图 4-38 图名编号分析图

　　图名中圆的直径为 14mm，采用粗实线绘制，当详图与被索引的图样不在一张图纸上时，应用细实线画一条水平直径，上半圆数字"4"表示详图编号，下半圆数字或文字表示被索引的图纸编号"RC.01"。

【学习提示】

（1）在学习绘制某一构造装饰工程图样时，一定要先查阅相关的施工工艺，再借鉴相关的工程图样，并进行分析和总结。

（2）绘制图样时应符合《房屋建筑制图统一标准》GB/T 50001—2017 和《房屋建筑室内装饰装修制图标准》JGJ/T 244—2011 中的制图要求。

（3）绘制图样时必须考虑防火等级，不能满足防火等级要求的构造是不能使用的。

（4）在平时的工作和生活中注意收集相关的构造节点处理方式，并融会贯通。

【实践活动】

选择一个典型小型公共建筑室内装饰装修项目，根据设计要求为其立面、地面、墙面、顶棚等装饰界面添加详图索引并绘制装饰构造工程图样；同时收集多种工程构造图样，进行整理和学习。

【活动评价】

竣工图自评：（20%）	线型及图样绘制正确	很好 ☐	较好 ☐	一般 ☐	还需努力☐
	施工工艺理解正确	很好 ☐	较好 ☐	一般 ☐	还需努力☐
	资料、规范使用正确	很好 ☐	较好 ☐	一般 ☐	还需努力☐
	相关规范构造节点使用正确	很好 ☐	较好 ☐	一般 ☐	还需努力☐
	构造详图绘制表达正确	很好 ☐	较好 ☐	一般 ☐	还需努力☐
小组互评：（40%）	整体完成效果	优 ☐	良 ☐	中 ☐	差 ☐
教师评价：（40%）	装饰构造工程图样质量	优 ☐	良 ☐	中 ☐	差 ☐

参考文献

[1] 中国建筑标准设计研究院. 内装修 - 室内吊顶 13J502-2. 北京：中国计划出版社出版，2013.

[2] 中国建筑标准设计研究院. 国家建筑标准设计图集《木门窗》16J601，北京：中国计划出版社出版，2016.

[3] 韩力炜，郭瑞勇. 室内设计师必知的 100 个节点. 南京：江苏科学技术出版社，2017.

"十二五"职业教育国家规划教材
经全国职业教育教材审定委员会审定

住房城乡建设部土建类学科专业"十三五"规划教材

住房和城乡建设部中等职业教育建筑施工与建筑装饰专业指导委员会规划推荐教材

建筑装饰施工图集（第二版）

（建筑装饰专业）

上海市建筑工程学校　组织编写

王　萧　主　编

中国建筑工业出版社

目 录

某住宅标准化装修设计图

研发部门	XXXXX集团总师室(设计)	产品名称	XX住宅	专业	装饰		图 纸 目 录	
研发编号	FX-CXXXX-SXXX(20XX-X)						日期 20XX-XX	
							设计阶段 初步设计	

序号	图纸编号	图 纸 名 称	规格	张数	备注
27	DT.04	卫生间浴缸、墙面详图	A2		
28	DT.05	玄关柜详图	A2		
29	DT.06	衣柜详图1	A2		
30	DT.07	衣柜详图2	A2		

专业负责人　　　　　编制　　　　　共 2 页 第 2 页

某住宅标准化装修设计图

研发部门	XXXXX集团总师室(设计)	产品名称	XX住宅	专业	装饰		图 纸 目 录	
研发编号	FX-CXXXX-SXXX(20XX-X)						日期 20XX-XX	
							设计阶段 初步设计	

序号	图纸编号	图 纸 名 称	规格	张数	备注
01	LS.01	目录	A4		
02	DN.01	建筑内部装饰装修设计及施工说明[1]	A2		
03	DN.02	建筑内部装饰装修设计及施工说明[2]	A2		
04	DN.03	建筑内部装饰装修设计及施工说明[3]	A2		
05	MA.01	材料表	A2		
06	FF.01	平面布置图	A2		
07	AR.01	隔墙定位图	A2		
08	FC.01	地坪布置图	A2		
09	RC.01	顶棚布置图	A2		
10	RC.02	顶棚灯具尺寸定位图	A2		
11	EM.01	机电点位图	A2		
12	IE.01	走道/玄关立面图	A2		
13	IE.02	客厅立面图	A2		
14	IE.03	餐厅/主卧更衣室立面图	A2		
15	IE.04	主卧立面图	A2		
16	IE.05	书房立面图	A2		
17	IE.06	次卧2立面图	A2		
18	IE.07	次卧1立面图	A2		
19	IE.08	厨房立面图	A2		
20	IE.09	主卫立面图	A2		
21	IE.10	客卫立面图	A2		
22	DW.01	门表	A2		
23	DW.02	门详图	A2		
24	DT.01	顶棚、地坪详图	A2		
25	DT.02	地坪、墙面详图	A2		
26	DT.03	卫生间台盆、镜箱详图	A2		

专业负责人　　　　　编制　　　　　共 2 页 第 1 页

建筑内部装饰装修设计及施工说明 [1]

1. 设计依据

1.1 业主提供给我方的设计委托合同及设计任务书、项目立项单等。

1.2 由业主提供的相关设计依据文件，包括会议纪要，项目目联系单等。

1.3 国家现行工程室内设计、施工及验收等相关规范，通用及有关法规：

《民用建筑设计统一标准》GB 50352—2019

《民用建筑设计通则》GB 50096—2011

《建筑设计防火规范》GB 50016—2014（2018年版）

《建筑内部装修设计防火规范》GB 50222—2017

《建筑内部装修防火施工及质量验收规范》GB 50354—2013

《建筑照明设计标准》GB 50034—2013

《住宅装饰装修工程施工规范》GB 50327—2001

《室内装饰装修材料有害物质限量》10项强制性国家标准

国家和上海市其他现行法律、法规、规范、规定，以及强制条文等。

2. 工程概况

项目名称：XX住宅标准化设计 XX 系列

建筑面积：138.3 ㎡

建筑层高：2.9m

2.1 设计标高和定位及其他：

本装饰工程设计标高的±0.000为样板房的地面装饰完成面标高，所有地面以此完成面标高计。

±0.000为样板房的地面装饰完成面标高，所有卫生间、厨房完成面标高为−0.040。

本设计所注尺寸以毫米为单位，标高以米为单位。

每套房型有一个±0.000相对标高，所有房间顶棚高度均为相对标高。

2.2 设计原则

设计中尽力推广成熟的新技术、新设备、产品、材料等新产品应确保良好的技术先进性和适当的经济性，运用成熟、可靠的构造措施，确保使用功能的满足和质量控制目标。

根据不同的功能要求在本工程规范要求处采用不燃材料和难燃材料。

2.3 材料

2.3.1 根据建筑各部位的具体材料、合理使用材料样品。详见各房间材料施工图及施工做法说明。

2.3.2 各个主要装饰部位的具体材料选型要求，最大限度地满足使用功能和住宅品质，贯彻节能、生态健康的绿色设计原则，同时注意在造型或材料的运用中尽可能进行节约化、平衡与效果。

2.3.3 所有在本工程所采用的平衡与效果取得令人满意的效果。

2.4 技术

设计中在力求降低能耗的前提下，最大限度地满足使用功能和住宅品质。本设计所注尺寸可在造价许可方可使用。

3. 防火要求

3.1 按建筑设计防火规范要求在本工程规范要求处采用不燃材料和难燃材料。

3.2 所有木饰采用一级木饰涂料基层，防火涂料3遍。

3.3 为保证消防安全施和疏散及示意标志的使用和安装。

3.4 设计易于辨识。

3.5 建筑设计中门内电气线路均符合国家当地消防部门之线路均可安装防，门之必须严格按消防安装等级要求进行制作，并由消防部门检验合格后方可使用。

4. 防潮、防锈、隔声处理

4.1 所有潮湿环境需要使用防水材料保护水层。

4.2 所有卫生间墙面需做防水层，并由业主认定后使用。

4.3 钢结构表面明红作防腐锈作的除锈处理，清刷防火涂料。

4.4 隔墙龙骨填充 50K 吸声岩绵。

5. 设备安装

5.1 所有重型灯具及水管电器设备不得以现场为准，并将基层底层预埋电气处理。

5.2 经现有灯具、风口等须在原有或或照明示，中有必须作加固处理。

5.3 装饰工程施工中存有各种设备的接口，在实际装饰效果前作适当调整。做到均匀布置，个别设备在影响整体效果时作适当调整。

6. 图纸及建材说明书

6.1 图纸内所标材料的尺寸如与现场不符以现场为准。进行微调尺寸以设计为准。

6.2 建筑平面图中所标尺寸不包括原有或或照明。

6.3 电气平面图中所示开关插座位置须以图纸设计以设计院专业图纸为准，强弱电系统图以设计以设计院图片交供参考。

6.4 所有装饰设计施工完成后根据现场后根据图后根据图片专业图片交供参考。

6.5 所有装饰材料必须进行现场放样，完成面尺寸以样放样后须经严格校验。

6.6 施工前必须进行现场放样，完成面尺寸以样放样后须经严格校验。

6.7 建墙图纸中所标材料放法。

6.8 形式通知知工师师样，并及时解决本疑问只。

6.9 所有线条条须由小样、经设计师师确认后可使用。

6.10 房门必须做出一届头样或其照图案，经设计师师确认后方可使用。

6.11 玻璃须须由供应商提供小样，经设计师师确认后可使用。

6.12 所有厨房餐柜均提供小样，具体由电器公司图示，橱柜内插座应位置由专业公司图纸，橱柜内插座应位置供参考。

6.13 所有景观阳台及内阳台须预留上下木点位。

6.14 所有工厂定制或木墙须提供木饰面排版图，设计师师确认后方可大面积施做。

6.15 本设计所除特殊施工工艺、基本符合国家标准。完成施工艺、工程质量验收标准《建筑装饰装修工程质量验收标准》GB 50210—2018 中部分细则进行设计。

6.16 卫生间插座高度为1300mm。

7. 施工说明

7.1 吊顶工程

吊顶工程总体施工及验收应符合《住宅装饰装修工程施工规范》GB 50327—2001 第8条符合《住宅装饰装修工程施工规范》GB 50327—2001 第8条。

防火等级均应符合《建筑内部装修设计防火规范》GB 50222—2017 中第3.4.1条及第3.4.2条的规定，地下层吊顶的耐火等级应符合《建筑内部装修设计防火规范》GB 50222—2017 中第3.4.1条及第3.4.2条的规定。

内部装饰装修设计防火规范 GB 50222—2017 中第3.4.1条及第3.4.2条的规定。

各分类吊顶工程施工应符合上述基本外，应符合各自的具体条款规则如下：

7.1.1 1.轻钢龙骨吊顶应符合《住宅装饰装修工程施工规范》GB 50327—2001 8.3.4。

7.1.1.1 2.木板、胶合板吊顶应符合《住宅装饰装修工程施工规范》GB 50327—2001 8.3.4。

7.1.1.2 3.铝合金、金属装饰板吊顶应符合《住宅装饰装修工程施工规范》GB 50327—2001 8.3.4。

7.1.2 吊顶面层

7.1.2.1 吊顶基层

具体参见各系列规格按图纸进行选定根据及业主认定。

7.1.3 吊顶面层根据图纸进行选定按图纸进行选定根据及业主认定。

表面必须平整。结构件必须牢固。吊杆、龙骨、连接件等均须按产品组合要求。安装到位。造型尺寸必须准确，龙骨与架构排列整齐顺直。

纸面石膏板顶面 9.5mm（卫生间为防潮系列）。

所有纸面石膏板 9.5mm（卫生间为防潮系列）。

某住宅标准化装修设计	研发部门	研发编号	产品名称	图纸名称	专业	装饰
	XX集团总师室（设计）	FX-CXXX-SXXX(20XX-X)	XX住宅	施工设计说明[1]	图纸编号	DN.01
					设计阶段	初步设计
					日期	20XX-XX

建筑内部装饰装修设计及施工说明 [2]

7.1.2.2 金属吊顶板
根据金属吊顶板式样定次龙骨、次龙骨与主龙骨间用固定件连接。金属吊顶板与四周墙面所留空隙，应特制修边条补处找齐。

7.1.2.3 洞口处理
洞口、灯具的位置必须设置合理，开口边缘整齐，不露缝、护口严密。分格对称布局合理，排列横竖均匀、顺直、整齐。协调美观。受风压的吊顶板应做防震固定处理。吊顶板与墙面交接处应严密、整齐，不得有漏缝现象。

7.2 饰面工程
饰面工程总体施工及验收：应符合《住宅装饰装修工程施工规范》GB 50327—2001 第12章墙面铺装工程的规定。防火耐火等级：应符合《建筑内部装修设计防火规范》GB 50222—2017 3.4.1、3.4.2条的规定。

7.2.1 块料饰面
墙面须较现场实际尺寸进行排版深化设计并及业主认可后施工。
所有石材表面均须做六面防护（在出厂前好墙干后运送到现场）。

7.2.2 木制护墙
所有基层板均须认定环保产品。

7.3 地面工程
地面工程总体施工及验收：应符合《住宅装饰装修工程施工规范》GB 50327—2001 第14章地面铺装工程的规定。

7.3.1 地面基层
地面做水泥基层处理后，表面做水晶面处理或石材变色。

石材完工后要风干表面及潮气干燥后，表面应用水泥粘贴防止石材变色。
所有地面石材均须按深化设计排版图纸尺寸现场实际标准进行裁切及业主认可后施工。

7.3.2 石块材地面
(1) 面层所用板块的品牌、规格、级别、形状、光泽度、颜色和图案必须符合设计要求。
(2) 面层与基层结合必须牢固、无空鼓。
(3) 板块面层表面应洁净、图案清晰、色泽一致、接缝平整、周边顺直。
(4) 花岗石（大理石）内表面须作密封处理，防止发生氟而变色，石材放射性指标须通过国家放射性检测现场。

7.4 门窗及细木工程

7.4.1 木门窗
(1) 门窗框、扇门安装位置、开启方向、使用功能必须符合设计要求。
(2) 门窗框必须安装牢固、周正、防火、密封检验法正确，符合设计要求和施工规范的规定。
(3) 门窗扇必须安装牢固，开关灵活、关闭严密，无翘曲、翘曲和变形。
(4) 门窗五金安装齐全、位置适宜、固定可靠、小五金齐全。相关配件应符合要求，与框扇结合牢固。
(5) 门窗披水、盖口条、压缝条、密封条的安装应顺直，与门窗结合牢固、严密。割向正确，木盖口条、压缝条、密封条顺直，与清木门窗面颜色一致。

7.4.2 细木制品
所有基层板均须要环保产品。

7.4.3 所有木作部分除图中注明选用材料名外，均应用与饰面板材料同材质的实木收边。

7.5 涂料工程
饰面工程总体施工及验收：应符合《住宅装饰装修工程施工规范》GB 50327—2001 第13章涂饰工程的规定。涂料工程（包括水性涂料、乳液型及各类油漆）
防火耐火等级：应符合《建筑内部装修设计防火规范》GB 50222—2017 3.3.1、3.4.1、3.4.2的规定。

7.5.1 墙面基底
(1) 墙面工程必须表面平整、立面垂直、接缝顺直、边角方正、尺寸精确。
(2) 钢、木龙骨（隔墙立筋）线槽安装位置必须正确、连接牢固、安全可靠、符合安全使用要求。
(3) 以涂料为饰面，以抹灰面为基底的应做腻水处理。抹灰面达到标准后方可涂料、灰面应为纯白色。以涂料为饰面材料，以较合板处墙面面白膏粉为基底的应刷水底，无底色面，与隔墙贴面牢固，表面干净、光洁、无灰。刷底整齐、接缝严密、接缝、阳角处无非固定胶膜，与抹灰面底色一致、削刷整齐。接缝工要装基底含水率应不大于8%，木制板面不大于10%。
(4) 以涂料为饰面的，以较合板处腻应用专用封边胶帽，表面干净、光洁、无灰。刷底整齐、接缝严密、接缝、阳角处无非固定胶膜，底含水率应符合下列规定：混凝土面、抹灰面不大于8%，木制板面不大于10%。

7.5.2 涂料饰面
所有油漆及底层材料均要环保产品。

7.5.3 油漆工程
所有油漆及底层材料均要环保产品。

7.6 玻璃工程
防火耐火等级：应符合《建筑内部装修设计防火规范》GB 50222—2017 3.3.1、3.4.1、3.4.2的规定。

7.6.1 材料
玻璃及镜子均要选用一级品。

7.6.2 制作工艺及安装
准确地把所有玻璃切割则成为适当的尺寸。安装槽要清洁、没有任何灰和其他有害物质，所有螺丝或其他固定部件都不能在墙中突出来。所有框架的调整要在安装玻璃之前进行，所有封密制在完工时要清洁、平整。玻璃工程应在正和正金件完工后上金件完件交钉玻璃以及框。扁钢正面金件须正好安装钢化玻璃调时，应用涂料前进行。楼梯间和扶梯间的围护于结构钢化玻璃时，应用卡紧螺丝或压条镶板固定。应玻璃橡胶垫牢固。
安装玻璃隔断时，隔断上框的顶面应留有适当的缝隙，以防止结构变形、损坏玻璃。
安装玻璃的玻璃的磨砂或要求的磨砂面应向室内。

7.6.3 清洗及修整
完工后玻璃工程，表面应洁净，不得留有油灰、浆水、密封膏、针孔、尖角或不平直的边缘、涂料等痕迹并不得有利痕。无破环松的玻璃和其他装配材料。
完工之前损环打碎的玻璃须立即更换。更换在室内装修和实际完工之前损环打碎的玻璃和其他装配材料。

7.6.4 玻璃的基本要求
(1) 浮玻璃的厚度最小为10~12mm。它们必须能够被受所定2.5kPa风压或吸收。
(2) 玻璃必须刚及温度差应力和规定差曲的产品质量。
(3) 用作玻璃门和栏杆之透明钢化玻璃所须的产品质量。
(4) 玻璃必须磨边完整、无破环松的伤痕、无破坏不平直的边缘。
(5) 当受到当地天气的影响，玻璃必须保证不会产生过大的温度差应力及引致破裂。

某住宅标准化装修设计

研发部门	XX 集团总师室 (设计)	研发编号	FX-CXXX-SXXX(20XX-X)	产品名称	XX住宅	图纸名称	施工设计说明[2]

专 业　装饰
图纸编号　DN.02
设计阶段　初步设计
日 期　20XX-XX

3

建筑内部装饰装修设计及施工说明 [3]

7.7 饰棚工程

提交与图纸所示和工程清单中的材料符合的成样，以设计师提供的或承建商推荐筹建认可的作为本工程的标准。其中饰棚的质地应符合国家现行标准的规定。

7.7.1 准备

(1) 施工前，应将基体及基层表面清理干净，出去浮浆、油渍等；已上满涂一净，突出基层或表面的活筑附件前下，钉眼进入基层表面，并涂防锈涂料。

(2) 基体或基层的含水率：混凝土和抹灰不得大于8%，木材制品不得大于12%。

7.7.2 工艺

胶水应为环保产品。

7.8 金属覆盖板工程

7.8.1 材料

提供金属饰面板的成样，指明其品种、质地、颜色、花型、线条、产地，并具有产品合格证。所有材料均应是最好的，并且安装结实、牢固，无卷曲。

7.8.2 安装

(1) 承建商可以用较2mm更厚的材料去满足规格及要求。平板可以折叠压成以其他办法达到图示的要求。

(2) 金属板必须以承本身的荷载，而不会产生噪声或表面凹陷等。

(3) 所有铁质或钢质材料的规格、形状应符合规范并进行除锈防锈处理。

(4) 板材采用冷轧钢、不锈钢、铝质等，以防止任何水气或氢气的侵蚀、避免金属的锈蚀。

(5) 保温材料应与安装基层有适当衬垫，搭接长度不得有透缝现象，抽芯铝钉间距应控制在100～150mm为宜。保温材料密度应符合设计要求，并应填塞饱满，不留空隙。

7.9 五金器具及安装工程

7.9.1 材料

提供和安装所有五金器具。这包括托架、窗帘轨、螺母、垫圈、螺钉、铁钉、铰链、门铰、磁碰、闭门器、门框角棒架、路轨、活动层板和支撑铁件等。所有五金器具必须以防止生锈材料制，规格最高之材料，任何缝隙都必须筹建及设计师同意。所有安装所需的螺母和五金器具要配相应的螺栓，螺钉，并应符合规范要求。

7.9.2 完成

在完成工作所有金属器具的应擦油。清洗、磨光和可以擦作，所有铜锭必须清洁地贴上标签。卫生纸巾架卫架等，卫生间收头处理的胶需要与材料一样颜色，宽度2mm。承建商应负责安装所有的毛收材料，上波签、托架、上油漆、使其间边物料相同，倒有外露之螺母和五金器具要用橡胶或塑料垫圈，以避免螺钉触任何接触表面。

8. 补充说明

8.1 所有风口由专业厂商定制，为隐蔽式铝合金喷嘴。

8.2 所有抹浴间浴缸旁的卫生间台面处的预留孔的雾浴电瓶。

8.3 所有墙地砖与石材必要用与材料一样颜色的填缝剂。所有卫生间收头处理的胶需与材料一样颜色，宽度2mm。

8.4 《室内装饰装修材料人造板及其制品中甲醛释放限量》GB 18580—2017 《室内装饰装修材料溶剂型木器涂料中有害物质限量》GB 18581—2009 《室内装饰装修材料内墙涂料中有害物质限量》GB 18582—2008 《室内装饰装修材料胶粘剂中有害物质限量》GB 18583—2008 10项强制性国家标准。具体如下：

《室内装饰装修材料木家具中有害物质限量》GB 18584—2001
《室内装饰装修材料壁纸中有害物质限量》GB 18585—2001
《室内装饰装修材料聚氯乙烯卷材地板中有害物质限量》GB 18586—2001
《室内装饰装修材料地毯、地毯衬垫及地毯用胶粘剂中有害物质释放限量》GB 18587—2001
《混凝土外加剂中释放氨的限量》GB 18588—2001
《建筑材料放射性核素限量》GB 6566—2010

9. 主要用材防火等级表

如某些空间有防火要求，请按如下等级施作：

材料	防火等级	使用区域
大理石	A	墙面、地面
墙地砖	A	墙面、地面
木地板	B1	地面
纸面石膏板	B1	顶面、墙面
木饰面	B1	墙面、固定家具
油漆	A	墙面、固定家具
墙纸	B1	墙面
窗帘	B1	墙面
不锈钢	A	墙面
软包	B1	墙面
铝板	A	顶面
玻璃	A	墙面
镜子	A	墙面

注：本工程所有材料应使用绿色环保材料，应符合国家相关规定。大理石放射性应使用绿色放射性气体如氡气等性应低于国家相关规定。涂料、油漆中甲醛含量应应低于国家相关规定。

研发部门	研发编号	产品名称	图纸名称	专业	装饰
XX集团总师室（设计）	FX-CXXX-SXXX(20XX-X)	XX住宅	施工设计说明[3]	图纸编号	DN.03
				设计阶段	初步设计
				日期	20XX-XX

某住宅标准化装修设计

材料表

房间名称\部位	地面	墙面	顶棚	踢脚	门/门套	窗台板/台面板	备注
客厅	WD-01	WD-02/WP-01/ST-02	PT-01	WD-02	WD-02	ST-02	
餐厅	WD-01	WD-02/WP-01	PT-01	WD-02	WD-02/GL-02		
连道	WD-01	WD-02/WP-01/GL-03	PT-01	WD-02	WD-02	ST-02	
主卧	WD-01	WD-02/WP-01/ST-02	PT-01	WD-02	WD-02	ST-02	
次卧1	WD-01	WD-02/WP-03	PT-01	WD-02	WD-02		
次卧2	WD-01	WD-02/WP-04	PT-01	WD-02	WD-02	ST-02	
书房	WD-01	WD-02/WP-02	PT-01	WD-02	WD-02	ST-02	
厨房	CT-02	CT-02/MT-01	MT-02		WD-02	ST-05	
主卫生间	ST-01/ST-03	CT-01/GL-03/ST-03/WD-03	MT-02		WD-02	ST-04	
客卫生间	ST-01/ST-03 CT-04/CT-05	CT-01/GL-01/GL-03/WD-03/ST-01	MT-02		WD-02	ST-04	
更衣间	WD-01	WD-01/WP-01	PT-01	WD-02	WD-02		
阳台	CT-03		PT-02				

材料索引表

材料编号	材料名称
ST-01	咔哑咔大理石（卫生间围边及淋浴房挡水条）
ST-02	爵士白大理石（窗台板）
ST-03	路易米黄大理石（卫生间地面）
ST-04	米白洞石（卫生间台面）
ST-05	厨房橱柜台面板（人造石）
WD-01	木地板
WD-02	木饰面白色喷漆
WD-03	木饰面
CT-01	仿木纹石瓷化砖（卫生间墙面）
CT-02	米白色玻化砖（厨房墙、地面）
CT-03	300×300防滑地砖（阳台地面）
CT-04	米黄玻化砖（卫生间地坪）
CT-05	咖啡色化砖（卫生间地坪围边）
GL-01	10mm钢化清玻璃
GL-02	艺术玻璃（厨房门）
GL-03	清镜
PT-01	白色乳胶漆
PT-02	防水乳胶漆
MT-01	不锈钢
MT-02	300×300白色铝板
WP-01	墙纸（米白色）
WP-02	墙纸（书房）
WP-03	墙纸（次卧室1）
WP-04	墙纸（次卧室2）

某住宅标准化装修设计

研发部门	XX集团总师室（设计）	研发编号	FX-CXXX-SXXX(20XX-X)
产品名称	XX住宅	图纸名称	材料表

专业	装饰
图纸编号	MA.01
设计阶段	初步设计
日期	20XX-XX

某住宅标准化装修设计

研发部门	XX集团总师室（设计）	研发编号	FX-CPXX-SXXX(20XX-X)	产品名称	XX住宅	图纸名称	平面布置图	专业	装饰
图纸编号	FF.01
设计阶段	初步设计
日期	20XX-XX

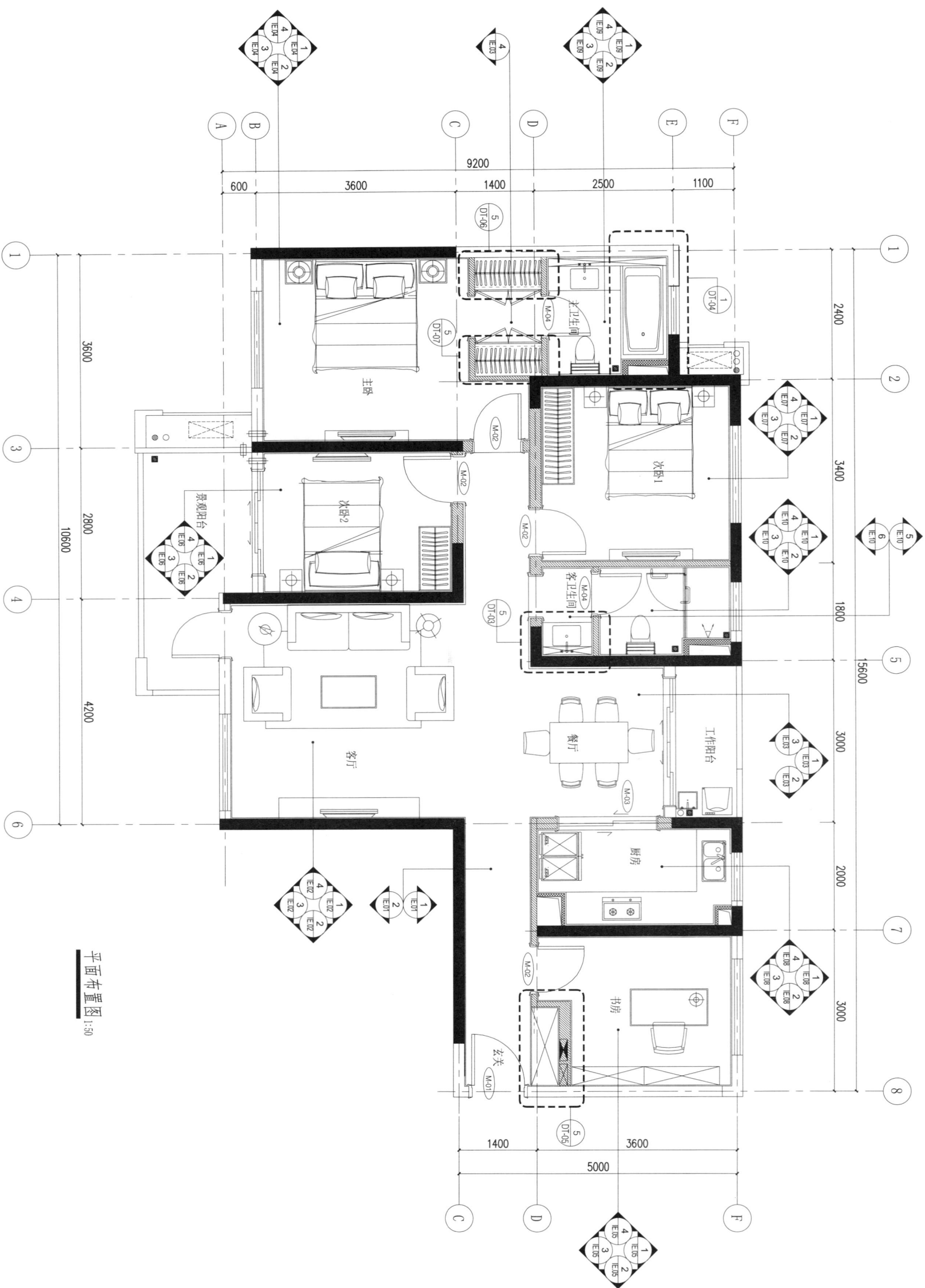

平面布置图 1:30

主卧

次卧1

次卧2

景观阳台

客卫生间

客厅

餐厅

工作阳台

厨房

书房

玄关

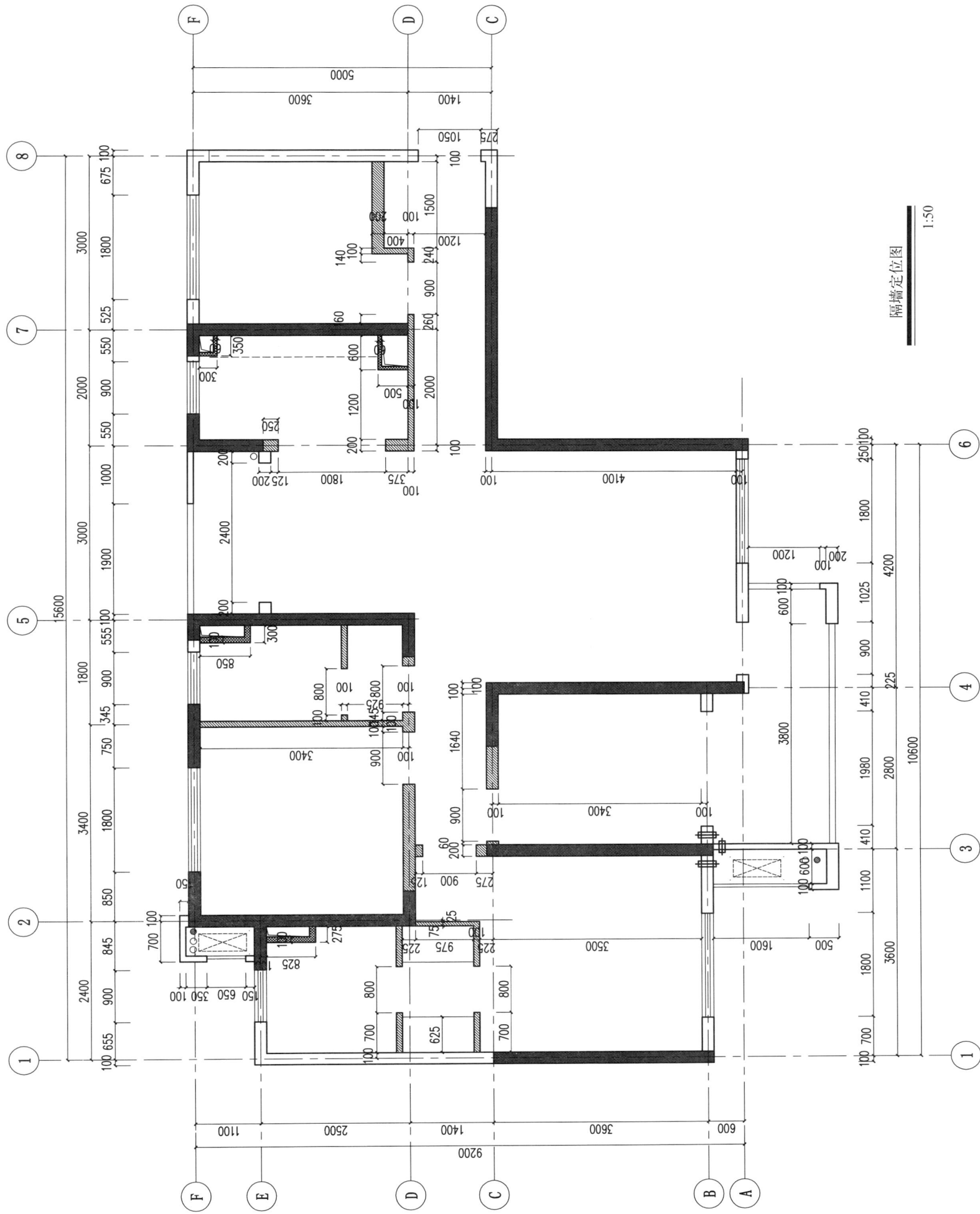

隔墙定位图
1:50

某住宅标准化装修设计

| 原建筑砌块墙 |
| 原建筑剪力墙 |
| 60mm厚专用管井墙体 |
| 100、200mm厚轻质砌块墙（卫生间同砖砌隔墙下沿须做200mm高混凝土导墙，墙面内做防水层） |

研发部门	研发编号	产品名称	图纸名称	专 业	装 饰
XX集团总师室(设计)	FX-CXXX-SXXX (20XX-X)	XX住宅	隔墙定位图	图纸编号	AR.01
				设计阶段	初步设计
				日 期	20XX-XX

7

某住宅标准化装修设计

研发部门	XX集团总师室(设计)
研发编号	FX-CXXX-SXXX(20XX-X)
产品名称	XX住宅
图纸名称	地坪布置图

专业	装饰
图纸编号	FC.01
设计阶段	初步设计
日期	20XX-XX

地坪布置图 1:50

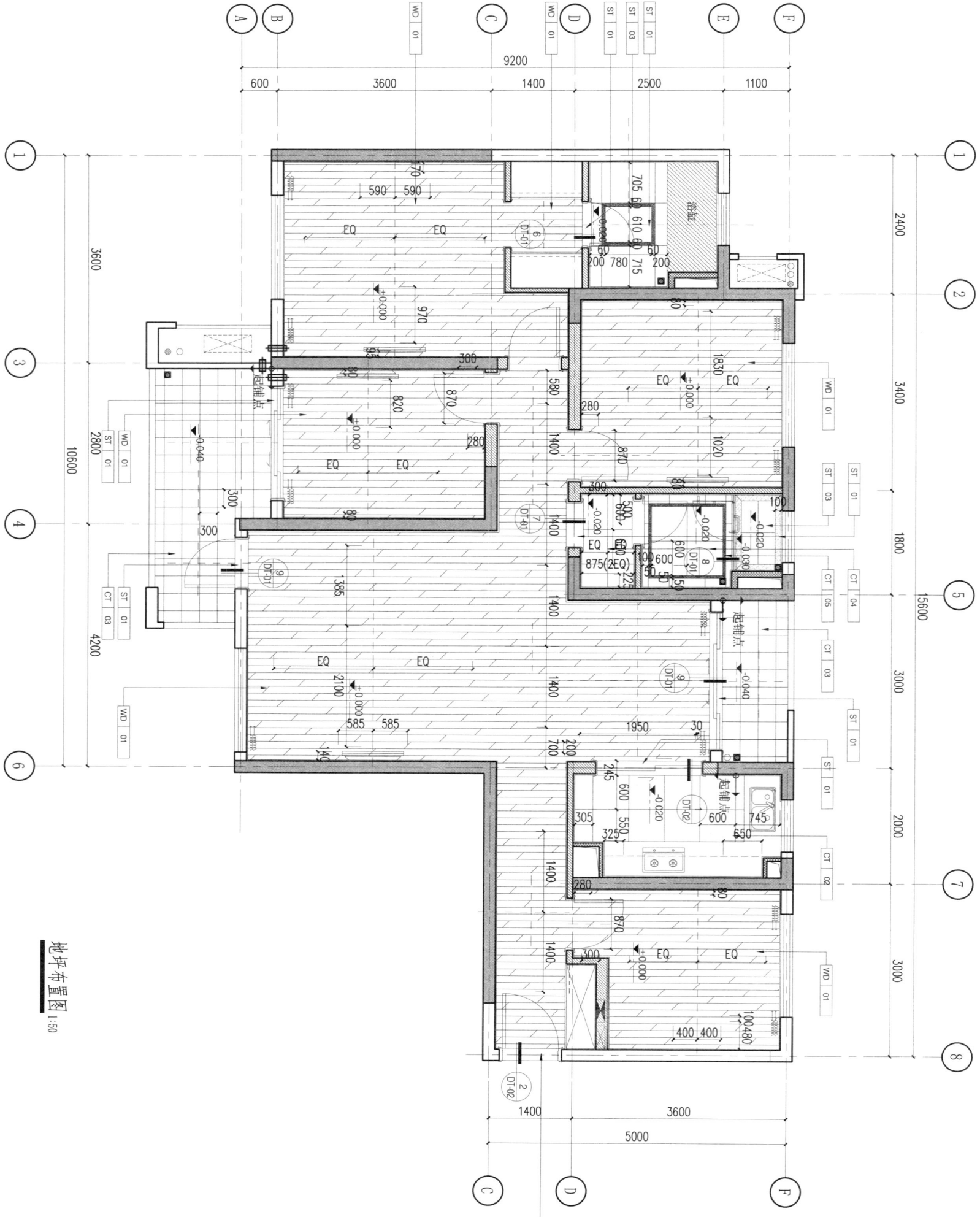

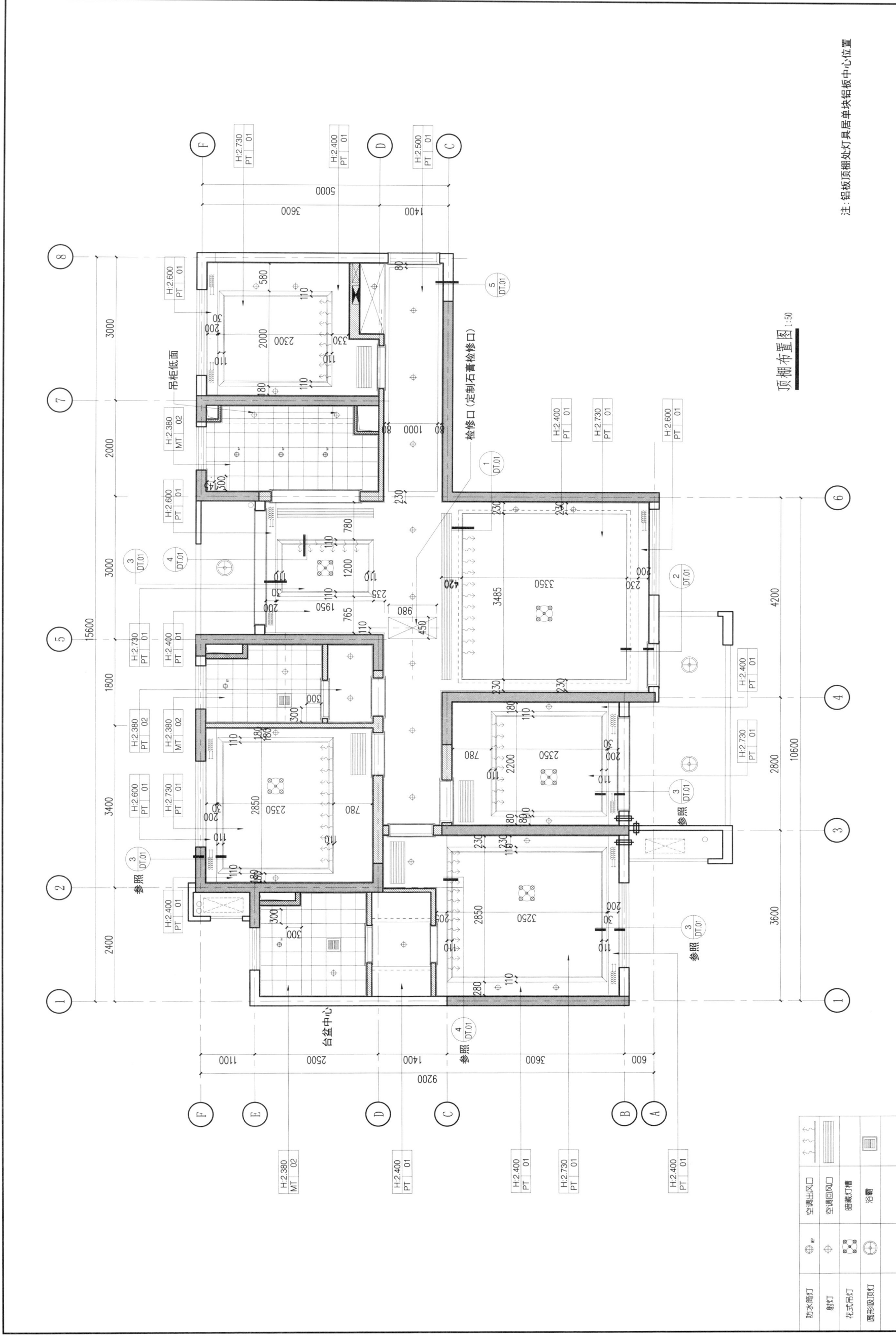

顶棚布置图 1:50

注：铝板顶棚处灯具居单块铝板中心位置

研发部门	研发编号	产品名称	图纸名称	专 业	装饰
XX集团总师室(设计)	FX-CXXX-SXXX(20XX-X)	XX住宅	顶棚布置图	图纸编号	RC.01
				设计阶段	初步设计
				日 期	20XX-XX

某住宅标准化装修设计

9

某住宅标准化装修设计

研发部门	XX集团总师室(设计)			
研发编号	FX-CPXX-SXXX(20XX-X)			
产品名称	XX住宅			
图纸名称	顶棚灯具尺寸定位图			
专业	装饰
图纸编号	RC.02
设计阶段	初步设计
日期	20XX-XX

防水筒灯
射灯
花头吊灯
圆形吸顶灯
空调出风口
空调回风口
暗藏灯槽
浴霸

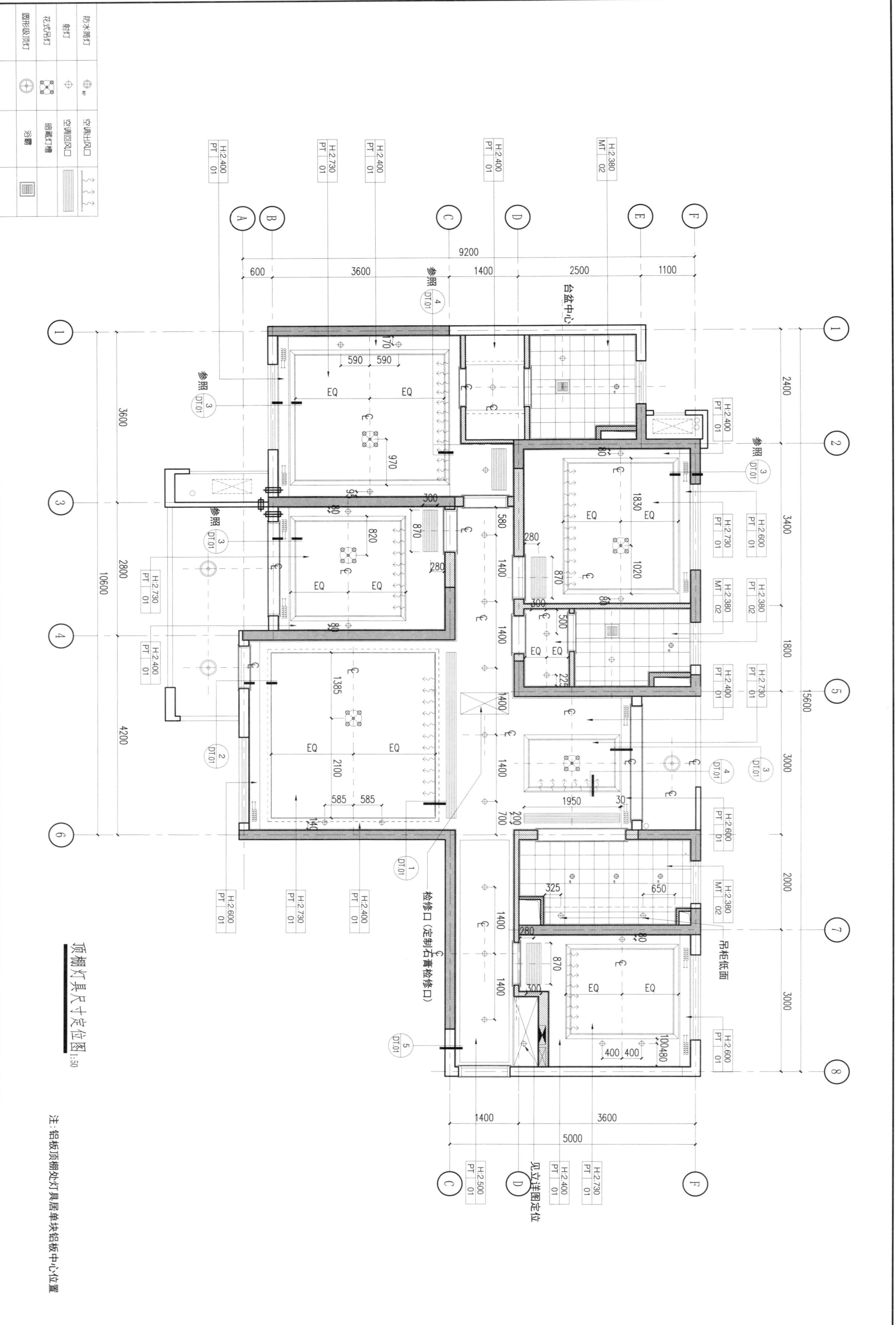

顶棚灯具尺寸定位图 1:30

注: 铝板顶棚处灯具居单块铝板中心位置

图例:
EQ
台盆中心
参照 DT.01
检修口(定制石膏检修口)
见立详图单块定位
吊柜底面

H:2.400 PT.01
H:2.730 PT.01
H:2.380 MT.02
H:2.600 PT.01
H:2.500 PT.01

尺寸标注: 9200 600 3600 1400 2500 1100
2400 3400 1800 3000 2000 3000 15600
3600 2800 10600 4200
5000 1400 3600
590 590 970 820 870 280 580 300
1830 1020 870 1385 2100 585 585
1950 30 325 650 400 400 1004 80
280 500 225 700

某住宅标准化装修设计

100、200厚轻质隔墙端

机电点位图 1:50

上部标注：

- 上 备用插座／备用插座
- 微波炉插座 H=2000
- 消毒柜插座 H=500
- 电灶插座 H=2000
- 脱排插座
- 备用插座 H=1250

- 上 空调恒温器
- 下 房间射灯开关 H=1300

- 备用插座 H=300
- 衣柜灯接线盒
- 装饰柜射灯开关 H=1800
- 装饰柜射灯 H=1000

- 餐厅吊灯开关
- 空调恒温器
- 空调插座 H=1300

- 冰箱插座 H=1250

- 左 可视对讲
- 右 走道射灯
- 上 音响插座
- 下 应急按钮 H=300
- 电话+网络插孔
- 备用插座 H=300

- 左 电脑插座／台灯插座
- 右 电话+网络插孔 H=300

- 左 客厅吊灯及射灯及灯带开关
- 走道射灯及客厅射灯开关 H=1300

- 上 备用插座／机顶盒插座／电视机插座／双口网络插孔／有线电视插孔
- 下 音响插座 H=300

- 上 电视机插座／走线盒／双口网络插孔／有线电视插孔
- 下 备用插座 H=950

左侧标注：

- 热水器插座 H=1250
- 粉碎机开关 H=1250
- 粉碎机插座 H=500

- 厨房灯开关及吊柜射灯开关 H=1250
- 洗衣机插座 上
- 阳台灯开关 下 H=1300
- 备用插座 H=300

- 卫洗丽插座 H=300
- 左 防雾筒灯
- 右 卫洗丽射灯开关 及灯带插座 H=1300
- 备用插座 H=300

- 备用插座 左
- 右 电话+网络插孔
- 备用插座 H=300

- 电视机插座／电视网络插孔
- 双口网络插孔
- 有线电视插孔 H=950
- 空调恒温器

- 卫洗丽射灯开关 H=1300
- 左 备用插座 H=650
- 备用插座 H=300
- 台灯插座
- 卧室射灯开关 H=1300
- 防雾筒灯／灯带开关

底部标注：

- 卧室射灯开关 上
- 备用插座 H=300
- 卧室射灯开关 H=1300
- 备用插座 H=300
- 浴霸开关
- 台灯插座 H=1300
- 防雾筒灯

- 走道射灯开关 H=1300
- 应急按钮 H=650

- 电话+网络插孔 上
- 台灯插座 H=650
- 卫洗丽插座 下 H=300
- 备用插座 H=300

- 房间射灯开关 H=1300
- 空调恒温器 上
- 备用插座 H=300
- 电视机网络插孔
- 走线盒
- 双口网络插孔
- 有线电视插孔 H=950

- 衣柜灯接线盒 H=1800
- 走道射灯开关 上
- 空调恒温器 H=1300
- 有线电视插孔 上
- 电话+网络插孔 下
- 台灯插座 H=650

- 有线电视插孔 上
- 双口网络插孔
- 电视机插座 下 H=950

图例：

- 可视对讲
- 浴霸开关
- 走线盒（穿线管）
- 有线电视
- 电话+网络
- 双口网络
- 防雾射灯
- 地漏控制面板
- 应急按钮
- 空调控制面板
- 安全型插座
- 单相10A三孔暗装开关
- 单相10A二、三极暗装开关
- 单相16A二、三极暗装开关
- 强电／弱电
- 双联双控大翘板照明开关
- 三联单控大翘板照明开关
- 中联、双联、三联单控大翘板照明开关
- 粉碎机开关
- 单相双控大翘板照明开关
- 弱电箱
- 强电箱
- 等电位箱 LEB
- 配电箱
- 强电盒

标高标注（部分）： 1045、95、1375、195、1060、1400、945、295、150、1850、1095、870、2105、1615、1400、9595、595、575 等

题栏

专业	装饰
图纸编号	EM.01
设计阶段	初步设计
日 期	20XX-XX

图纸名称：机电点位图

产品名称：XX住宅

研发编号：FX-CPXXX-SX (20XX-X)

研发部门：XX集团总师室（设计）

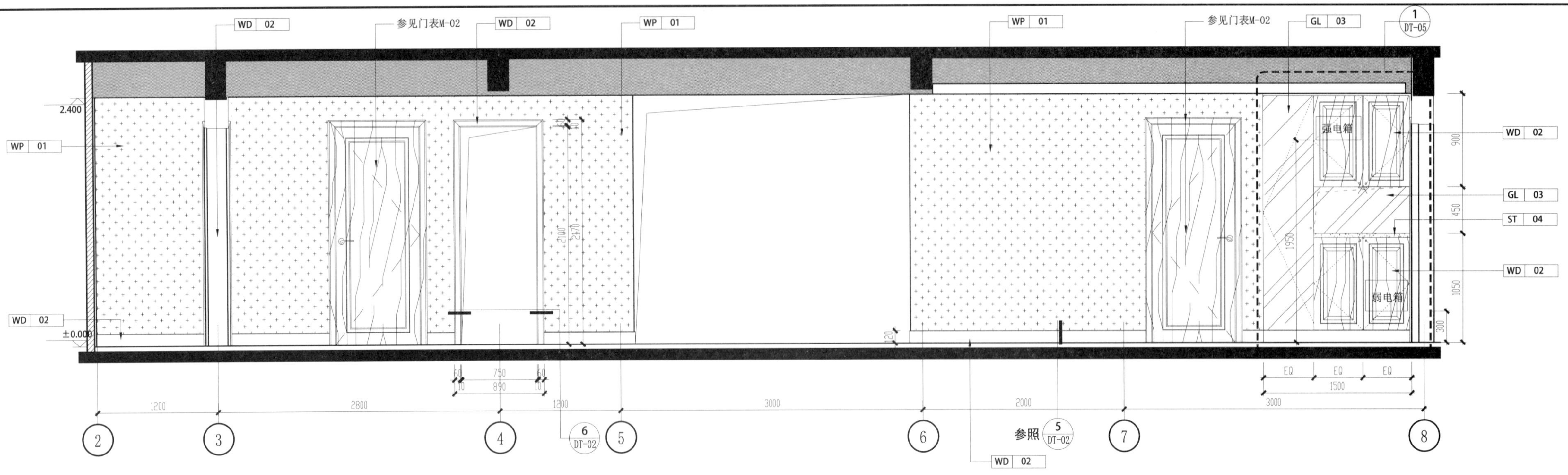

1 FF.01 走道/玄关立面图 Details SCALE: 1:30

2 FF.01 走道/玄关立面图 Details SCALE: 1:30

	可视对讲		电话+网络		应急按钮		单相10A/二、三极带开关安全型插座		单相16A/三极带开关安全型插座		LEB	等电位箱
	浴霸开关		双口网络		空调控制面板		单相10A/三极安全型插座		单联(单控/双控)开关			粉碎机开关
	走线盒(走视频线)		音响插座		单相10A/二、三极安全型插座		单相10A/三极防溅带开关安全型插座		双联(单控/双控)开关			
	有线电视		地暖控制面板		单相10A/二、三极防溅安全型插座		单相16A/三极安全型插座		三联(单控/双控)开关			

某住宅标准化装修设计	研发部门	研发编号	产品名称	图纸名称	专业	装饰
	XX集团总师室(设计)	FX-CXXX-SXXX(20XX-X)	XX住宅	走道/玄关立面图	图纸编号	IE.01
					设计阶段	初步设计
					日期	20XX-XX

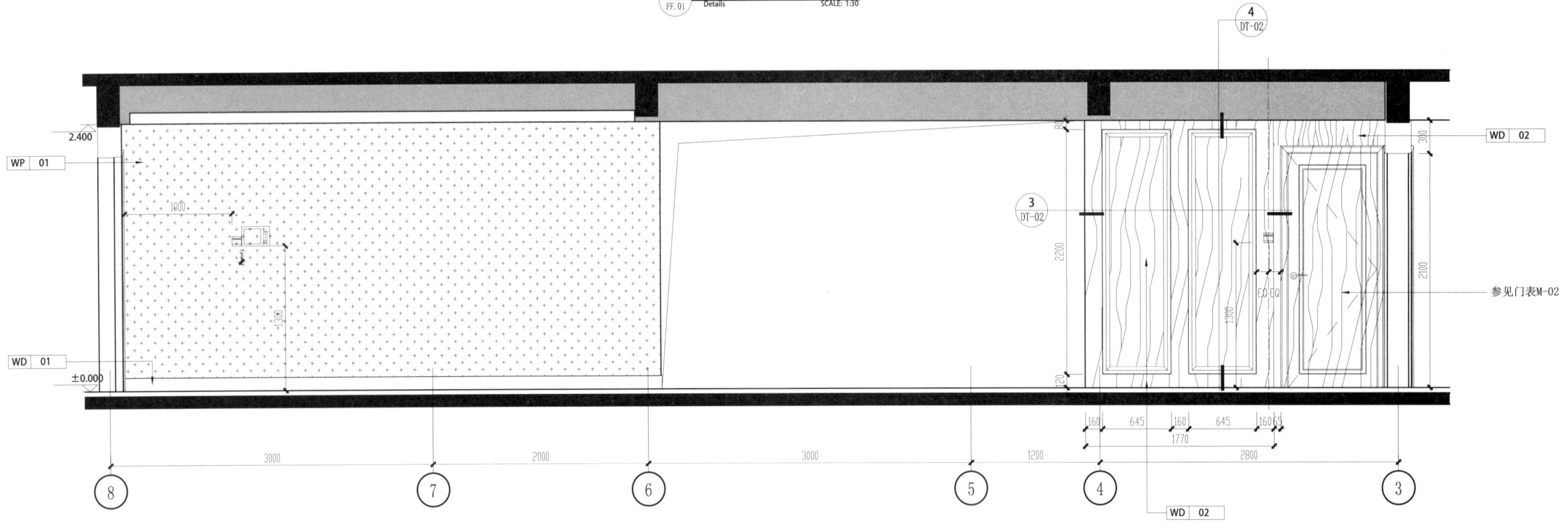

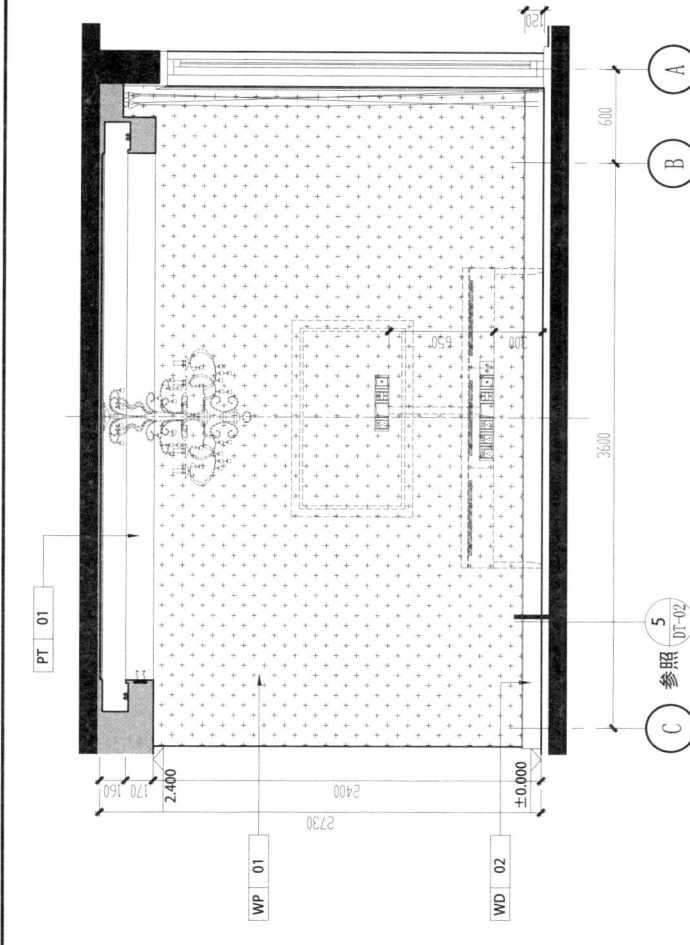

客厅立面图
Details

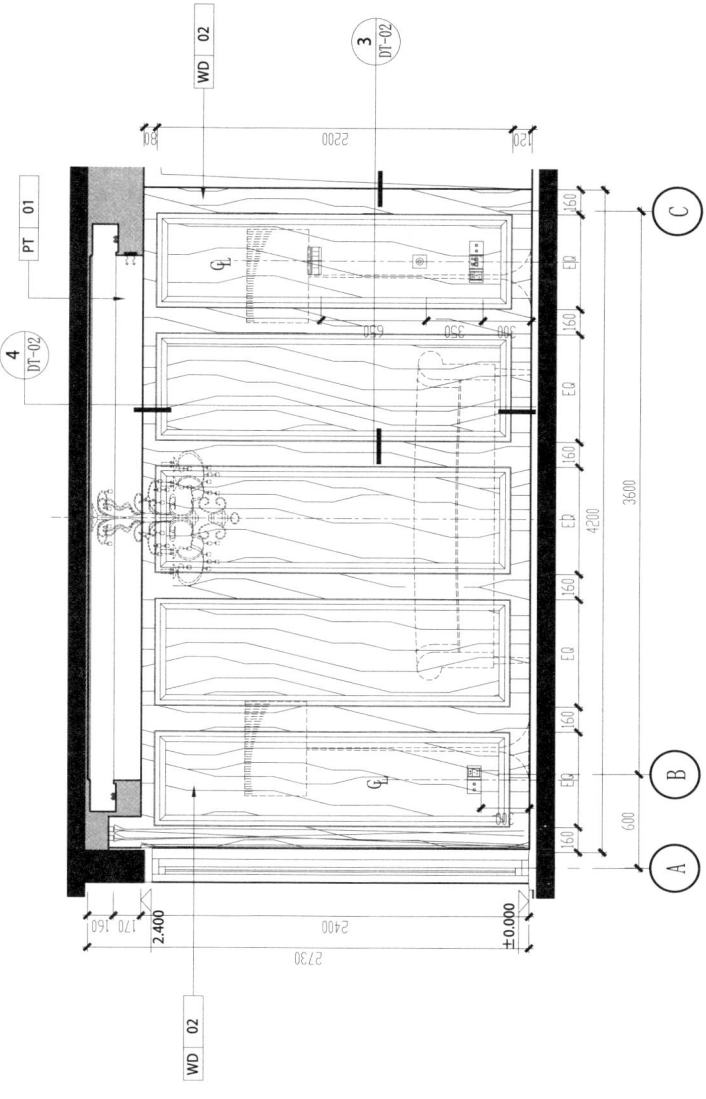

客厅立面图
Details

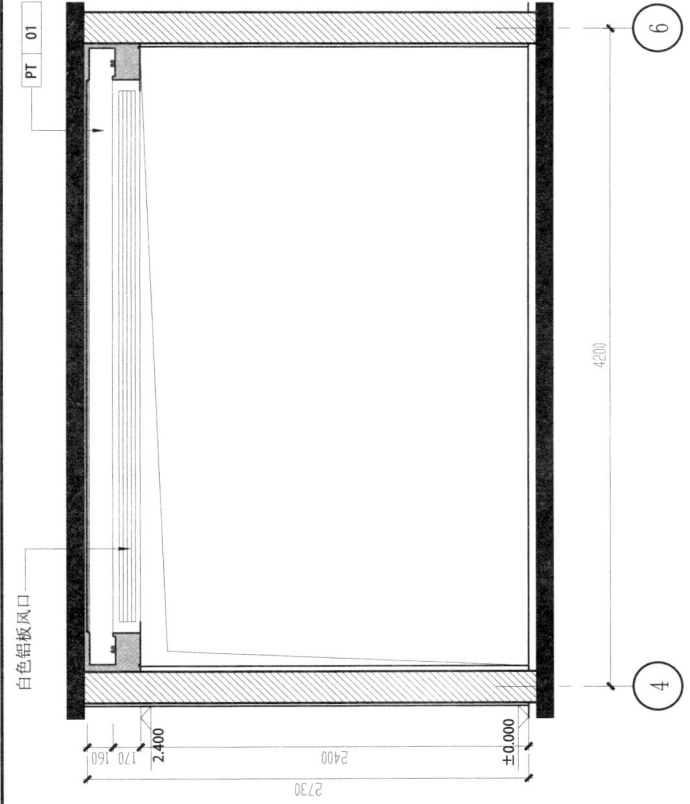

客厅立面图
Details

客厅立面图
Details

可视对讲		电话+网络		应急按钮		等电位箱		装 饰	IE.02
浴霸开关		双口网络		空调控制面板		粉碎机开关			
走线盒(走线桥架)		单相10A/二、三级 安全型插座		单相10A/二、三级 安全型插座		单相16A/三级等开关 安全型插座			
有线电视		首响插座		单相10A/二、三级防溅等开关		双联(单控/双控)开关			
		地暖控制面板		单相16A/三级 安全型插座		三联(单控/双控)开关		图纸编号	
				单相10A/二、三级防溅 安全型插座				设计阶段	初步设计
								日 期	20XX-XX

某住宅标准化装修设计

研发编号	FX-CXXX-SXXX(20XX-X)	产品名称	XX住宅
研发部门	XX集团总师室(设计)	图纸名称	客厅立面图
		专 业	

某住宅标准化装修设计

可视对讲	电话+网络	应急按钮
浴霸开关	双口网络	空调控制面板
走线盒(连电视视频线)	音响插座	单相10A/二三级安全型插座
有线电视	地暖控制面板	单相10A/三级安全型插座

单相16A/三级带开关安全型插座	单相10A/二三级带开关安全型插座	
单相16A/三级带开关安全型插座	单相10A/三级带开关安全型插座	单相16A/三级安全型插座
双联(单控/双控)开关	寒枝应眠	
三联(单控/双控)开关	粉碎机开关	LED

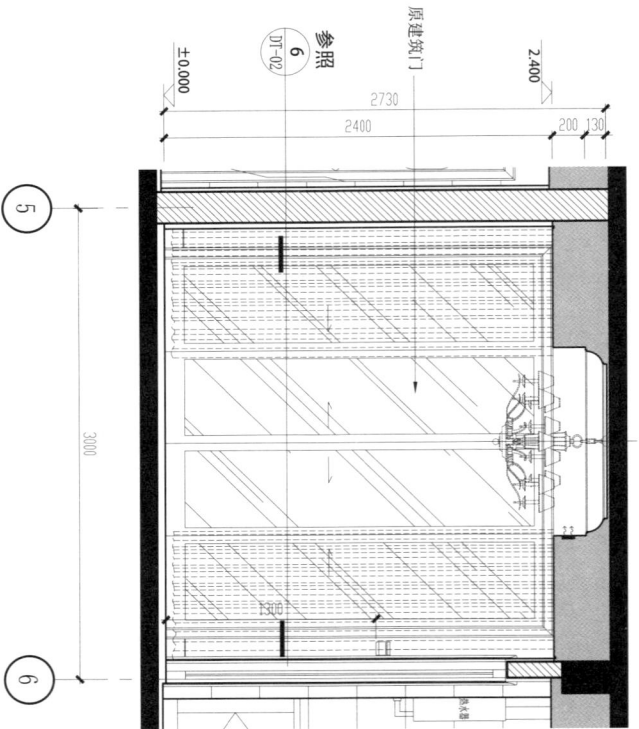

3 餐厅立面图 SCALE 1:30

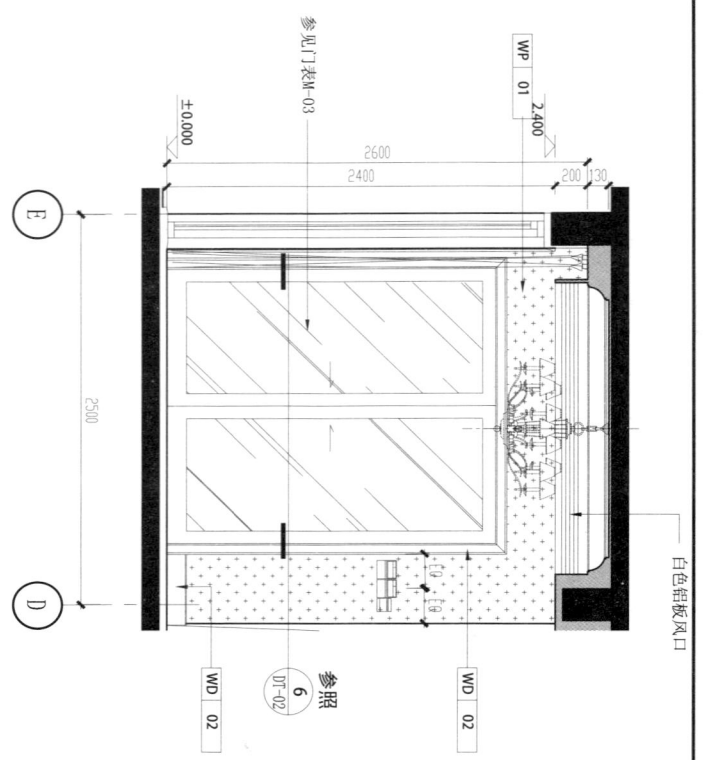

1 餐厅立面图 SCALE 1:30

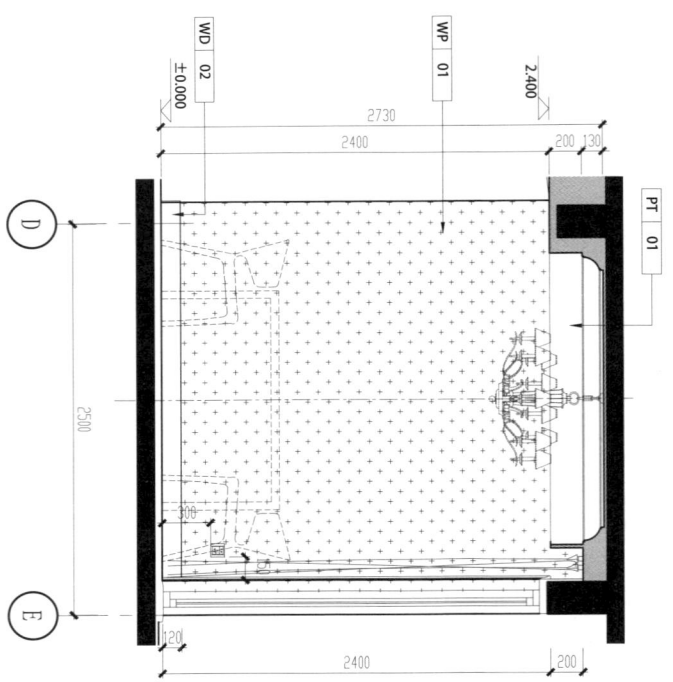

4 主卧更衣室立面图 SCALE 1:30

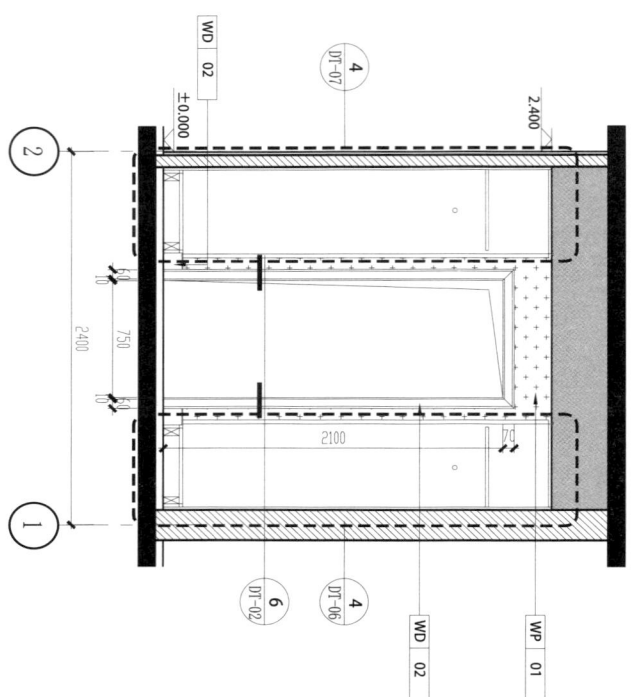

2 餐厅立面图 SCALE 1:30

研发部门	研发编号	产品名称	图纸名称	专业
XX集团总师室(设计)	FX-CXXX-SXXX(20XX-X)	XX住宅	餐厅/主卧更衣室立面图	装饰
			图纸编号	IE.03
			设计阶段	初步设计
			日期	20XX-XX

主卧立面图
SCALE 1:30

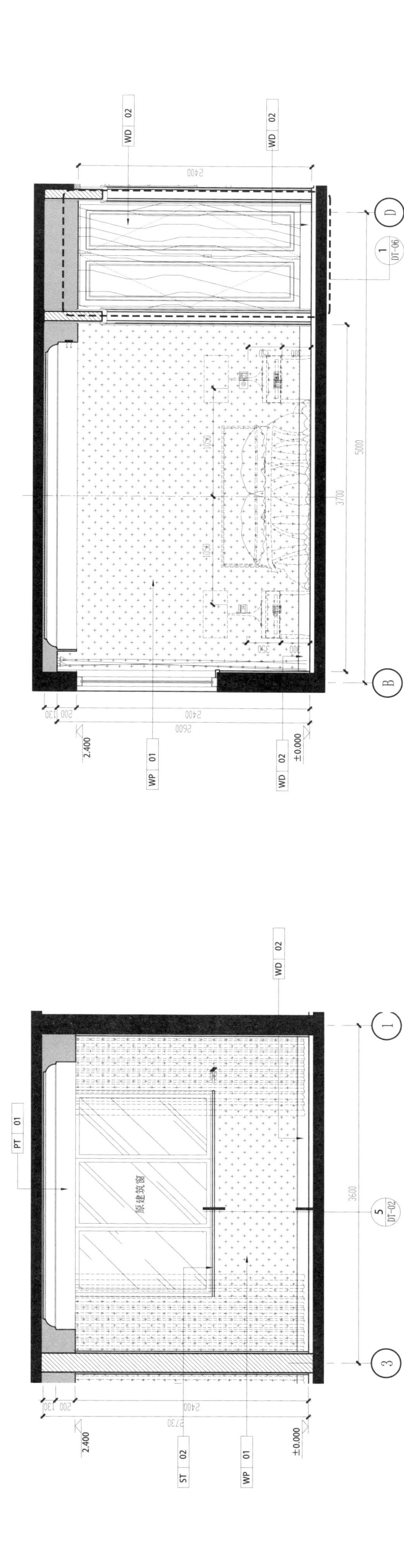

2
FF.01 Details

主卧立面图
SCALE 1:30

4
FF.01 Details

主卧立面图
SCALE 1:30

6
DT-02 Details

主卧立面图
SCALE 1:30

5
DT-02 Details

3
FF.01 Details

1
DT-06 Details

白色铝板风口

原建筑窗

参见门表M-02

某住宅标准化装修设计

可视对讲		电话+网络		应急按钮		等电位箱	
浴霸开关		双口网络		空调控制面板		防串机开关	
走线盒(连视频线缆)		音响插座		单相10A/一、三级 安全型插座		单联单控/双控开关	
有线电视		预留插座		单相10A/一、三级 安全型插座		双联单控/双控开关	
		地埋控制面板		单相10A/一、三级 满安全型插座		三联单控/双控开关	
				单相10A/一、三级带开 关安全型插座			
				单相10A/一、三级带开 关安全型插座			
				单相16A/三级 安全型插座			
				单相16A/三级带开关 安全型插座			
				单相16A/三级防溅带开 关安全型插座			

研发部门 XX集团总师室(设计) XX集团总师室(设计)

研发编号 FX-CXXX-SXXX(20XX-X)

产品名称 XX住宅

图纸名称 主卧立面图

专 业	装饰
图纸编号	IE.04
设计阶段	初步设计
日 期	20XX-XX

某住宅标准化装修设计

	研发部门	研发编号	FX-CXXX-SXXX(20XX-X)	产品名称	XX住宅	图纸名称	书房立面图

XX集团总师室(设计)

专业	装饰
图纸编号	IE.05
设计阶段	初步设计
日期	20XX-XX

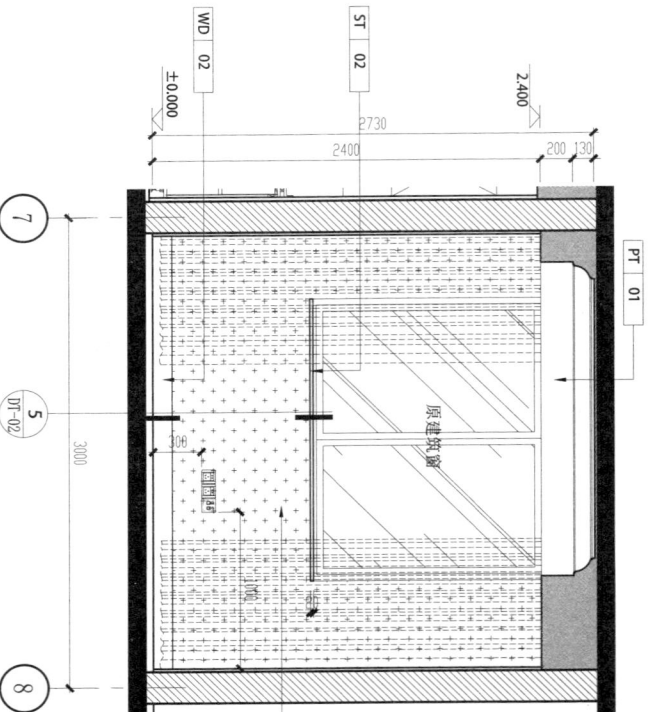

书房立面图 SCALE 1:30

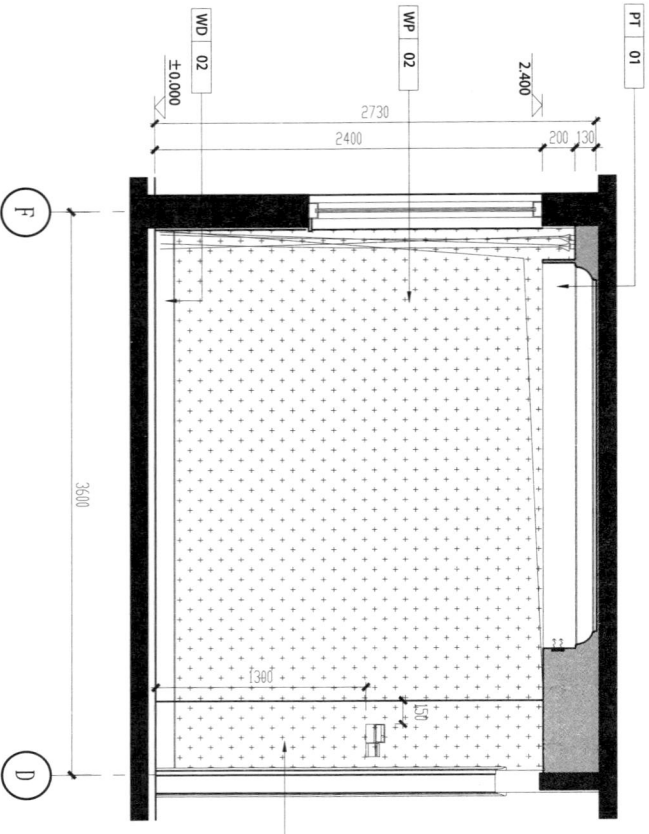

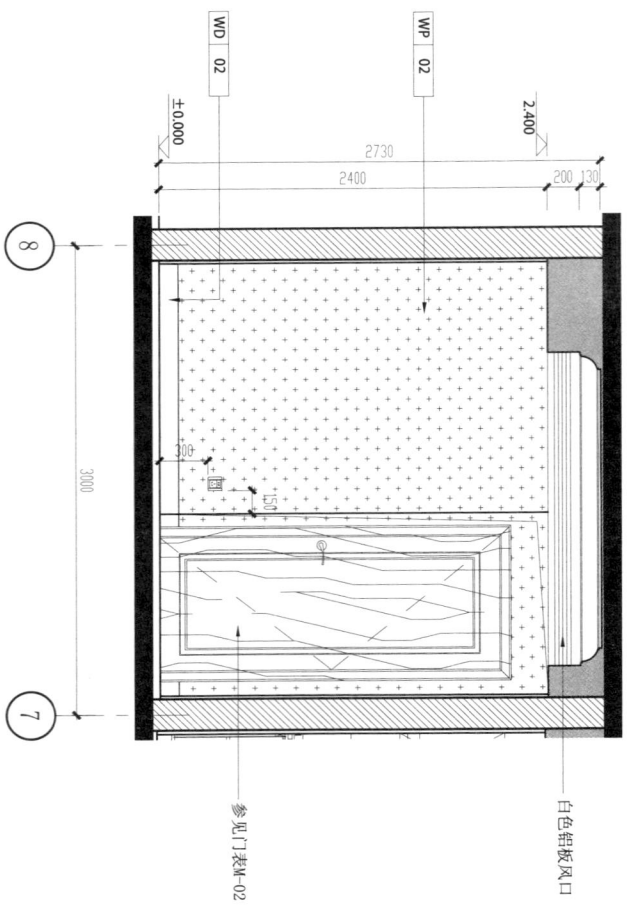

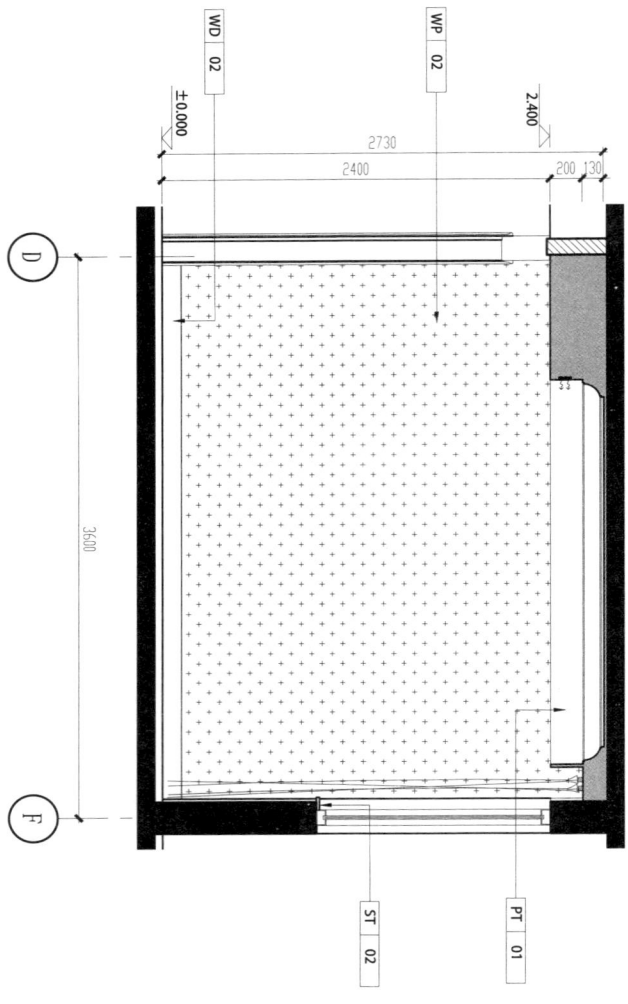

书房立面图 SCALE 1:30

书房立面图 SCALE 1:30

书房立面图 SCALE 1:30

图例说明:
可视对讲　电视+网络　单相10A/二三极带开关　单相16A/三极带开关 安全型插座
浴霸开关　双口网络　安全型插座　双联(单控/双控)开关
走线盒(连视频线)　空调控制板　单相10A/三极防溅保护开关　三联(单控/双控)开关
普通插座　应急疏散　单相10A/三极 安全型插座
有线电视　地暖控制面板　单相16A/三极 安全型插座　LED　粉碎机开关　等电位箱

白色铝板风口
参见门表H-02
原建筑窗

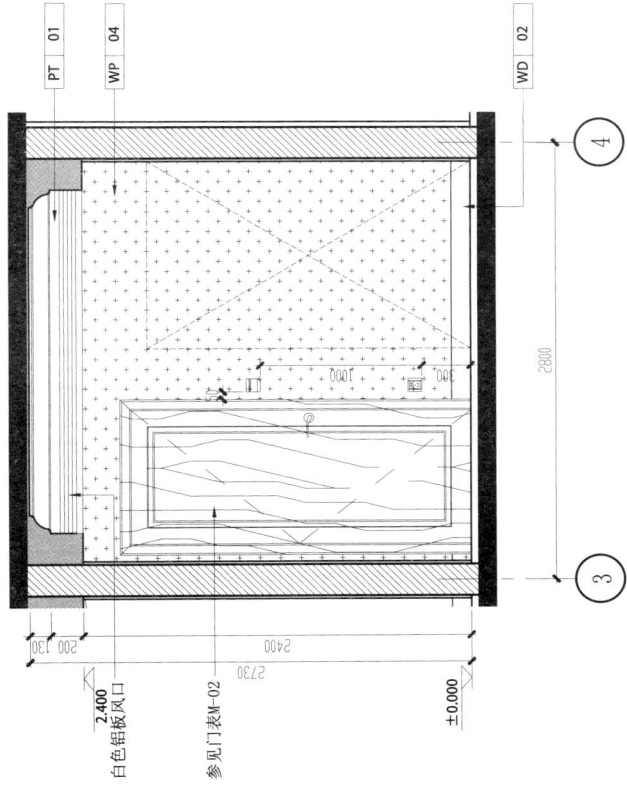

次卧2立面图
SCALE 1:30

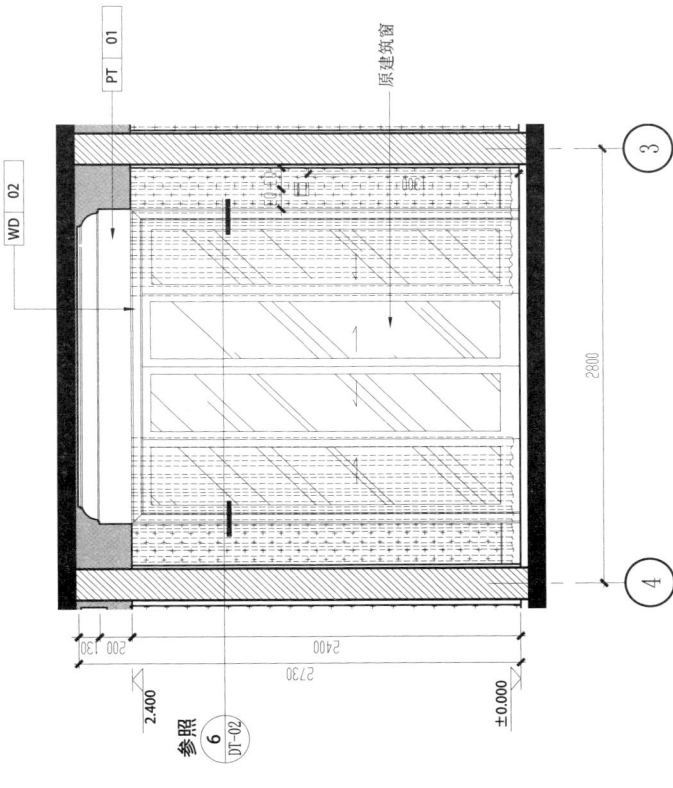

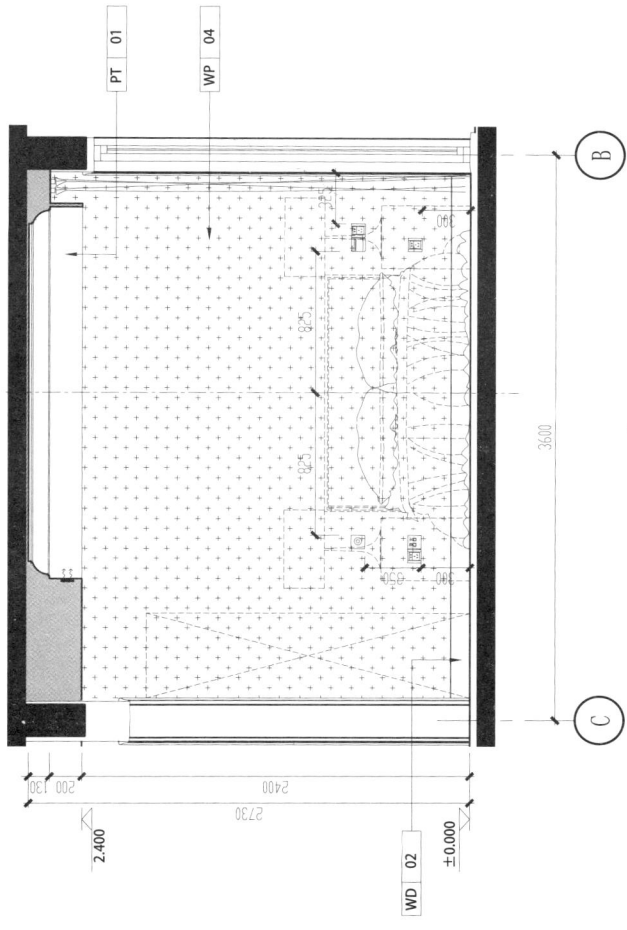

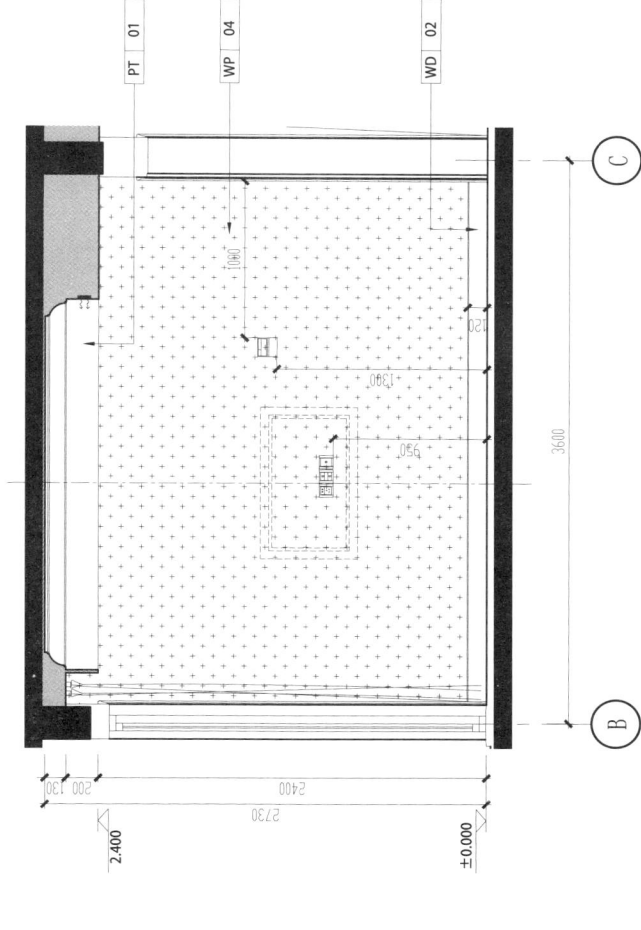

次卧2立面图
SCALE 1:30

次卧2立面图
SCALE 1:30

次卧2立面图
SCALE 1:30

PT 01
WP 04
WD 02

参见门表M-02
白色铝板风口
空调控制面板
应急按钮

原建筑窗

某住宅标准化装修设计

可视对讲		电话+网络		应急按钮	
浴霸开关		双口网络		空调控制面板	
走线盒(连视频线)		音箱插座			单相10A/二、三级带开关安全型插座
有线电视		地暖控制面板			单相10A/二、三级防溅安全型插座

研发部门　XX集团总师室(设计)

研发编号　FX-CXXX-SXXX(20XX-X)

产品名称　XX住宅

图纸名称　次卧2立面图

装饰

专业
图纸编号　IE.06
设计阶段　初步设计
日期　20XX-XX

	单相10A/二三级带开关安全型插座	罗	单相16A/三级带开关安全型插座		等电位箱
	单相10A/三级安全型插座		双联(单控/双控)开关	社LEB	粉碎机开关
	单相10A/二、三级防溅带开关安全型插座		三联(单控/双控)开关		
	单相16A/三级安全型插座				

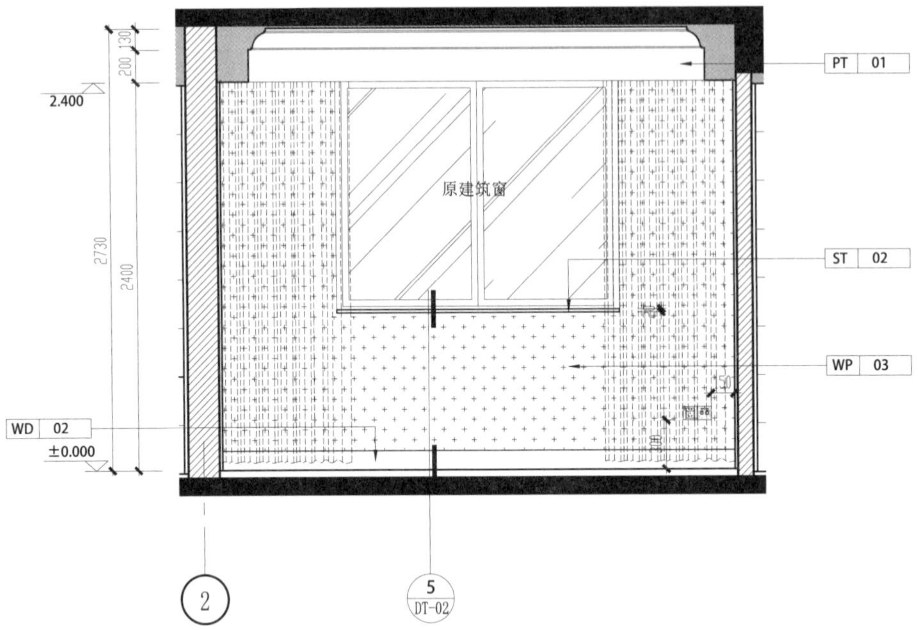

1 FF.01 次卧1立面图 Details SCALE: 1:30

2 FF.01 次卧1立面图 Details SCALE: 1:30

3 FF.01 次卧1立面图 Details SCALE: 1:30

4 FF.01 次卧1立面图 Details SCALE: 1:30

可视对讲	电话+网络	应急按钮	单相10A/二、三级带开关安全型插座	单相16A/三级带开关安全型插座	等电位箱
浴霸开关	双口网络	空调控制面板	单相10A/三级安全型插座	单联(单控/双控)开关	粉碎机开关
走线盒(走视频线)	音响插座	单相10A/二、三级安全型插座	单相10A/三级防溅带开关安全型插座	双联(单控/双控)开关	
有线电视	地暖控制面板	单相10A/二、三级防溅安全型插座	单相16A/三级安全型插座	三联(单控/双控)开关	

某住宅标准化装修设计	研发部门	研发编号	产品名称	图纸名称	专业	装饰
	XX集团总师室(设计)	FX-CXXX-SXXX(20XX-X)	XX住宅	次卧1立面图	图纸编号	IE.07
					设计阶段	初步设计
					日期	20XX-XX

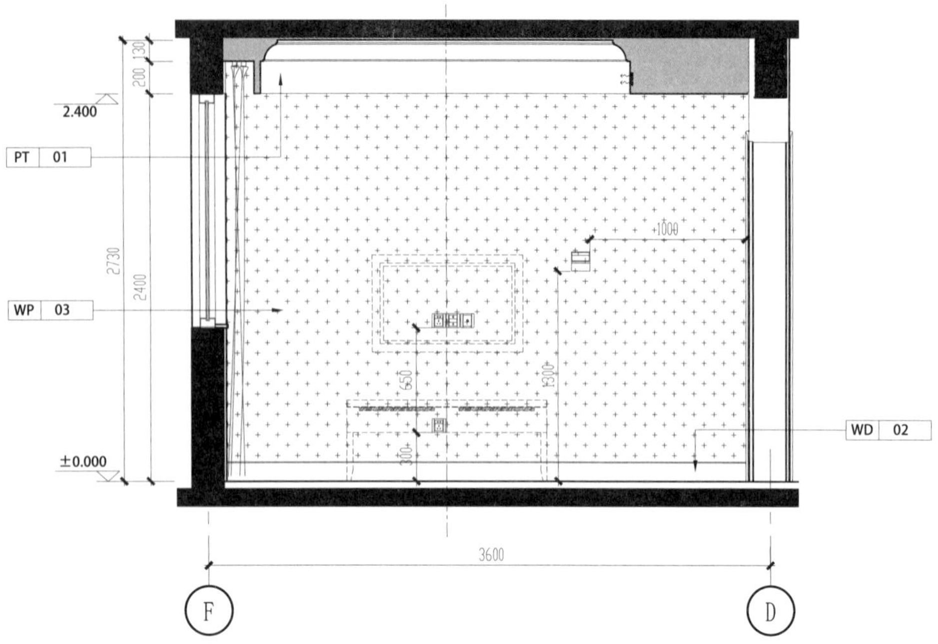

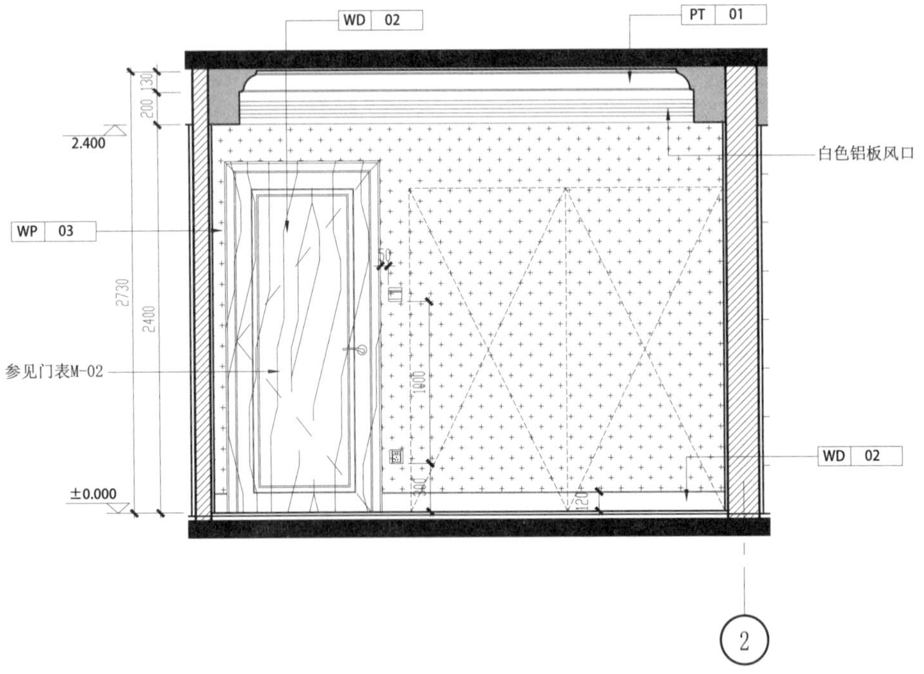

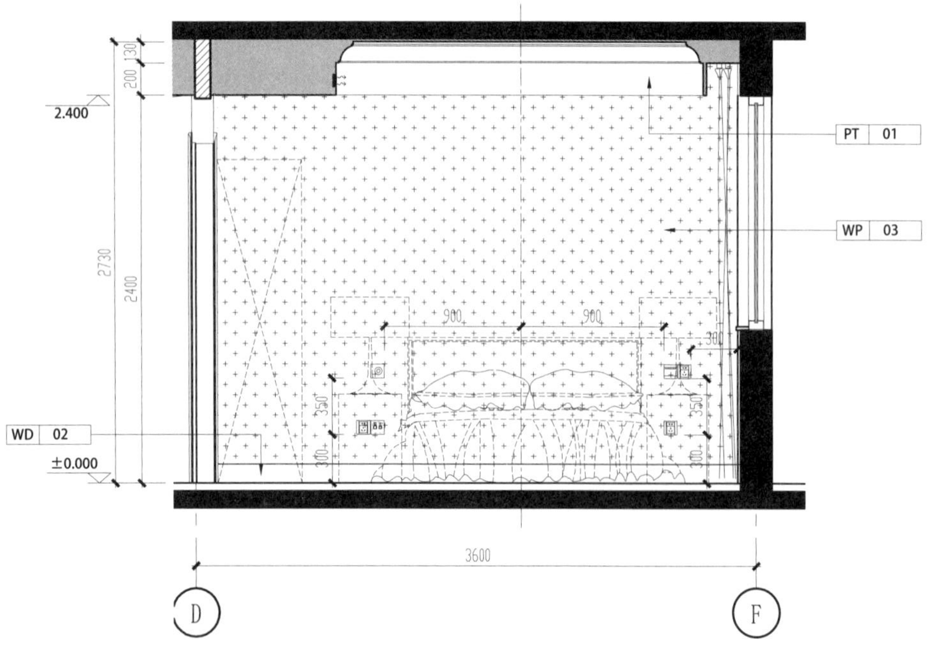

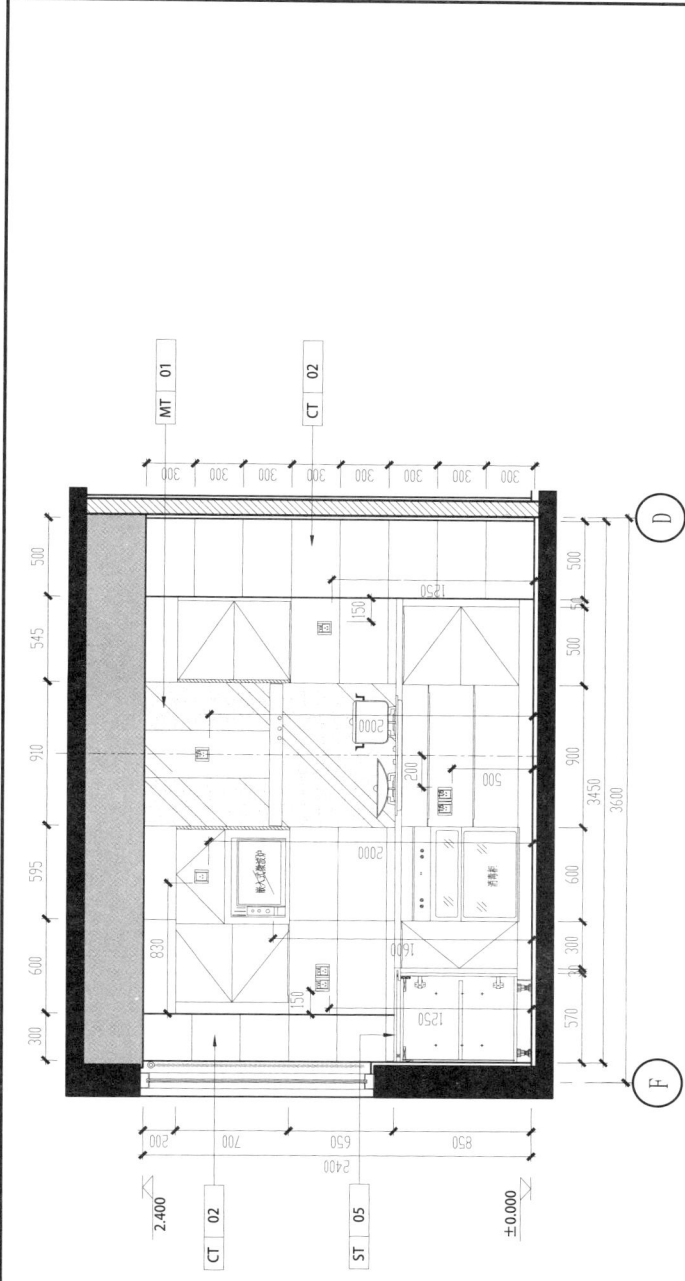

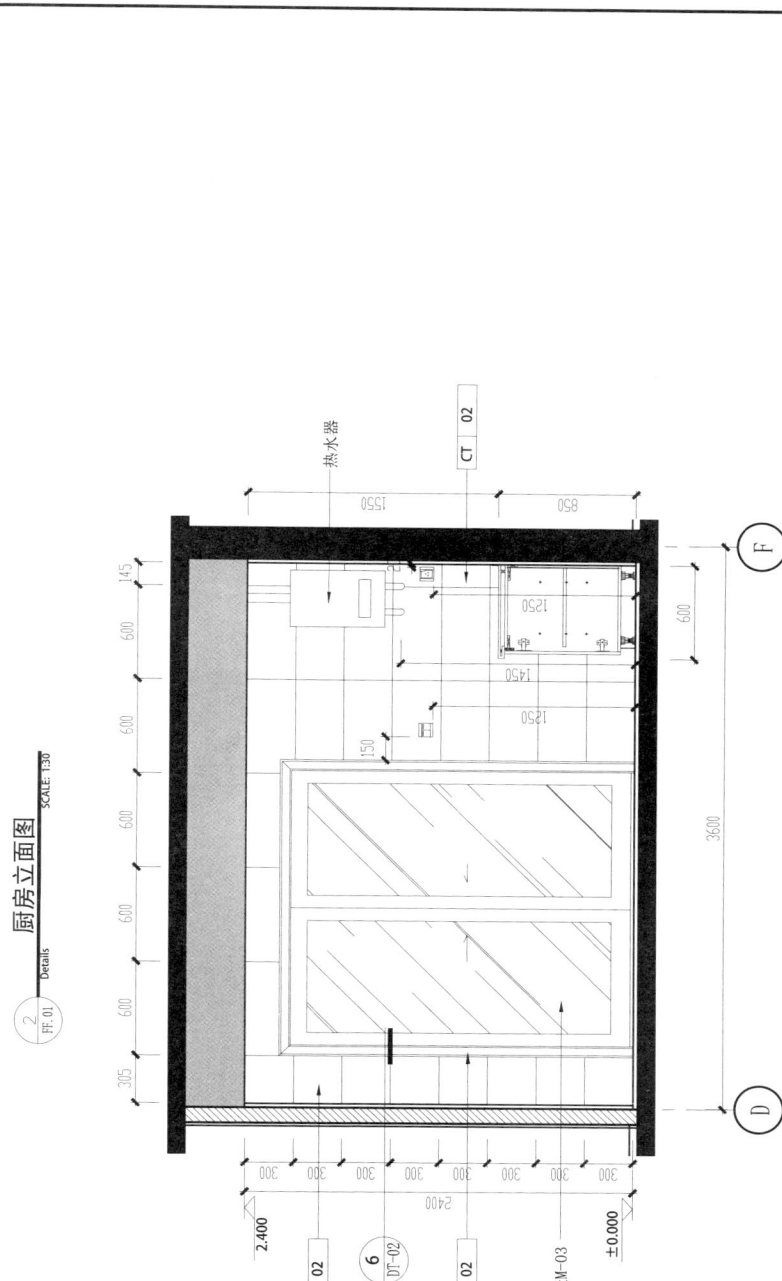

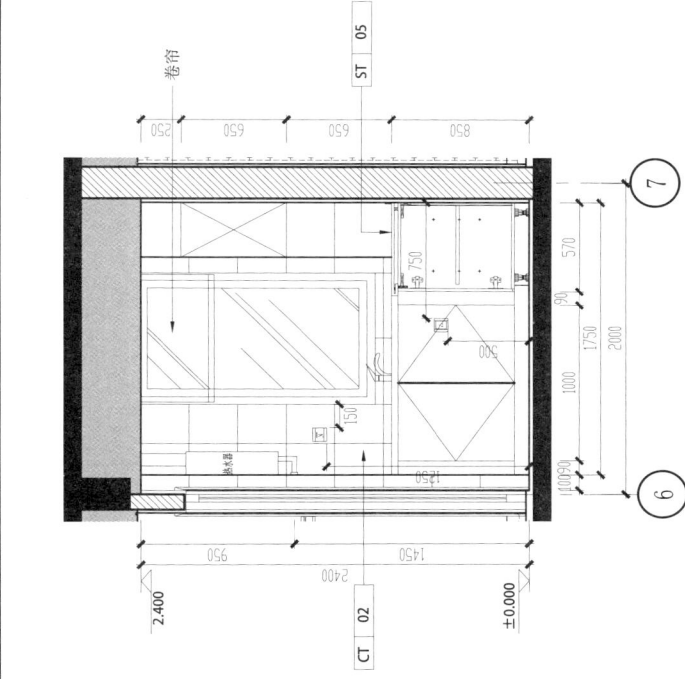

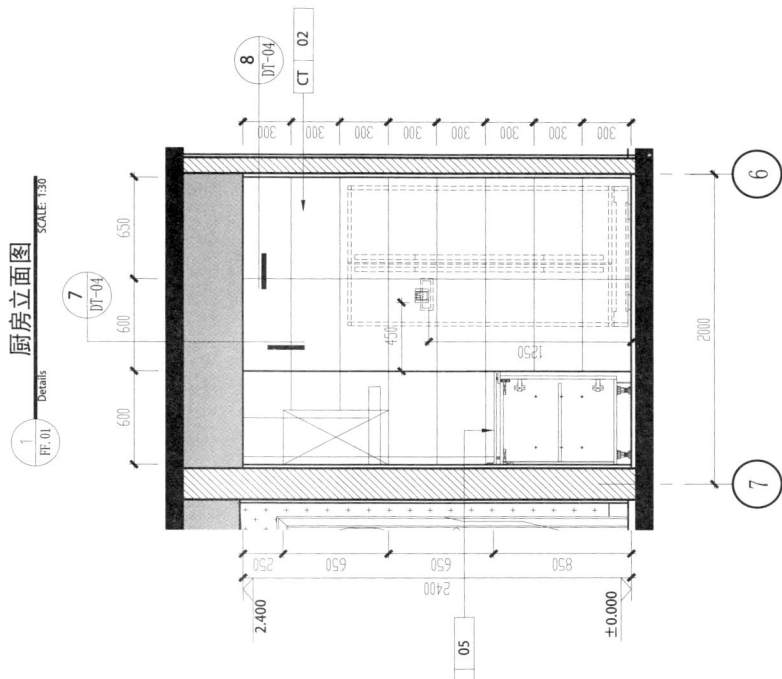

厨房立面图

厨房立面图 SCALE 1:30

厨房立面图 SCALE 1:30

厨房立面图 SCALE 1:30

厨房立面图 SCALE 1:30

	可视对讲		电话+网络		应急按钮		单相10A/二、三级常开开关		单相16A/三级常开开关		等电位箱
	浴霸开关		双口网络		空调控制面板		单相10A/三级安全型插座		单联(单控/双控)开关		粉碎机开关
	走线盒(虚线框线)		音响插座		单相10A/二、三级安全型插座		单相10A/三级防溅插座		双联(单控/双控)开关		
	有线电视		地暖控制面板		单相16A/三级安全型插座		单相10A/二、三级满安全型插座		三联(单控/双控)开关		

某住宅标准化装修设计

| 研发部门 | XX集团总师室(设计) | 研发编号 | FX-CXXX-SXXX(20XX-X) | 产品名称 | XX住宅 | 图纸名称 | 厨房立面图 |

说明: 成品厨房厨柜另见详图		专 业	装 饰
		图纸编号	IE.08
		设计阶段	初步设计
		日 期	20XX-XX

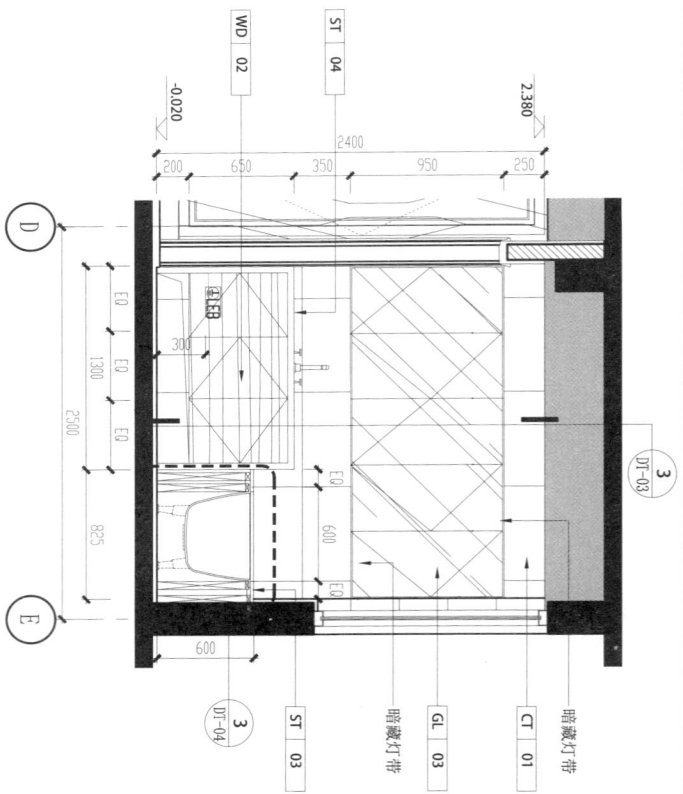

主卫立面图
SCALE 1:30

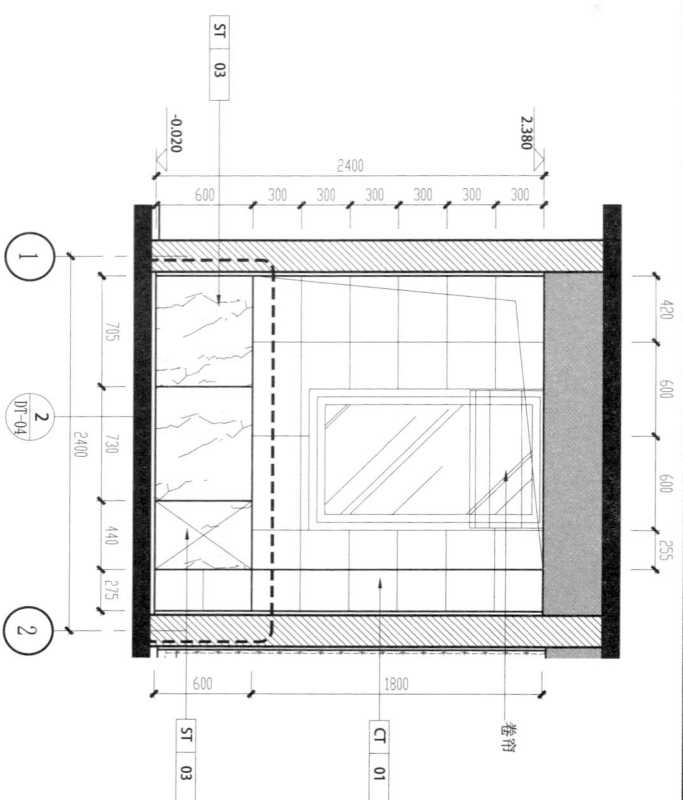

主卫立面图
SCALE 1:30

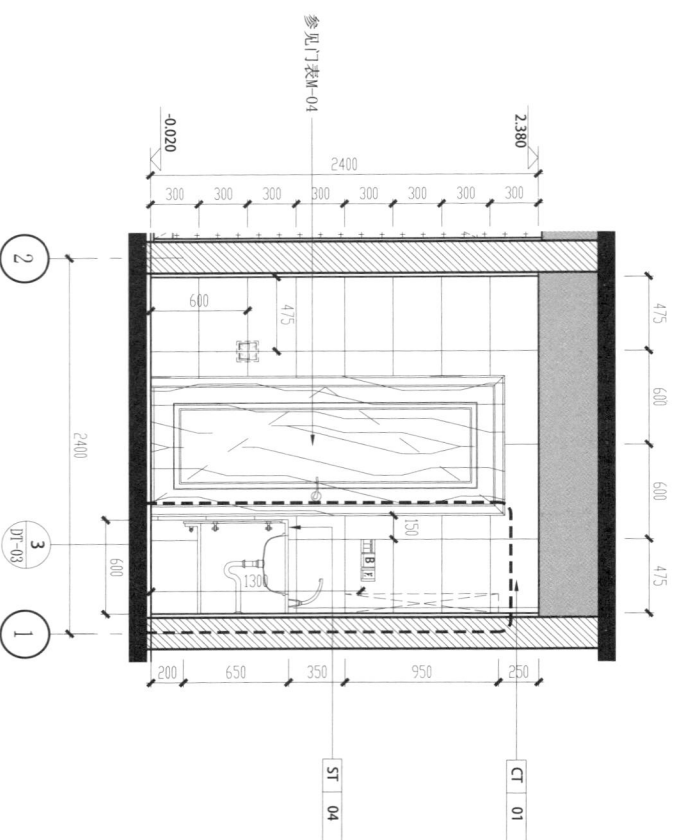

主卫立面图
SCALE 1:30

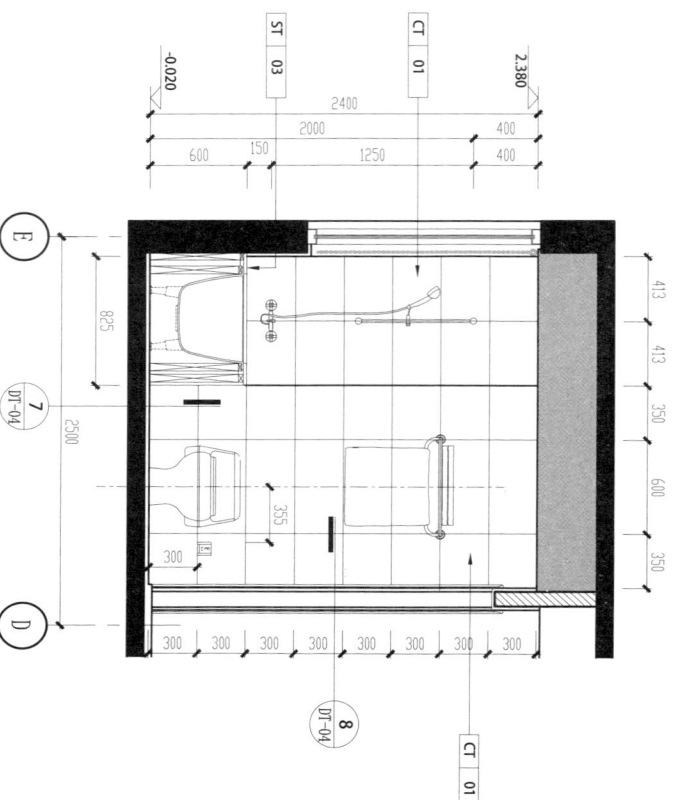

主卫立面图
SCALE 1:30

某住宅标准化装修设计

可视对讲	应急按钮	电话+网络	单相10A/二、三极带开关 安全型插座	
浴霸开关	空调控制面板	双口网络	单相10A/三级 安全型插座	3 Details FF 01
走线盒(连视频线)	音响面板	单相10A/二三级 安全型插座	单相16A/三级防溅水开关	单相16A/三极防溅水开关 安全型插座
有线电视	地暖控制面板	单相10A/二三级防溅水开关 安全型插座	三联(单控/双控)开关	LEB 等电位箱
		单相16A/三级 安全型插座	双联(单控/双控)开关	粉碎机开关
		单联(单控/双控)开关		

研发部门	研发编号	产品名称	图纸名称	专 业	装饰
XX集团总师室(设计)	FX-CXXX-SXXX(20XX-X)	XX住宅	主卫立面图	图纸编号	IE.09
				设计阶段	初步设计
				日 期	20XX-XX

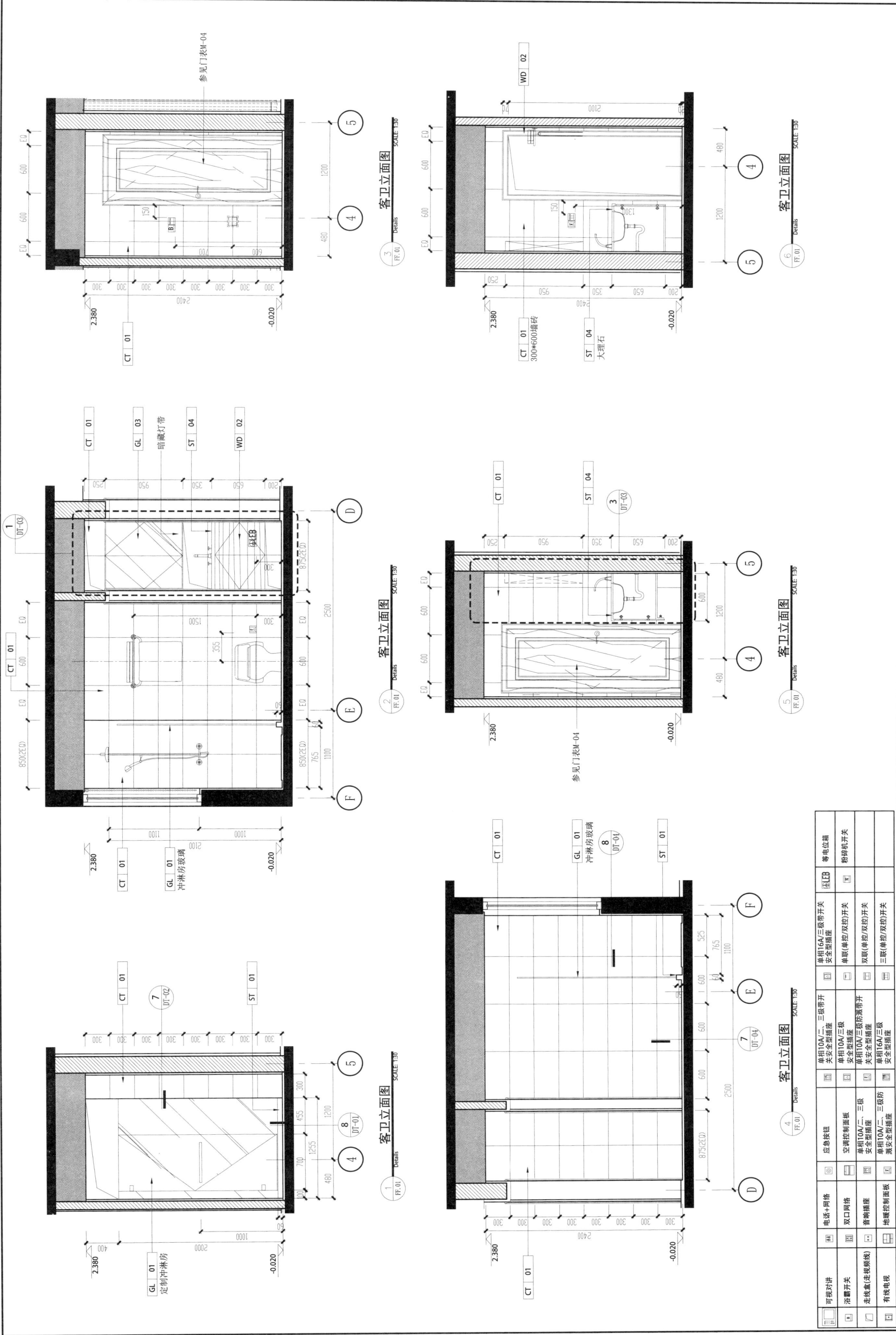

客卫立面图

某住宅标准化装修设计

研发部门	XX集团总师室（设计）	产品名称	XX住宅	图纸名称	客卫立面图
研发编号	FX-CXXX-SXXX(20XX-X)			专业	装饰
				图纸编号	IE.10
				设计阶段	初步设计
				日期	20XX-XX

某住宅标准化装修设计

研发部门	XX集团总师室(设计)
研发编号	FX-CXXX-SXXXX(20XX-X)
产品名称	XX住宅
图纸名称	门表

专业	装饰
图纸编号	DW.01
设计阶段	初步设计
日期	20XX-XX

M-01 入户门

门编号	M-01			
房门说明	入户门			
饰面材质	外	WD 02	WD 02	
	内	WD 02	WD 02	
防火等级				
数量	1楼			

使用部位	入户大门
五金 拉手	德施曼C510
锁具	德施曼C510
配置 页铰链	防盗门配套制作(德曼)
闭门器	无
门眼	无

尺寸: 2160 / 2090 / 1870 / 120 / 100 / 1000 / 1500 / 610 / 750 / 930
猫眼

M-02 卧室门、书房门

门编号	M-02		
房门说明	卧室门、书房门		
饰面材质	外		
	内	WD 02	WD 02
防火等级			
数量	4楼		

使用部位	卧室、书房
五金 拉手	参见材料选型表海福乐
锁具	参见材料选型表海福乐
配置 页铰链	参见材料选型表海福乐
闭门器	无
门眼	参见材料选型表海福乐

尺寸: 2160 / 2090 / 1870 / 2170 / 2100 / 1880 / 120 / 100 / 610 / 650 / 830 / 530 / 850

M-03 厨房门

门编号	M-03		
房门说明	厨房门		
饰面材质	外	GL 02	GL 02
	内		
防火等级			
数量	1楼		

使用部位	厨房
五金 拉手	参见材料选型表海福乐
锁具	参见材料选型表海福乐
配置 页铰链	无
闭门器	无
门眼	参见材料选型表海福乐

尺寸: 1050 / 875 / 1750 / 875 / 120 / 80 / 2100

M-04 卫生间门

门编号	M-04		
房门说明	卫生间门		
饰面材质	外	WD 02	WD 02
	内		
防火等级			
数量	2楼		

使用部位	卫生间
五金 拉手	参见材料选型表海福乐
锁具	参见材料选型表海福乐
配置 页铰链	参见材料选型表海福乐
闭门器	无
门眼	参见材料选型表海福乐

尺寸: 2160 / 2090 / 1870 / 2170 / 2100 / 1880 / 120 / 100 / 410 / 730 / 550 / 1000

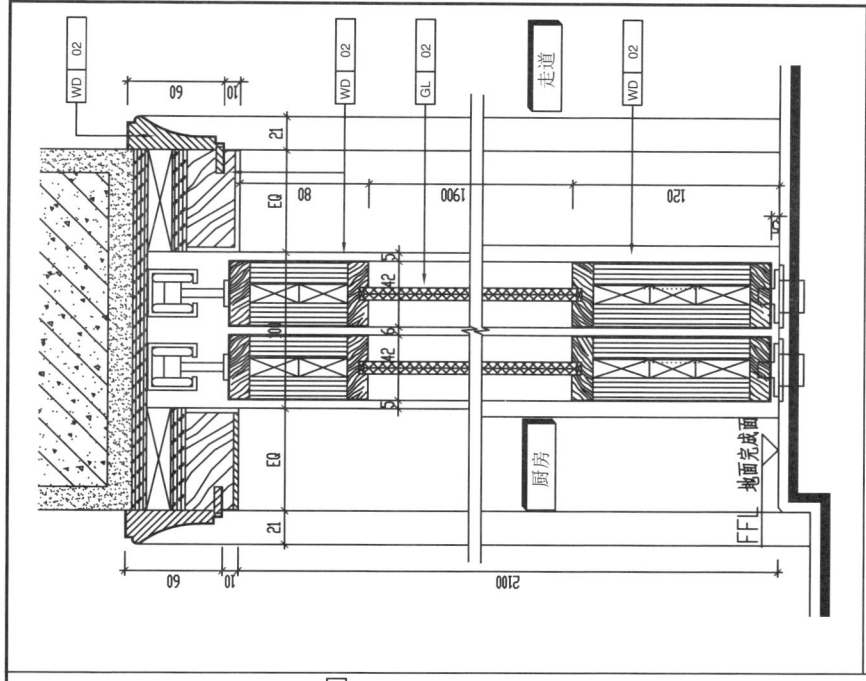

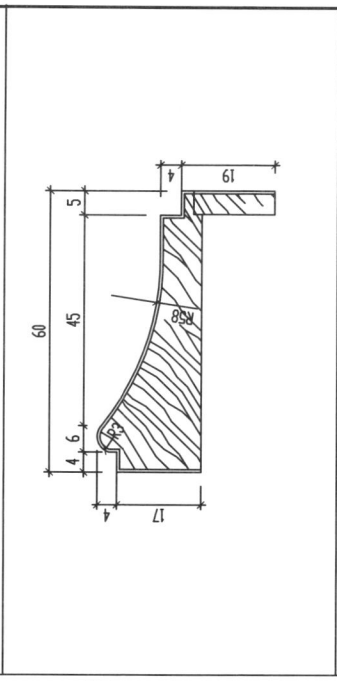

厨房门详图 SCALE 1:3
④ DW.01

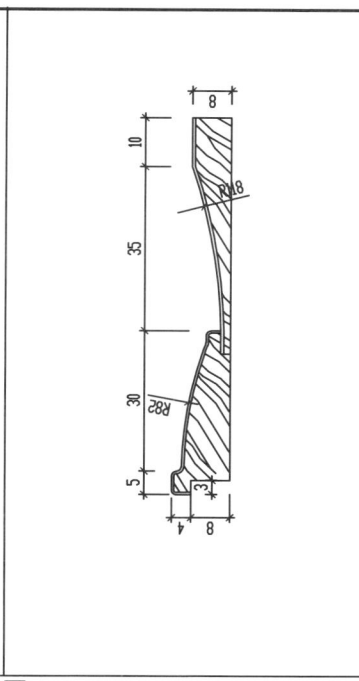

线角大样图 SCALE 1:1
⑤ Details

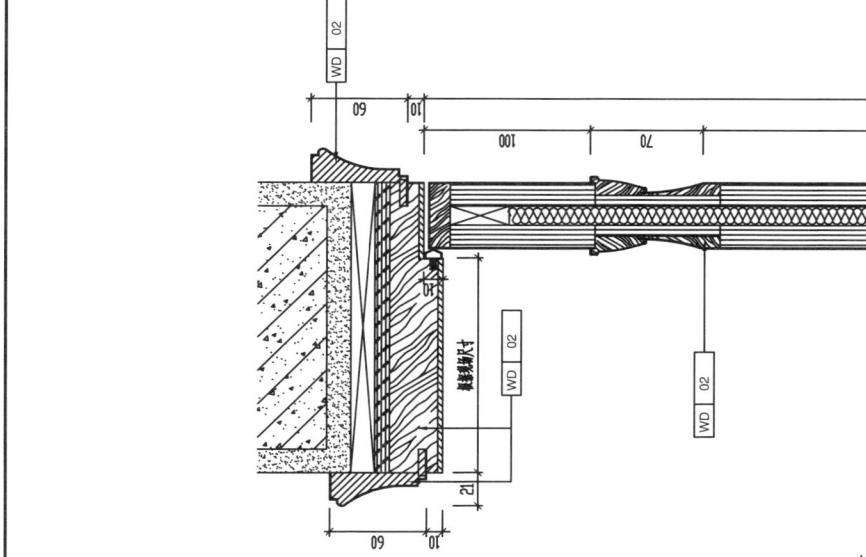

线角大样图 SCALE 1:1
⑥ Details

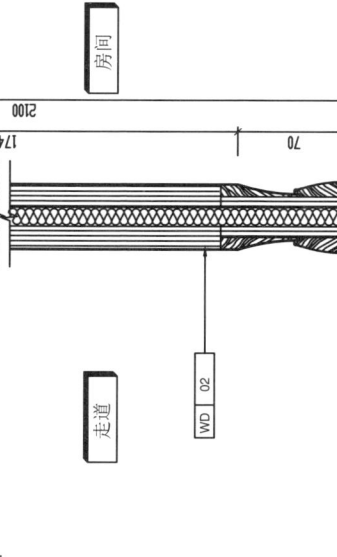

房间门详图 SCALE 1:3
② DW.01 Details

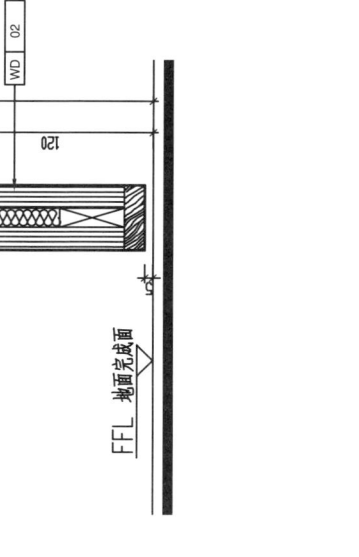

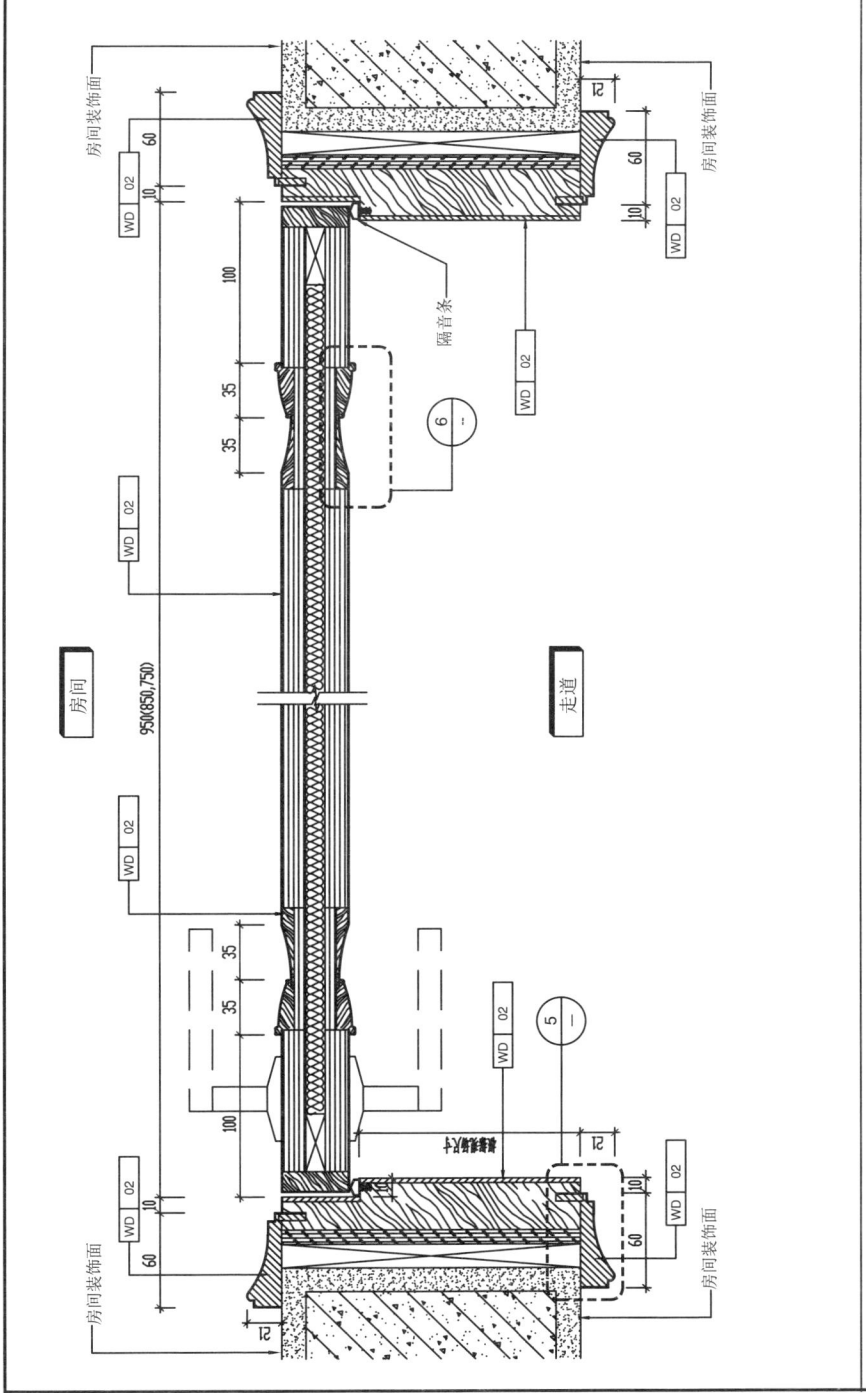

房间门详图 SCALE 1:3
① DW.01 Details

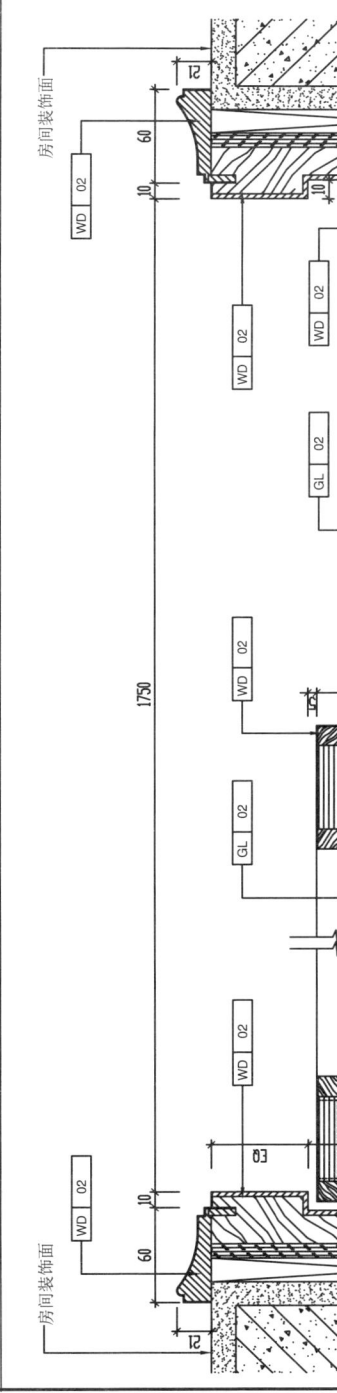

厨房门详图 SCALE 1:3
③ DW.01 Details

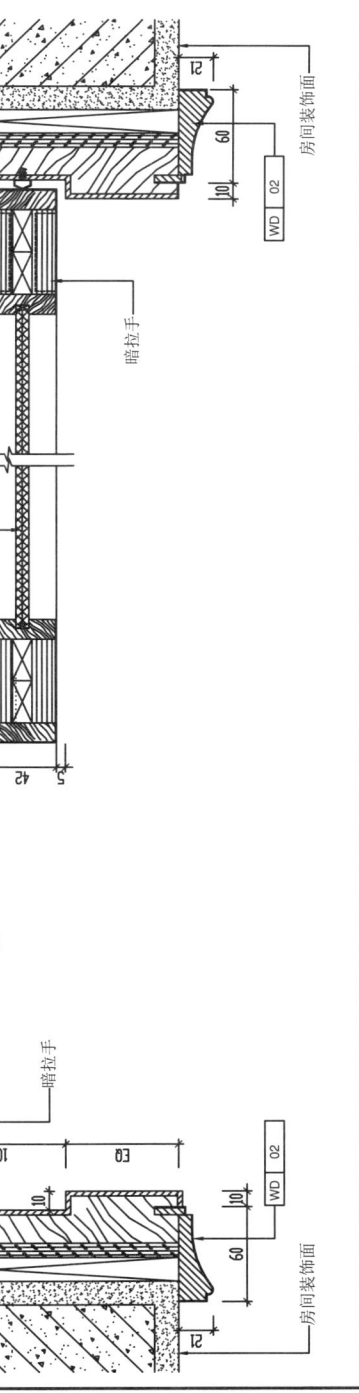

某住宅标准化装修设计

研发部门	XXXX集团总师室(设计)	研发编号	FX-CXXX-SXXX(20XX-X)
产品名称	XX住宅		
图纸名称	门详图		

专 业	装饰
图纸编号	DW.02
设计阶段	初步设计
日 期	20XX-XX

23

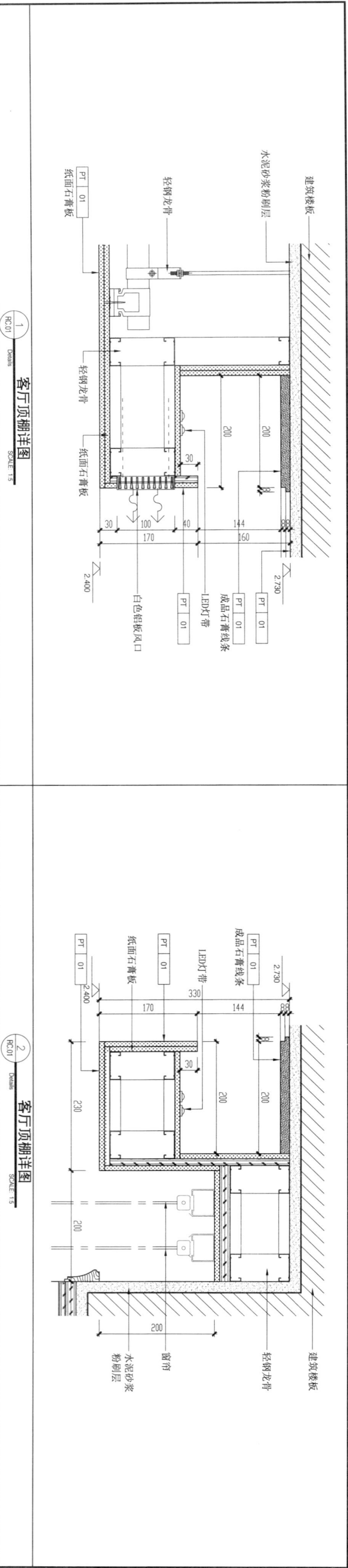

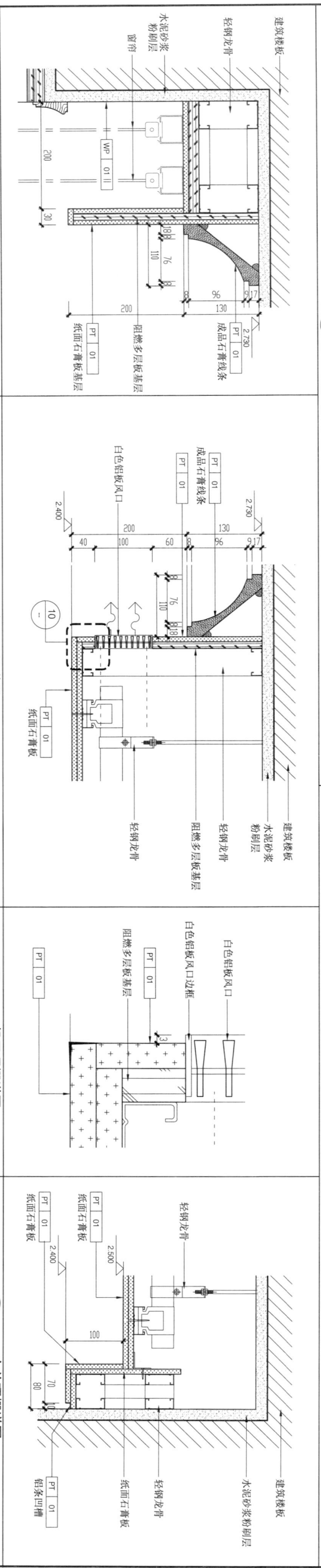

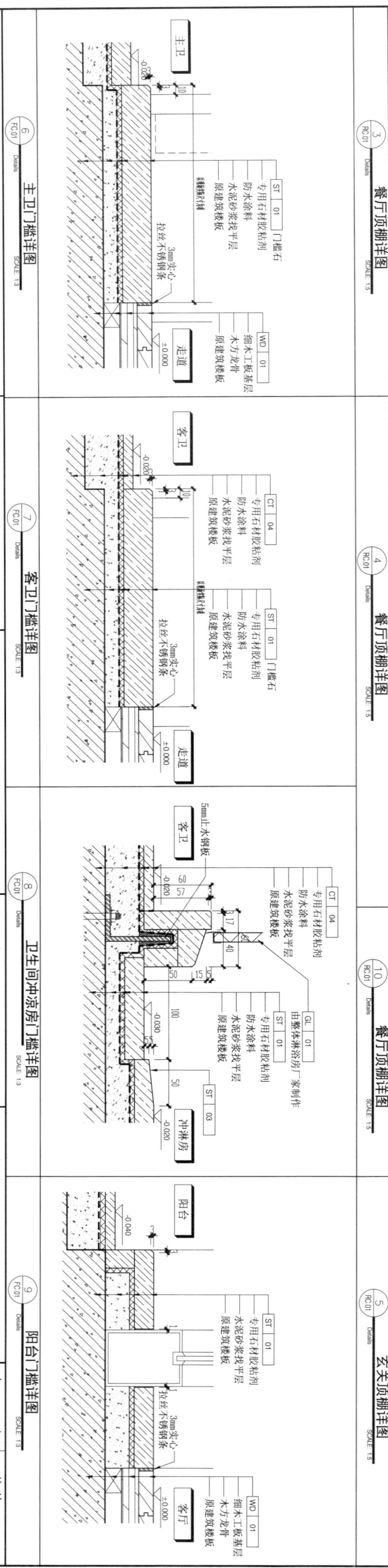

某住宅标准化装修设计

研发部门	XX集团总师室(设计)	研发编号	FX-CXXX-SXXXX(20XX-X)	产品名称	XX住宅	图纸名称	顶棚、地坪详图
						专业	装饰
						图纸编号	DT.01
						设计阶段	初步设计
						日期	20XX-XX

① 客厅顶棚详图 SCALE 1:5

② 客厅顶棚详图 SCALE 1:5

③ 餐厅顶棚详图 SCALE 1:5

④ 餐厅顶棚详图 SCALE 1:5

⑤ 玄关顶棚详图 SCALE 1:5

⑥ 主卫门槛详图 SCALE 1:3

⑦ 客卫门槛详图 SCALE 1:3

⑧ 卫生间冲凉房门槛详图 SCALE 1:3

⑨ 阳台门槛详图 SCALE 1:3

⑩ 餐厅顶棚详图 SCALE 1:5

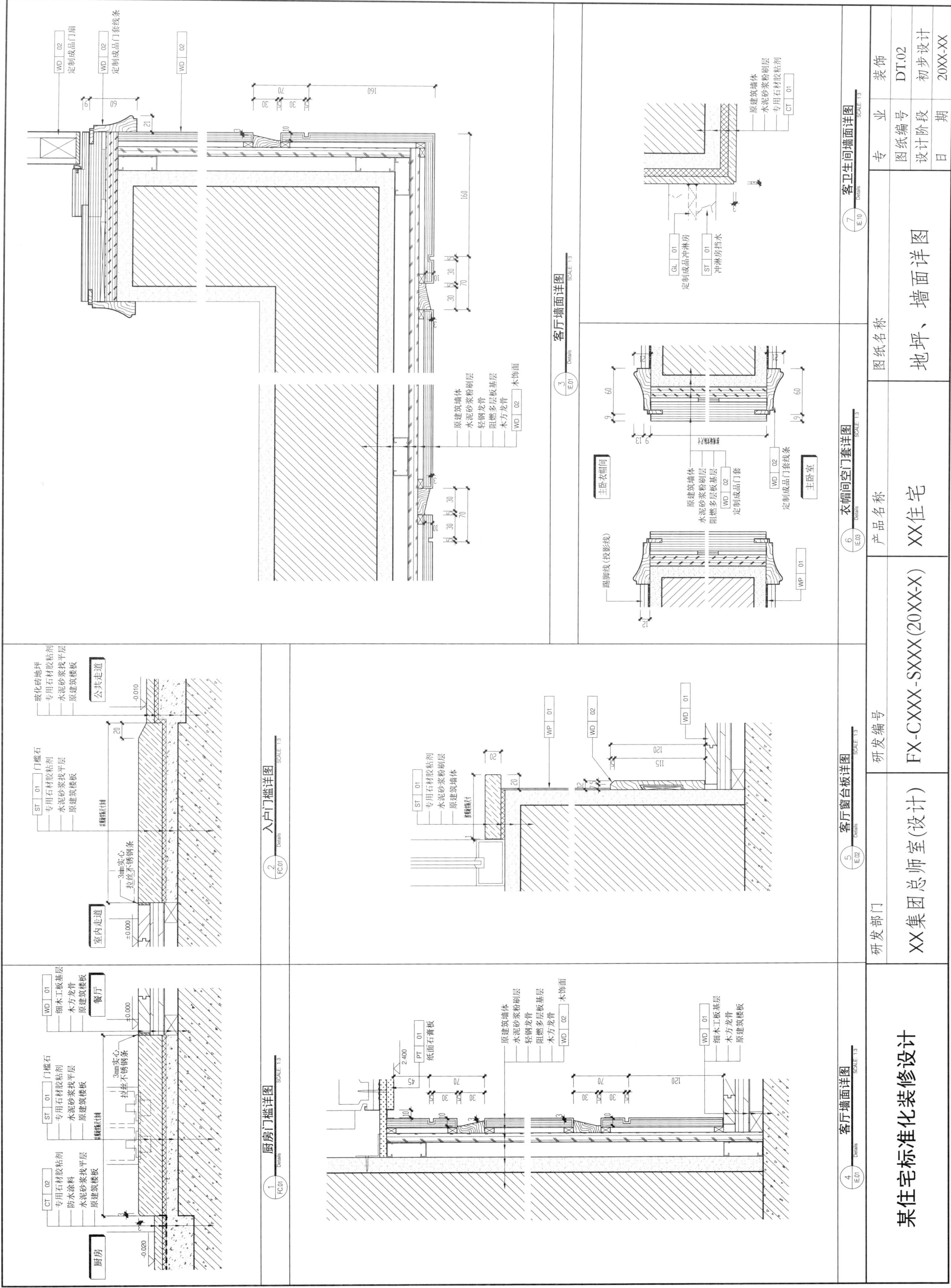

某住宅标准化装修设计

厨房门槛详图
- CT | 02
- 专用石材胶粘剂
- 水泥砂浆找平层
- 原建筑楼板
- 防水涂料
- ST | 01 门槛石
- 专用石材胶粘剂
- 水泥砂浆找平层
- 原建筑楼板
- 镀锌钢板材
- 3mm实心拉丝不锈钢条
- 厨房

① 厨房门槛详图 FC01 Details SCALE 1:3

- WD | 01
- 细木工板基层
- 木方龙骨
- 原建筑楼板
- 餐厅
- ±0.000
- WD | 02 木饰面
- 原建筑墙体
- 水泥砂浆粉刷层
- 轻钢龙骨
- 阻燃多层板基层
- PT | 01 纸面石膏板
- 2.400
- WD | 02
- WD | 01
- 细木工板基层
- 木方龙骨
- 原建筑楼板

④ 客厅墙面详图 E01 Details SCALE 1:3

XX集团总师室（设计）

研发部门 XX集团总师室（设计）
研发编号 FX-CXXX-SXXX(20XX-X)

入户门槛详图
- 玻化砖地坪
- 专用石材胶粘剂
- 水泥砂浆找平层
- 原建筑楼板
- 公共走道
- -0.010
- ST | 01 门槛石
- 专用石材胶粘剂
- 水泥砂浆找平层
- 原建筑楼板
- 镀锌钢板材
- 3mm实心拉丝不锈钢条
- 室内走道
- -0.000

② 入户门槛详图 FC01 Details SCALE 1:3

- ST | 01
- 专用石材胶粘剂
- 原建筑墙体
- 镀锌钢板材
- WP | 01
- WD | 02
- WD | 01

⑤ 客厅窗台板详图 E02 Details SCALE 1:3

地坪、墙面详图

图纸名称 地坪、墙面详图

产品名称 XX住宅

客厅墙面详图
- 原建筑墙体
- 水泥砂浆粉刷层
- 轻钢龙骨
- 阻燃多层板基层
- 木方龙骨
- WD | 02 木饰面

③ 客厅墙面详图 E01 Details SCALE 1:3

- WD | 02
- WD | 02
- 定制成品门扇
- 定制成品门套线条
- WD | 02

衣帽间空门套详图
- 主卧衣帽间
- 原建筑墙体
- 水泥砂浆粉刷层
- 阻燃多层板基层
- WD | 02 定制成品门套线条
- 主卧室
- 踢脚线（投影线）
- WP | 01

⑥ 衣帽间空门套详图 E03 Details SCALE 1:3

客卫生间墙面详图
- 原建筑墙体
- 水泥砂浆粉刷层
- 专用石材胶粘剂
- CT | 01
- GL | 01 定制成品冲淋房
- ST | 01 冲淋房挡水
- 冲淋房挡水

⑦ 客卫生间墙面详图 E10 Details SCALE 1:3

专业	装饰
图纸编号	DT.02
设计阶段	初步设计
日期	20XX-XX

某住宅标准化装修设计

XX集团总师室(设计)

FX-CXXXX-SXXXX(20XX-X)

研发部门

研发编号

产品名称 XX住宅

图纸名称 卫生间台盆、镜箱详图

专 业 装饰

图纸编号 DT.03

设计阶段 初步设计

日 期 20XX-XX

卫生间台盆、镜箱详图

1 卫生间台盆、镜箱详图

2 卫生间台盆、镜箱详图(打开图)

3 卫生间台盆、镜箱详图

4 卫生间台盆、镜箱详图

5 卫生间台盆、镜箱详图

6 卫生间台盆、镜箱详图

7 卫生间台盆、镜箱详图

8 卫生间台盆、镜箱详图

卫生间浴缸详图

ST 03
不锈钢片
强力磁吸
ST 03 5#角钢
CT 04
不锈钢片
强力磁吸
专业石材胶粘剂

④ 卫生间浴缸详图
SCALE 1:5

CT 01

ST 03 专用石材胶粘剂
5#角钢
浴缸
CT 04
防水层

③ 卫生间浴缸详图
SCALE 1:5

⑤ 卫生间浴缸详图
SCALE 1:5

防水层
浴缸、冲淋房区域
防水高度至1800mm
其余区域至300mm
专业石材胶粘剂
原建筑墙体
水泥砂浆粉刷层
专业石材胶粘剂
CT 01

⑧ 卫生间墙面详图
SCALE 1:2

防水层
浴缸、冲淋房区域
防水高度至1800mm
其余区域至300mm
专业石材胶粘剂
水泥砂浆粉刷层
原建筑墙体

⑦ 卫生间墙面详图
SCALE 1:2

专业石材胶粘剂
防水层
水泥砂浆粉刷层
原建筑墙体
CT 01

⑥ 卫生间窗台详图
SCALE 1:2

ST 03
浴缸
专用石材胶粘剂
5#角钢

① 卫生间浴缸详图
SCALE 1:20

ST 03
CT 01
活动检修口
强力磁吸
(内预埋)

② 卫生间浴缸详图
SCALE 1:20

ST 03
防水层

③

④

某住宅标准化装修设计

研发部门	XX集团总师室(设计)	研发编号	FX-CXXX-SXXX(20XX-X)	产品名称	XX住宅	图纸名称	卫生间浴缸、墙面详图	专业	装饰
								图纸编号	DT.04
								设计阶段	初步设计
								日期	20XX-XX

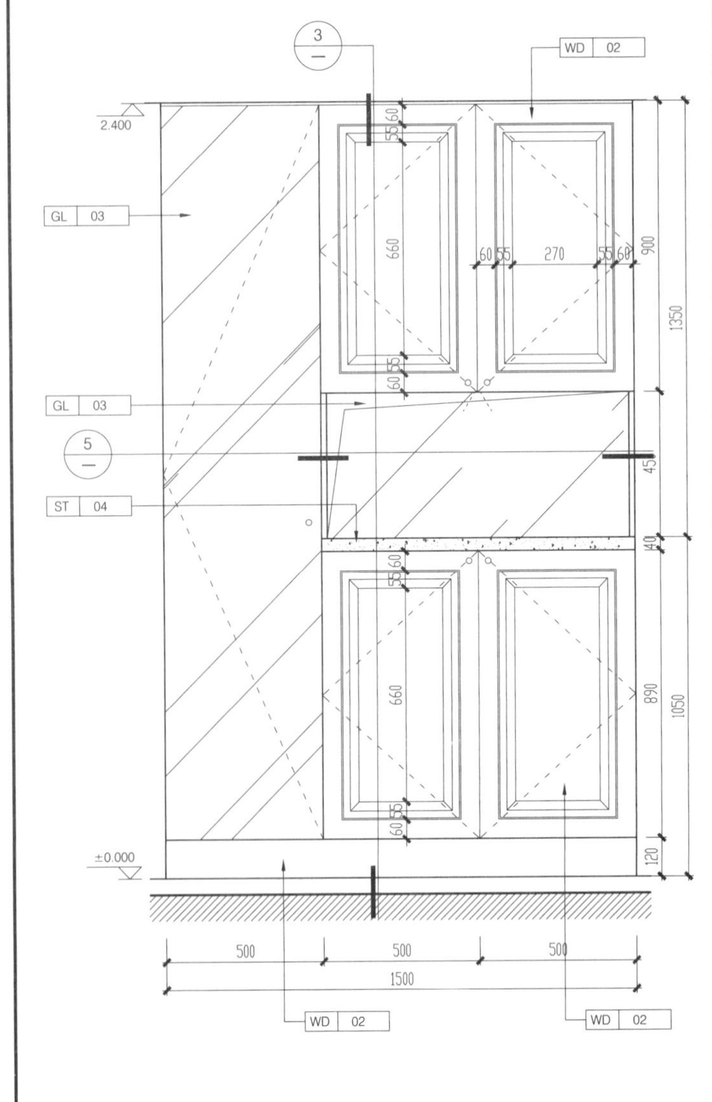

1 IE.01 玄关柜详图 Details SCALE: 1:15

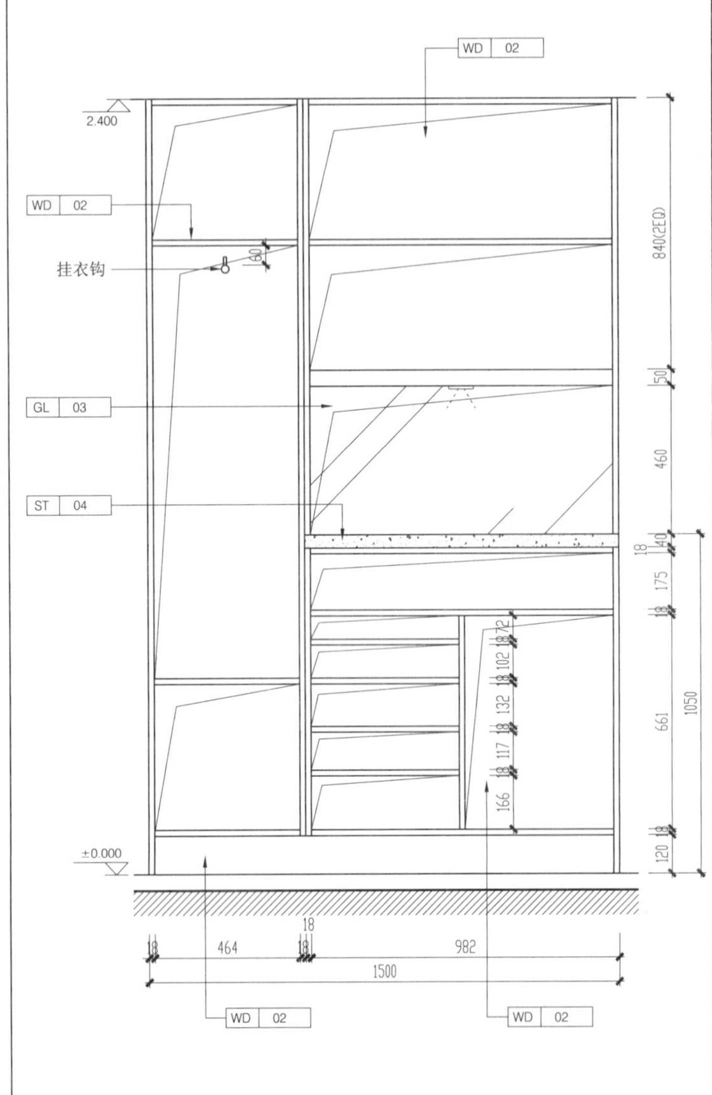

2 玄关柜详图(打开图) Details SCALE: 1:15

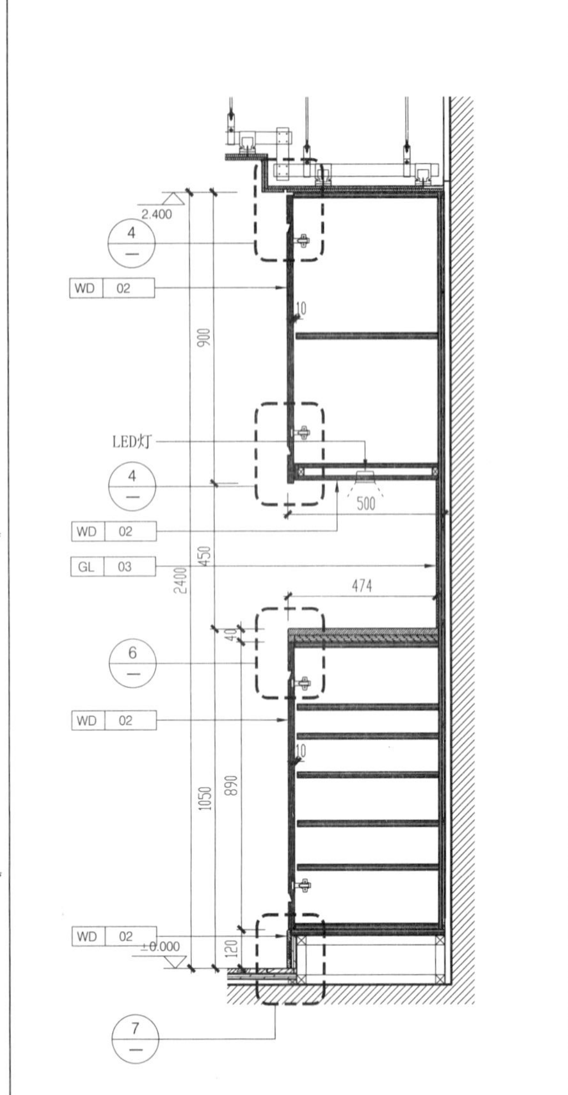

3 玄关柜详图 Details SCALE: 1:15

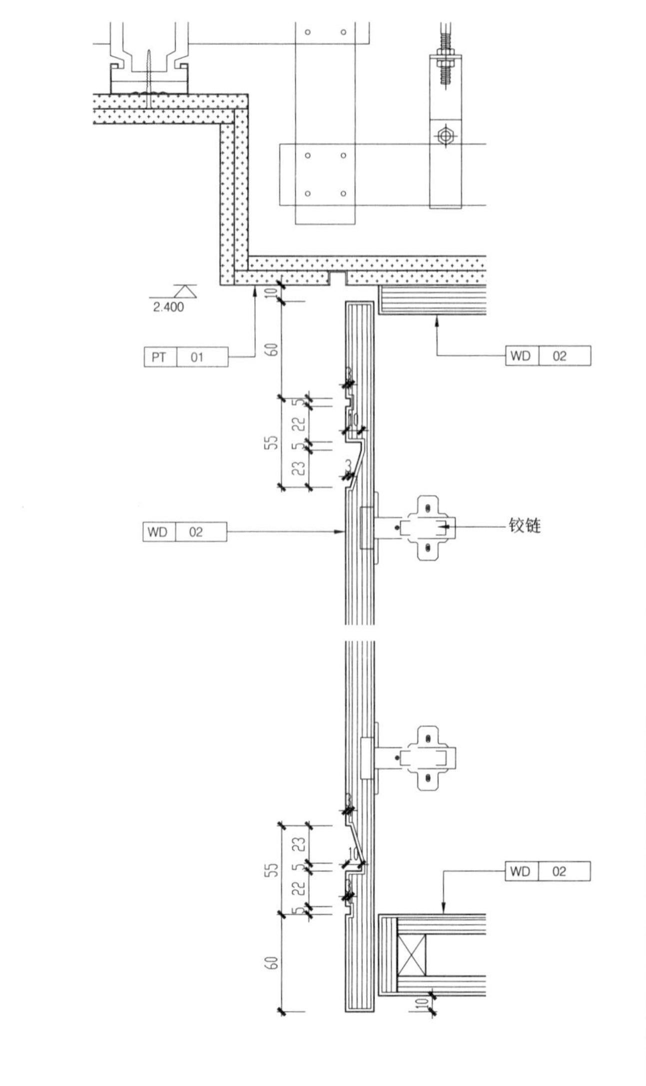

4 玄关柜详图 Details SCALE: 1:3

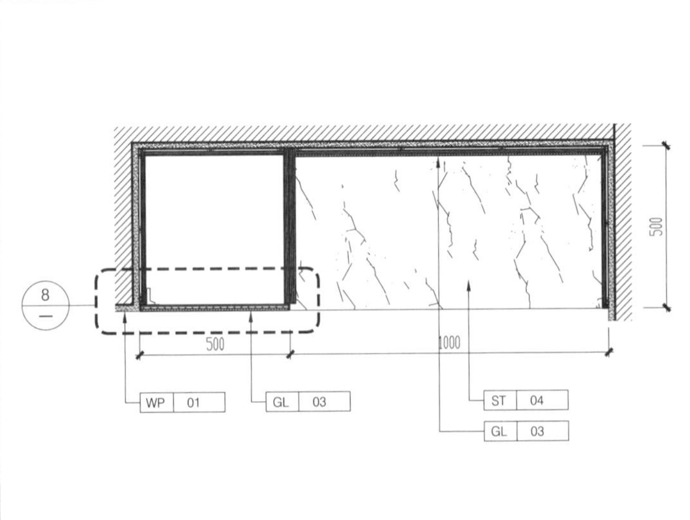

5 FF.01 玄关柜详图 Details SCALE: 1:15

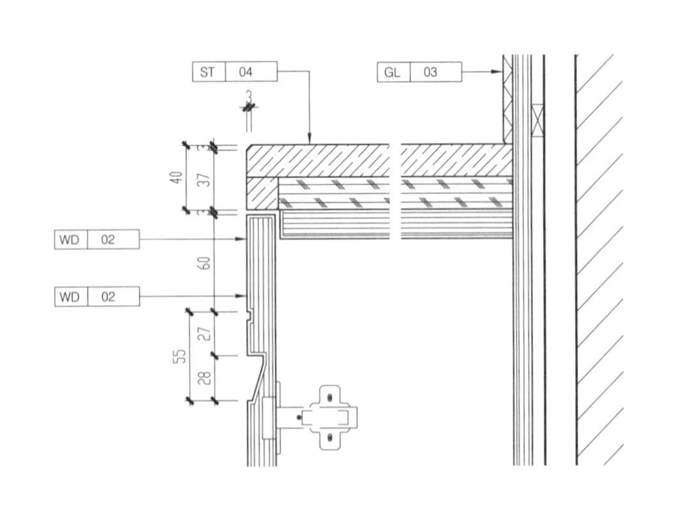

6 玄关柜详图 Details SCALE: 1:3

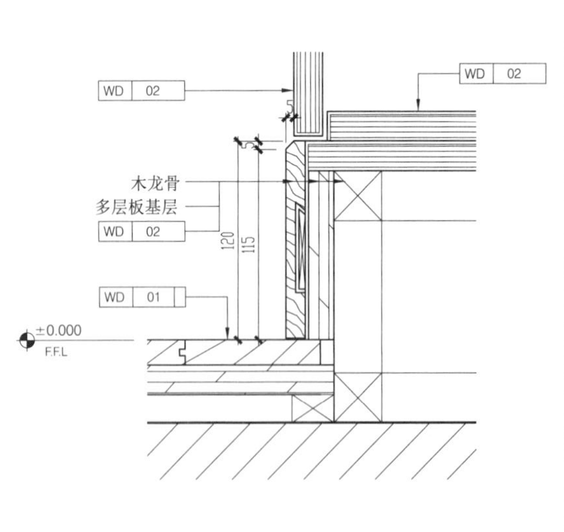

7 玄关柜详图 Details SCALE: 1:3

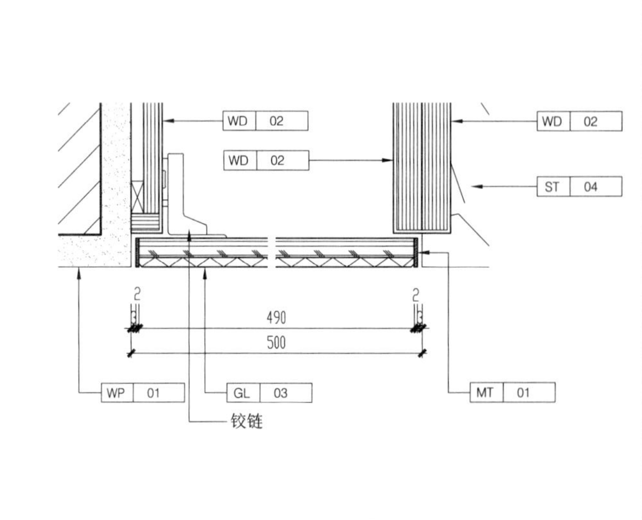

8 玄关柜详图 Details SCALE: 1:3

某住宅标准化装修设计	研发部门	研发编号	产品名称	图纸名称	专业	装饰
	XX集团总师室(设计)	FX-CXXX-SXXX(20XX-X)	XX住宅	玄关柜详图	图纸编号	DT.05
					设计阶段	初步设计
					日期	20XX-XX

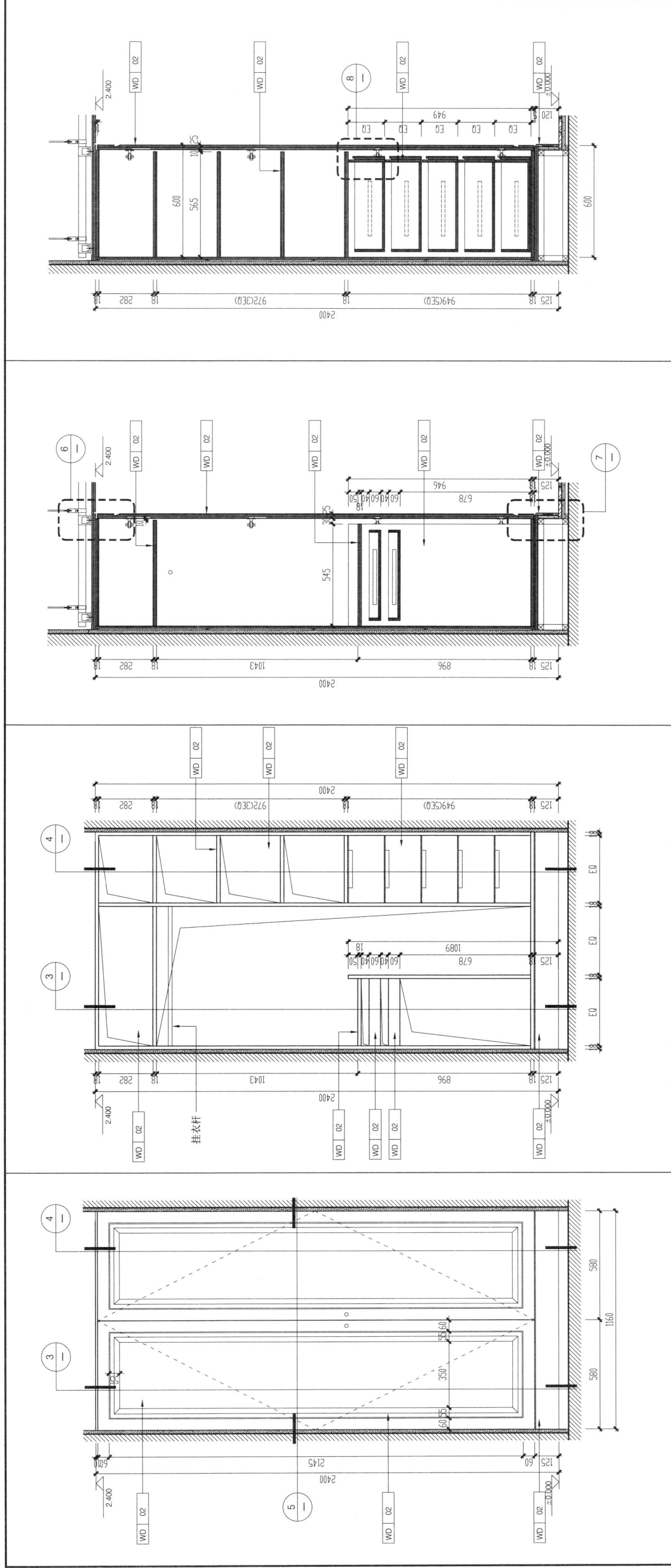

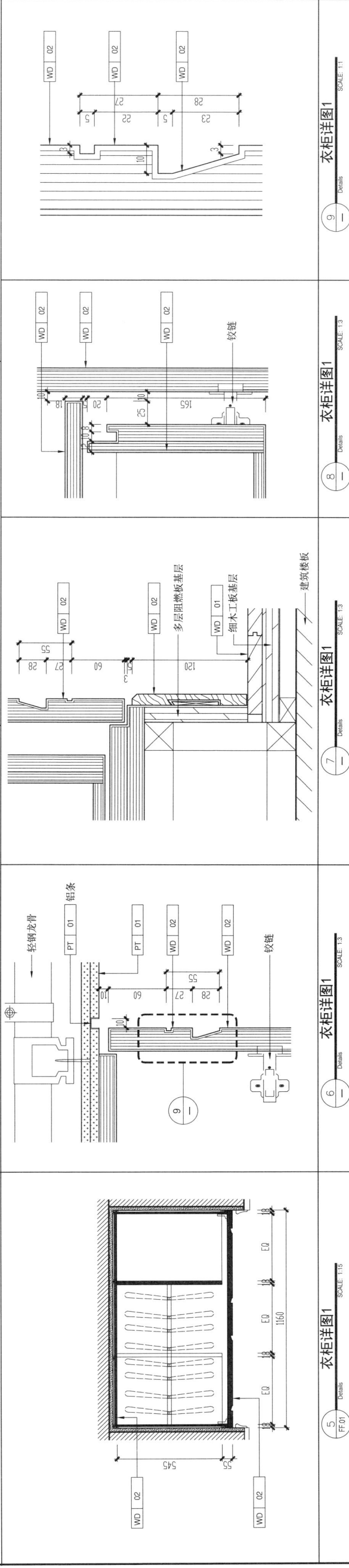

衣柜详图1

某住宅标准化装修设计

研发部门	XX集团总师室(设计)
研发编号	FX-CXXX-SXXX(20XX-X)
产品名称	XX住宅
图纸名称	衣柜详图1
专业	装饰
图纸编号	DT.06
设计阶段	初步设计
日期	20XX-XX

某住宅标准化装修设计

XX集团总师室(设计)

FX-CXXX-SXXX(20XX-X)

XX住宅

衣柜详图 2

研发部门				
研发编号				
产品名称				
图纸名称				
专 业	装饰
图纸编号	DT.07
设计阶段	初步设计
日 期	20XX-XX

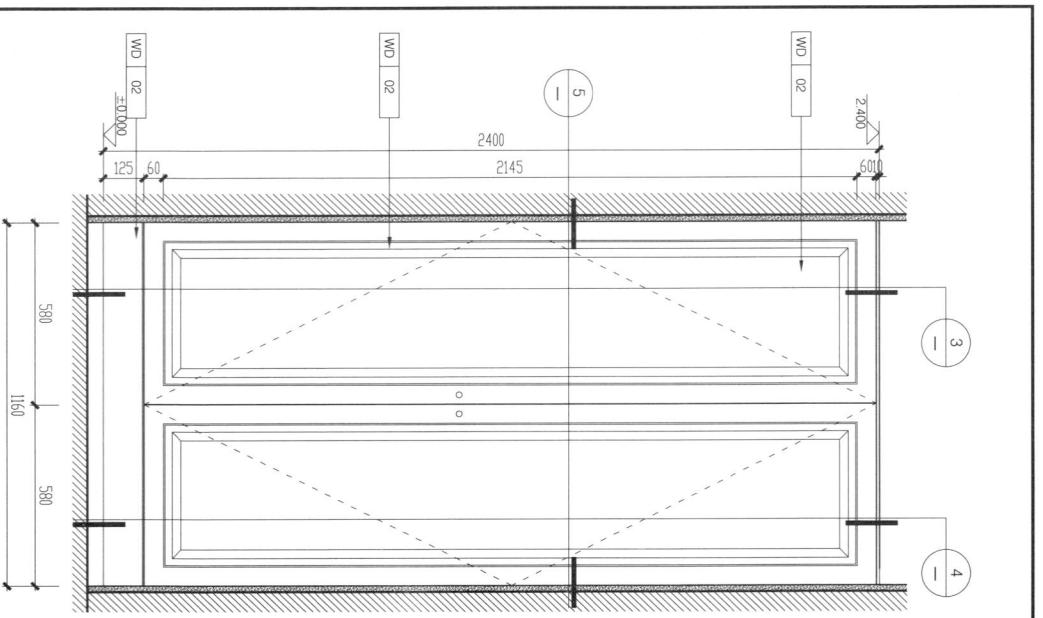

衣柜详图2 SCALE 1:5 ① ─ Details

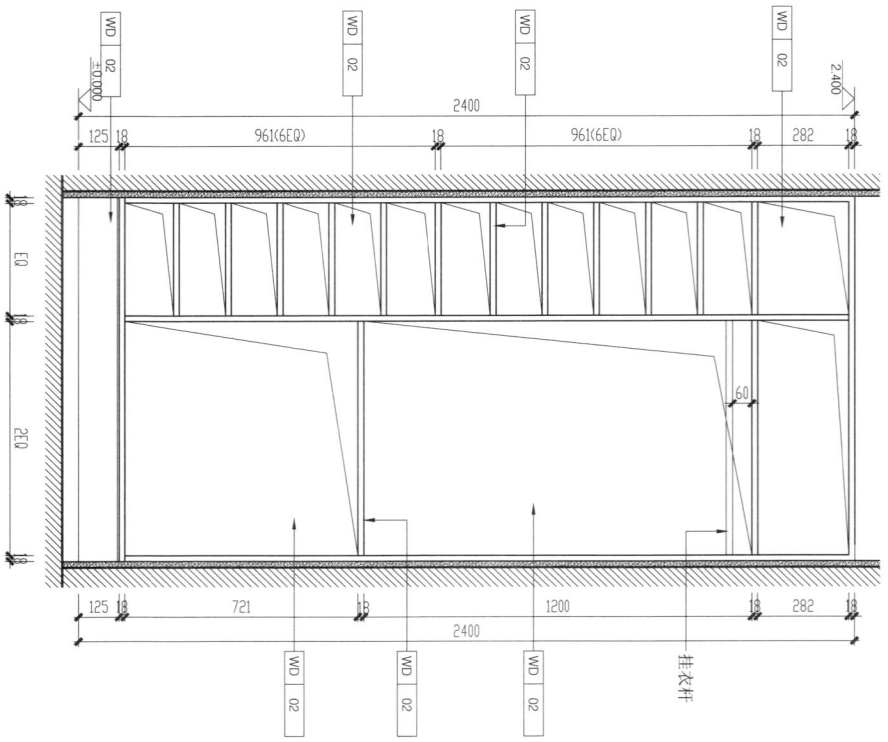

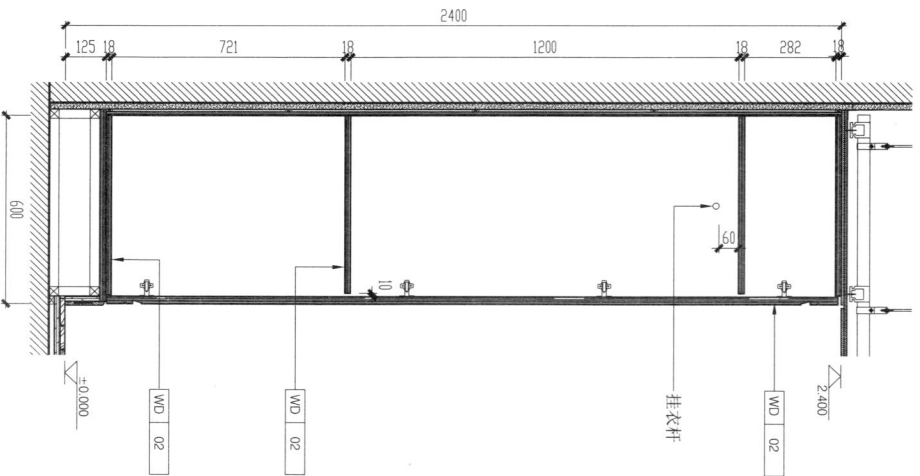

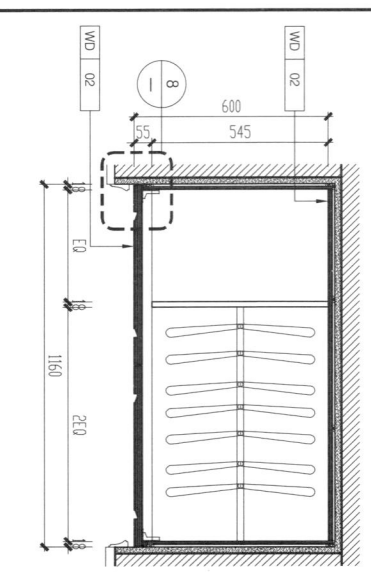

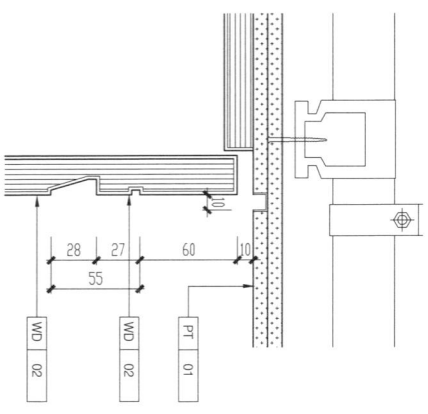

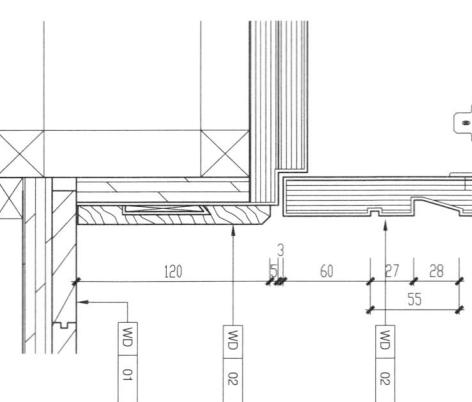

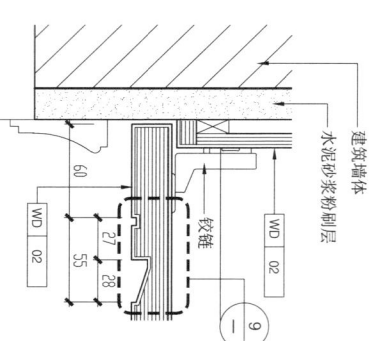

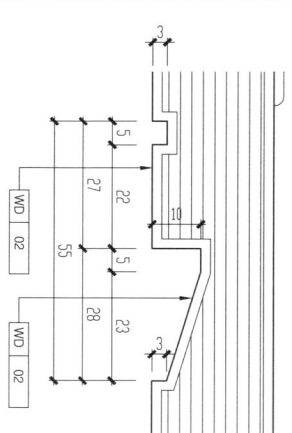

衣柜详图2(打开图) SCALE 1:5 ② ─ Details

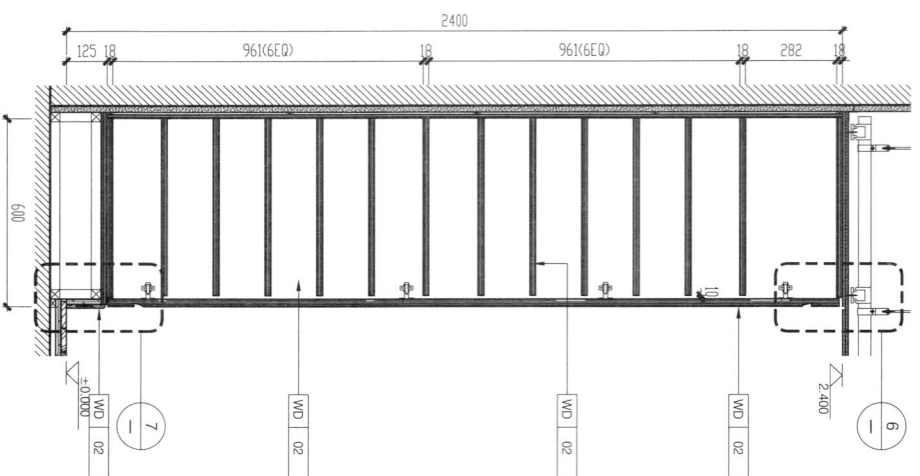

衣柜详图2 SCALE 1:5 ③ ─ Details IE03

衣柜详图2 SCALE 1:5 ④ ─ Details IE03

衣柜详图2 SCALE 1:5 ⑤ ─ Details FF.01

衣柜详图2 SCALE 1:3 ⑥ ─ Details

衣柜详图2 SCALE 1:3 ⑦ ─ Details

衣柜详图2 SCALE 1:3 ⑧ ─ Details

衣柜详图2 SCALE 1:1 ⑨ ─ Details

建筑墙体
水泥砂浆粉刷层

挂衣杆

某会所餐厅室内装修图

图纸编号	图纸内容	修改日期	图纸规格	备注
01	目录		A3	
说明01	建筑室内装修总说明01		A3	
说明02	建筑室内装修总说明02		A3	
说明03	建筑室内装修总说明03		A3	
说明04	建筑室内装修总说明04		A3	
说明05	建筑室内装修总说明05		A3	
RN	图示图例说明表		A2	
MS-01	材料符号表		A3	
FF-1F.0	1F 总平面布置图		A2	
RC-1F.0	1F 顶棚总平面布置图		A2	
EM-1F.0	1F 总机电/给排水平面图		A2	
FC-1F.0	1F 总地坪布置图		A2	
FF-1F.2	1F 餐厅平面布置图		A3	
AR-1F.2-01	1F 餐厅砌墙尺寸平面图		A3	
AR-1F.2-02	1F 餐厅饰面尺寸平面图		A3	
RC-1F.2-01	1F 餐厅顶棚平面图		A3	
RC-1F.2-02	1F 餐厅顶棚尺寸平面图		A3	
RC-1F.2-03	1F 餐厅灯具尺寸平面图		A3	
RC-1F.2-04	1F 餐厅灯具控制平面图		A3	
EM-1F.2	1F 餐厅机电/给排水平面图		A3	
FC-1F.2	1F 餐厅地坪平面图		A3	
IE-1F.2-01	1F 餐厅立面图一		A3	
IE-1F.2-02	1F 餐厅立面图二		A3	
IE-1F.2-03	1F 餐厅立面图三		A3	
IE-1F.2-04	1F 餐厅立面图四		A3	
IE-1F.2-05	1F 餐厅包房立面图一		A3	
IE-1F.2-06	1F 餐厅包房立面图二		A3	

图纸编号	图纸内容	修改日期	图纸规格	备注
1E-1F.2-07	1F 餐厅包房立面图三		A3	
FD-1F.2-01	1F 餐厅大样图一		A3	
FD-1F.2-02	1F 餐厅大样图二		A3	
FD-1F.2-03	1F 餐厅大样图三		A3	
FD-1F.2-04	1F 餐厅大样图四		A3	
FD-1F.2-05	1F 餐厅大样图五		A3	
FD-1F.2-06	1F 餐厅大样图六		A3	
FD-1F.2-07	1F 餐厅大样图七		A3	
FD-1F.2-08	1F 餐厅大样图八		A3	

某会所餐厅室内装修图

建设单位 Client
项目名称 Project：某会所餐厅室内装修
图名 Drawing Title：目录

专业 Discipline：装饰
图别 Drawing Type：施工图
图号 Drawing NO：01

设计编号 Job NO：S·20XX·XX
比例 Scale：
日期 Date：20XX·XX

首席设计师/日期 Principal/Date
校对/日期 Check By/Date
设计/日期 Design By/Date

审定人/日期 Authorize By/Date
审核/日期 Verified By/Date
项目负责人/日期 Superintend By/Date

A3 图幅 420×297 H

建筑室内装修总说明01

1. 工程概况

1.1 工程名称：XXXX花园广场会所

1.2 工程地址：金沙路

1.3 工程业主：XXXX集团

1.4 工程设计性质：室内装饰设计

2. 设计依据

2.1 建设单位提供的相关资料

2.2 建设单位和甲方XX集团确认的平面布置图以及方案设计

2.3 建筑专业设计整套图纸

2.4 本院各专业提供的相关资料

2.5 设计规范

2.5.1 《建筑设计防火规范（2018年版）》GB 50016—2014

2.5.2 《建筑内部装修设计防火规范》GB 50222—2017

2.5.3 《民用建筑工程室内环境污染控制规范（2013年版）》GB 50325—2010

2.5.4 《建筑玻璃应用技术规程》JGJ 113—2015

3. 设计通则

3.1 凡《建筑装饰工程质量验收标准》GB 50210 已对材料规格、施工要求及验收规则等有规定的，本说明不再重复，均按有关规定执行。

3.2 所注尺寸均以毫米（mm）为单位，标高也以毫米（mm）为单位。标高均为完成面尺寸之相对标高。顶面标高为相对于各层地坪完成面之标高。

3.3 设计中采用标准详图，通用图应重复利用图，均应按照各图纸要求全面配合施工。节点或全部详图，不论采用其局部，均以施工图为准。

3.4 所有与水、电、风、动等工种有关的预埋件，预留孔洞施工时应与有关的图纸密切配合。

3.5 所选用的材料及做法由业主会同设计，时必需与相关的图纸密切配合。

3.6 本项目设计施工图中表达的材质和做法与本说明有不符的，均以本说明为准。

3.7 此设计说明为与装饰设计施工图中未表达的材料小样由业主认可后，方能实施。和本说明有冲突，以此设计说明的总说明为准。

4. 装饰材料及施工要求

参照标准

本工程所有的参照标准均按国家现行的标准、施工方法进行工程中应采用最佳适合这些的标准。同时，业主、监理也有权要求施工方在上面留下痕迹。但必须满足《建筑装饰装修工程质量验收标准》GB 50210。

4.1 石材工程

4.1.1 材料

石材本身各不得有隐伤、风化等缺陷，不会损害其强度和装饰的成分之外观，也不应引起相邻部结构的成坏。

4.1.2 安装

(1) 检查垫层垫层安装妥当，并修饰好。

(2) 确定线条、水平图案，并加以保护。

(3) 在底、垫层达到需求状态前施以石料。

(4) 地面用浮筑法安装石料并将之压入均匀平面固定，墙面用湿贴法和干挂法安装。

(5) 凡施工中出现石料直角拼接的地方，都按图施工。

(6) 灰浆至少养护24h后施加填缝料。

4.1.3 石材加工

(1) 将石料加工成所需要的板板尺寸，厚度和形状，准确切割，保证尺寸符合设计要求。

(2) 将石料塑造成特殊型，镶边和外露边缘，并进行修饰以与相邻表面相配。

(3) 所用胶结石料的品种，修合比例应符合设计要求，并有产品合格证及检验报告。

(4) 提供的砂应是干净，坚硬的硅质材料。

(5) 用勾缝法至少养护24h后施加填缝料，用工具将表面加工成平头接合。

4.2 木料工程

4.2.1 材料

材料应用最好之类型，必须经过供干或自然干燥后才能使用，自然生长的木材，没有虫蛀，松散或腐蚀等其他缺点，并具不会遇曲，爆裂及其他因处理不当而引起的缺点。

4.2.2 防火处理

(1) 所有基层木材的防火要求，达到B1级，刷三层市消防局同意使用的防火漆或防火涂料，涂上三层后，施工方要征得同意满足的防火要求。

4.2.3 尺寸

所有装饰的木材均严格按图纸施工，凡所有设计施工节点各不同处相充满足其强度和保证按图实施，所有尺寸应设计在工地核实，若图样或规格与实际工地有任何偏差，应即通知设计师。

4.2.4 装饰

所有完成时在木之外之木作工艺表面，除特别注明处，都应按照设计要求做饰面。

4.2.5 收缩度

所有装饰的木制品所用之材，均应经过干燥并保证制品的收缩度不会损害其装饰和装饰的之外观，也不应引起相邻结构的成坏。

4.2.6 装配

施工方应在已完成面外之必要的开榫眼、接榫、开槽、金属板、榫接头、螺栓、铁钉和其他室内设计要求的或者顺利进行定时所需的装配件。

4.3 材料

所有五金器具必须防止生锈和沾染，使用完成工作后应提供样品征得业主、总监方及设计师的同意，在完成工作面上所有五金器具都应擦油、清洗、磨光和可以操作，所有铜匙必须清楚地贴上标签。

4.4 油漆工程

4.4.1 材料和品质

材料证明品质木基饰面油漆均以八度左右干燥基层，终饰为哑漆半亚光。

4.4.2 上油漆

本项目顶、墙涂料均以上三度。油漆工程的等级应品质均应符合设计要求和现有有关产品国家标准的规定。

上油漆

(1) 没有完全干透，或其他隙有生线时不能进行操作。

(2) 对所有表面之间，裂缝或其他不足之处应先修整好才进行油漆。

(3) 要保证每道油漆工作的质量，要求涂刷基层，防止漏刷，过厚，留痕涂层和漆膜。

(4) 在原先在油漆涂层硬打磨后，才可进行下一道工序。

(5) 在油漆之前应拆开所有五金器具，并具在在油漆后安回原处。

(6) 应先进行油漆小色样的样，在征得业主、总监方批准方可开始大面积施工。师同意后方可大面积施工作业。

某会所餐厅室内装修图

设计单位　Principal/Unit

项目名称　Project

某会所室内装修改造项目

图名　Drawing Title:

建筑室内装修总说明01

项目编号 Job NO.　S 20XX-XX

专业 Discipline　装饰

出图 Scale　图别 Drawing Type：施工图

日期 Date　20XX.XX　图号 Drafting NO.　说明01

建筑室内装修总说明02

4.5 墙布
供应商在生产中做好防火难燃处理，要求达到B1标准。

4.6 地毯楼地面
地毯的燃烧性能等级应达到B1级标准。

4.7 玻璃工程

4.7.1 采用的玻璃须满足《建筑玻璃应用技术规程》JGJ 113—2015中的相关规定，安全玻璃；有框平板玻璃的最大许用面积应符合《规程》表7.1.1-1的规定，真空平板玻璃和夹丝玻璃的最大许用面积应符合《规程》表7.1.1-2的规定，并应符合下述要求：

1. 活动门玻璃，固定门玻璃和落地玻璃选用：
   (1) 有框玻璃应使用符合《规程》表7.1.1规定的安全玻璃。
   (2) 无框玻璃应使用公称厚度不小于12mm的钢化玻璃。

2. 室内隔断应采用安全玻璃，且最大使用面积应符合表7.1.1-1的规定。

3. 人群集中的公共场所（健身房、游泳等）：
   (1) 有框玻璃应使用符合《规程》表7.1.1-1的规定，厚度不小于5mm的钢化玻璃或公称厚度不小于6.38mm的夹层玻璃。
   (2) 无框玻璃应使用符合《规程》表7.1.1-1规定，厚度不小于10mm的钢化玻璃。

4. 浴室玻璃应符合下列规定：
   (1) 下列位置的有框玻璃，应使用符合《规程》表7.1.1-1的规定。
     1) 用于淋浴隔断，浴缸隔断的玻璃。
     2) 玻璃内侧不可见线与浴缸或淋浴基座边部距离不大于500mm，并且玻璃底边可见线与浴缸底或地板的距离最近或最小为1500mm。
   (2) 浴室的无框玻璃门应使用符合《规程》表7.1.1-1的规定，且公称厚度不小于12mm的钢化玻璃。
   (3) 室内利用玻璃作为镜面贴面安装在符合《规程》表7.1.1-1规定。

5. 栏板玻璃应符合下列规定：
   (1) 设有立柱扶手，栏板玻璃作为防护栏板使用的栏板玻璃应符合《规程》表7.1.1-1规定。系统中以外的所有有无框玻璃，且公称厚度不小于12mm的钢化玻璃。
   (2) 栏板玻璃固定在结构上且直接承受人体荷载的栏板玻璃应符合下列规定：
     1) 当栏板玻璃最低点离楼地面高度不大于5m时，应使用公称厚度不小于16.76mm钢化夹层玻璃。
     2) 当栏板玻璃最低点离楼地面高度大于5m时，不应采用此类护栏系统。

6. 安装在易于受到人体或物体碰撞部位的建筑玻璃，如落地窗、玻璃门、玻璃隔断等，应采取防护措施。

7. 根据易发生碰撞的建筑玻璃所处的具体部位，高度设置目标志或护栏等防护碰撞措施，应处人体或护栏。碰撞后可能发生高处人体或玻璃坠落时，应采用可靠护栏。

8. 用于顶棚的玻璃（含镜面玻璃）必须是安全玻璃。当其最高点离地面大于5m时必须使用夹层玻璃，夹层胶片的厚度不应小于0.76mm。

9. 安全玻璃必须经过不得存在锋利的边缘和尖锐的角部。玻璃必须避免暴露及显示不得产生剪力和观觉歪曲的效果。

4.7.2 室内装修做法

5. 室内装修做法

5.1 根据《建筑设计防火规范（2018年版）》GB 50016—2014，本工程耐火等级为一级，本项目中各类建筑构件的燃烧性能和耐火极限不应低于下列要求：

构件名称	燃烧性能和耐火极限（h）
防火墙、承重墙	不燃性 3.00
楼梯间和前室的墙、电梯井的墙	不燃性 2.00
非承重外墙、疏散走道两侧的隔墙	不燃性 1.00
房间隔墙	不燃性 0.75
楼板、疏散楼梯	不燃性 1.50
吊顶	不燃性 0.25

5.2 根据《建筑内部装修设计防火规范》GB 50222—2017，本项目中各部位装修材料的燃烧性能等级不应低于下列要求：

建筑规范	性质	顶棚	墙面	地面	隔断	固定家具	窗帘	帷幕	其他装饰材料
餐饮健身场所	A	B1	B1	B1	B2	B1	B1	—
									B2

注：无窗房间应满足5.1和5.2的要求。

5.3 一般要求

5.3.1 建筑内部装修不应擅自减少、改动、拆除、遮挡消防设施。疏散指示标志、安全出口、疏散出口、疏散走道和防火分区、防烟分区等。

5.3.2 建筑内部消火栓箱门不应被装饰物遮掩，消火栓箱门四周的装修材料颜色应与消火栓箱门的颜色有明显区别或在消火栓箱门表面设置发光标志。

5.3.3 疏散走道和安全出口的顶棚、墙面不应采用影响人员安全疏散的镜面反光材料。

5.3.4 地上建筑的水平疏散走道和安全出口的门厅，其顶棚应采用A级装修材料，其他部位应采用不低于B1级的装修材料；地下民用建筑的疏散走道和安全出口的门厅，其顶棚、墙面和地面均应采用A级装修材料。

5.3.5 疏散楼梯间和前室的顶棚、墙面和地面均应采用A级装修材料。

5.3.6 建筑物内设有上下层相连通的中庭、走马廊、开敞楼梯、自动扶梯时，其连通部位的顶棚、墙面应采用A级装修材料，其他部位应采用不低于B1级的装修材料。

5.3.7 无窗房间内部的装修材料的燃烧性能等级除A级外，应在本规定的基础上提高一级。

5.3.8 消防水泵房、机械加压送风排烟机房、固定灭火系统钢瓶间、配电室、变压器室、发电机室、储油间、通风和空调机房等，其内部所有墙面、顶棚和地面均应采用A级装修材料。

5.3.9 消防控制室等重要房间，其顶棚和墙面应采用不低于B1级的装修材料。

5.3.10 建筑内的厨房，其顶棚、墙面、地面均应采用A级装修材料。

5.3.11 防烟分区的挡烟垂壁，其装修材料应采用A级装修材料。

5.3.12 经常使用明火的餐厅，其装修材料的燃烧性能等级应在本规定的基础上提高一级。

5.3.13 照明灯具及电气设备、线路的高温部位，当靠近非A级装修材料时，应采取隔热、散热等防火保护措施，帷幕、帷幕、软包等装修材料的燃烧性能等级不应小于500mm；灯具应采用不低于B级的材料。

5.3.14 建筑内部不宜设置采用B级装修材料制成的壁挂、布艺等，当需要设置时，不应靠近电气线路。火源或其他热源，或采取防火隔离措施。

5.4 根据隔声减噪要求，做好容墙与楼板、隔墙间的填充和密封的处理。

5.4.1 根据功能区域有不同要求：宴会厅、多功能厅、会议厅等房都需达到50dB；机电房、厨房也需达到50dB。

5.5 墙体

5.5.1 墙体选用应满足5.1和5.2的要求。

5.5.2 室内墙面装修应选用符合国家A级或B1级防火规范要求的装饰材料。

5.5.3 所有装饰墙面的木材料均应在木饰背、细木工板等不露面的大木材均应涂三层防火漆。大面积木装饰、木材需防火处理涂漆应达到B1级防火等级。

5.5.4 楼层层、弱电间的墙体采用石膏板为剪力墙或内嵌岩棉隔墙砌块。

5.5.5
(1) 普通墙体为：双层9.5厚纸面石膏板复合轻钢龙骨隔墙或蒸压加气混凝土砌块。
(2) 压顶混凝土砌块。走道部分的墙体采用加气混凝土砌块或陶粒混凝土砌墙顶或顶面到顶梁。
(3) 具体墙体做法见平面图中的图例。

5.5.6 室内饰面装饰应选用符合国家B1级防火规范要求的装饰材料。

某会所餐厅室内装修图

建设单位 Client
项目名称 Project：某会所室内装修改造项目

普通设计/日期 Principal By/Date
校 对/日期 Check By/Date
设 计/日期 Design By/Date

审 定/日期 Authorize By/Date
审 核/日期 Verified By/Date
项目负责人/日期 Supervised By/Date

图名 Drawing Title：建筑室内装修总说明02

专业 Discipline：装饰
Drawing Type：施工图
图号 Drawing NO：说明02

设计编号 Job NO：S 20XX-XX
比例 Scale：
日期 Date：20XX.XX

A3 图纸 420×297 其

建筑室内装修总说明03

5.5.7 所有木装修墙面均采用的木龙骨、细木工板等不露面大木料均涂三度防火漆。大面积大面木装修，木材需防火浸涂处理以达到B、级防火等级。

5.5.8 所有门套尺寸都应根据装修后的尺寸反推，请施工单位按FMP为甲级防火门。门洞高度与质设计不同处，应最新设置以门过梁。

5.5.9 花岗石、大理石、铝板装饰的内墙及钢化玻璃幕墙门窗均应由专业厂商供应，并提供有关节点详图和施工方法。

5.5.10 凡采用石膏板砌体墙面时，各类管道的排烟道、排风管、水管道井，当不能同墙体。

5.5.11 卫生间等潮湿水房间隔墙下端装修筑200高C20条混凝土墙垛，当不能实做的原应铺施工时，图内尺寸仅供参考。

5.5.12 卫生间做法同邻近墙面。

5.5.13 凡室内露明的水层及上下管井皆采用60厚蝶窦砖型GRC板封包，厚外饰面做法同邻近墙面。

5.5.14 玻璃隔墙高度在2.8m以下，玻璃采用12mm厚钢化玻璃，2.8~4.0m间，玻璃采用18mm钢化玻璃。

5.6 顶棚

5.6.1 顶棚吊顶装饰应选用符合国家A级防火规范要求的装修材料。

5.6.2 顶棚龙骨应选用优质轻钢龙骨、局部使用的木龙骨需涂三度防火漆。

5.6.3 工作范围

顶棚板系指顶装饰所需部分。

(1) 悬挂系统所选用的吊钩和其他附件。

(2) 边缘装饰。

(3) 顶棚龙骨、同搁。

(4) 顶棚板材。

(5) 照明装置。

5.6.4 材料

吊顶工程所选用材料的品种、规格、颜色以及连层构造、固定方法应符合规范设计及设计要求。

5.6.5 安装

准备：面板安装前的准备工作应符合下列规定：

1) 在楼内接设计预理件或容件。

2) 吊顶内的通风、水电管道等隐蔽工程应安装完毕。

3) 当吊顶采用自攻螺钉安装饰板材时，板材的接缝处，必须以龙骨连接。

4) 全面校正正、次龙骨的位置及水平度。通常龙骨不小于40mm的次龙骨上。错位偏差不得超过2mm。

5.7 门

5.7.1 本项目中的防火门以、FM甲 / FMZ / FM丙 表示，其中FM甲为甲级防火门，其耐火极限为1.20h，FMZ为乙级防火门，其耐火极限为0.90h，FM丙为丙级防火门，其耐火极限为0.60h。

5.7.2 防火门应为向疏散方向向开启的平开门，并应能在其内外两侧手动开启。

5.7.3 本项目中采用的防火卷帘符时，其耐火极限不低于3.00h，应符合《建筑设计防火规范（2018年版）》GB 50016—2014中对防火门的要求，并在装修工程中产格转变。

5.7.4 本项目中门的编号及处理详图中是否表达，均以各层平面图为准。

5.8 其他

5.8.1 五金件

5.8.1.1 铝合金门拉手选用光面不锈钢拉手，铝合金窗选用光面不锈钢折手动锁。

5.8.1.2 普通木门拉手选用光面不锈钢门折拉手，铰链为亚光不锈钢。

5.8.1.3 特殊木门拉手选用定制光面不锈钢门折拉手，铰链为亚光不锈钢。

5.8.1.4 卫生间五金件及毛中架均为光面不锈钢。

5.8.2 织物

(除图中注明外)窗帘选用光面色，遮光卷轴窗帘。

5.8.3 油漆

5.8.3.1 所有木装修结层均用防火漆二度。

5.8.3.2 饰面钢制品为红丹漆打底，油漆混水二度、柳安木三度批嵌一度清油。

5.8.3.3 成品钢制品为清水二度为面漆，油漆混水二度、颜色详见个体。

5.8.4 洁具

洁具均选用白色洁具。

5.8.5 风口

所有送回风口均采用铝合金白色雨漆。(除图中特体标注)

---

6. 构造做法

6.1 墙面装修做法

室内装饰墙面应选用符合国家A级防火规范要求的装饰材料。

6.1.1 所有木装修墙面材底采用的木龙骨、细木工板等不露面大木料均涂三度防火漆。大面积大面木装修，木材需防火浸涂处理以达到B、级防火等级。

6.1.2

〈W1〉乳胶漆墙面

彩色抗碱乳胶漆三度（颜色具体场合定）

20厚1:3水泥砂浆粉光	石膏板墙面，纸绸带封边
熟胶粉批腻二度，刮批腻抛平	
钢筋混凝土或砖砌墙面	

〈W2〉花岗石/大理石墙面（干挂）

20mm厚花岗石/大理石干挂

钢角支架

钢筋混凝土或砖砌墙面

〈W3〉大理石墙面（湿贴）

20mm厚大理石湿贴

5厚1:1水泥砂浆粘贴层

专用防水剂一度

15厚1:3水泥砂浆

钢筋混凝土或砖砌墙面

〈W4〉墙面砖墙面

墙面砖

5厚1:1水泥砂浆粘贴层

专用防水剂一度

15厚1:3水泥砂浆

钢筋混凝土或砖砌墙面

建筑室内装修总说明04

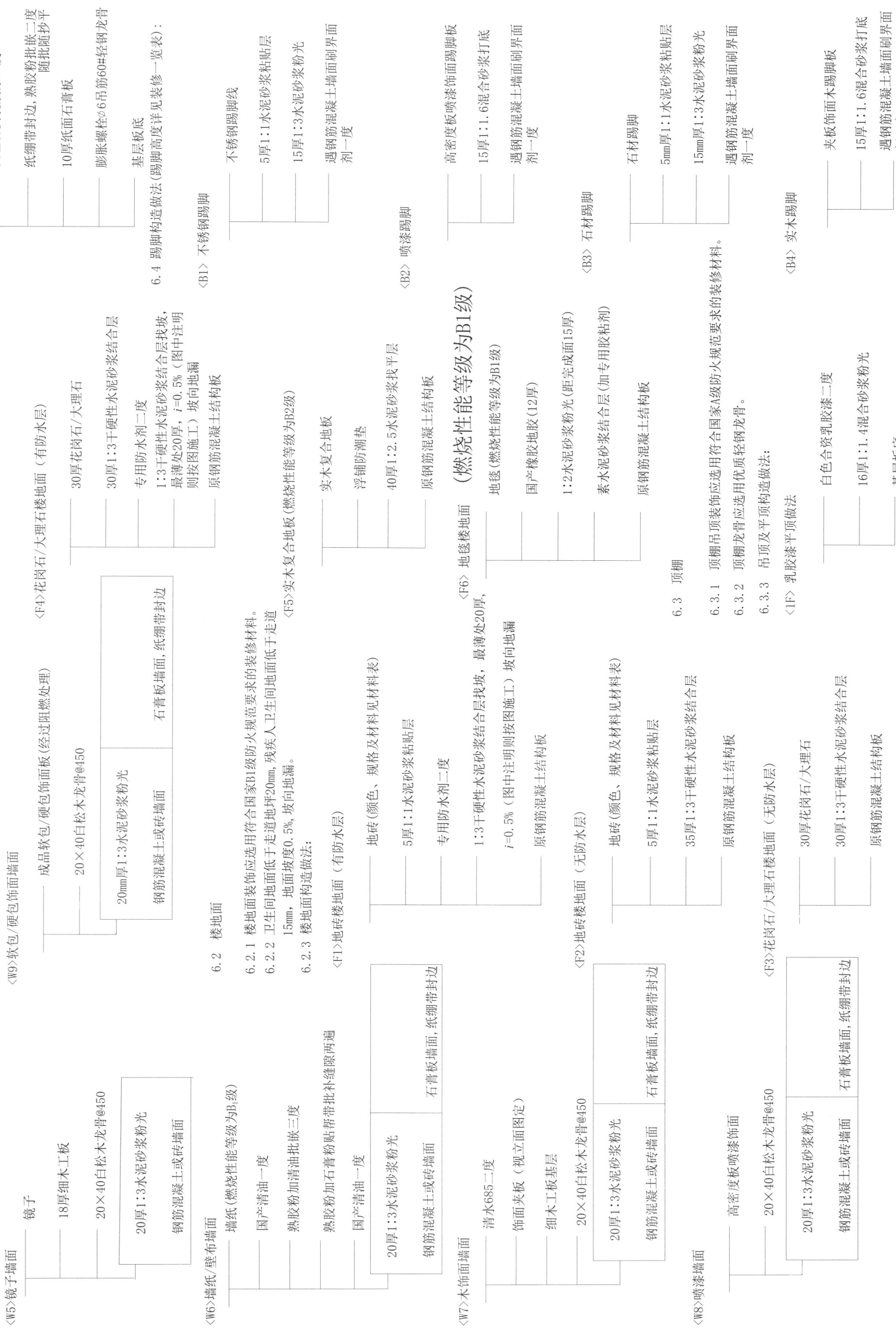

<W5>镜子墙面
- 镜子
- 18厚细木工板
- 20×40白松木龙骨@450
- 20厚1:3水泥砂浆粉光
- 钢筋混凝土或砖墙面

<W6>墙纸、壁布墙面
- 墙纸（燃烧性能等级为B₁级）
  - 国产清油一度
  - 熟胶粉加清油批嵌三度
  - 热胶粉加石膏粉批嵌带批补缝隙两遍 ┐
  - 国产清油一度   ├ 石膏板墙面、纸绷带封边
  - 20厚1:3水泥砂浆粉光   ┘
  - 钢筋混凝土或砖墙面

<W7>木饰面墙面
- 清水685二度
- 饰面夹板（视立面图定）
- 细木工板基层
- 20×40白松木龙骨@450 ┐
- 20厚1:3水泥砂浆粉光   ├ 石膏板墙面、纸绷带封边
- 钢筋混凝土或砖墙面   ┘

<W8>喷漆墙面
- 高密度板喷漆饰面
- 20×40白松木龙骨@450 ┐
- 20厚1:3水泥砂浆粉光   ├ 石膏板墙面、纸绷带封边
- 钢筋混凝土或砖墙面   ┘

<W9>软包/硬包饰面墙面
- 成品软包/硬包饰面板（经过阻燃处理）
- 20×40白松木龙骨@450 ┐
- 20mm厚1:3水泥砂浆粉光 ├ 石膏板墙面、纸绷带封边
- 钢筋混凝土或砖墙面   ┘

<C2>轻钢龙骨纸面石膏板吊顶（一b.TK板）
- 白色乳胶漆二度
- 纸绷带封边、熟胶粉批嵌二度随批随抄平
- 10厚纸面石膏板
- 膨胀螺栓⌀6吊筋60⌀轻钢骨
- 基层板底

6.4 踢脚（踢脚脚高度详见装修一览表）

<B1>不锈钢踢脚
- 不锈钢踢脚线
- 5厚1:1水泥砂浆贴层
- 15厚1:3水泥砂浆粉光
- 遇钢筋混凝土墙面刷界面剂一度

<B2>喷涂踢脚
- 高密度板喷漆饰面踢脚板
- 15厚1:1.6混合砂浆打底
- 遇钢筋混凝土墙面刷界面剂一度

<B3>石材踢脚
- 石材踢脚
- 5mm厚1:1水泥砂浆粘贴层
- 15mm厚1:3水泥砂浆粉光
- 遇钢筋混凝土墙面刷界面剂一度

<B4>实木踢脚
- 夹板饰面木踢脚板
- 15厚1:1.4混合砂浆粉光
- 遇钢筋混凝土墙面刷界面剂一度

6.2 楼地面

6.2.1 楼地面装饰应选用符合国家B₁级防火规范要求的装修材料。
6.2.2 卫生间地面低于走道地坪20mm，残疾人卫生间地坪
15mm，地面坡度0.5%，坡向地漏。
6.2.3 楼地面构造做法：

<F1>地砖楼地面（有防水层）
- 地砖（颜色、规格及材料见材料表）
- 5厚1:1水泥砂浆粘贴层
- 专用防水剂一度
- 1:3干硬性水泥砂浆结合层找坡，
  i=0.5%（图中注明则按图施工）坡向地漏
- 原钢筋混凝土结构板

<F2>地砖楼地面（无防水层）
- 地砖（颜色、规格及材料见材料表）
- 5厚1:1水泥砂浆粘贴层
- 35厚1:3干硬性水泥砂浆结合层
- 原钢筋混凝土结构板

<F3>花岗石/大理石楼地面（无防水层）
- 30厚花岗石/大理石
- 30厚1:3干硬性水泥砂浆结合层
- 原钢筋混凝土结构板

<F4>花岗石/大理石楼地面（有防水层）
- 30厚花岗石/大理石
- 30厚1:3干硬性水泥砂浆结合层
- 专用防水剂二度
- 1:3干硬性水泥砂浆结合层找坡，
  最薄处20厚，i=0.5%（图中注明则按图施工）坡向地漏
- 原钢筋混凝土结构板

<F5>实木复合地板（燃烧性能等级为B₂级）
- 实木复合地板
- 浮铺防潮垫
- 40厚1:2.5水泥砂浆找平层
- 原钢筋混凝土结构板

<F6>地毯楼地面
- 地毯（燃烧性能等级为B₁级）
- 国产橡胶地垫（12厚）
- 1:2水泥砂浆粉光（距完成面15厚）
- 素水泥砂浆结合层（加专用胶粘剂）
- 原钢筋混凝土结构板

（燃烧性能等级为B₁级）

6.3 顶棚

6.3.1 顶棚吊顶装饰应选用符合国家A级防火规范防火规范要求的装修材料。
6.3.2 原棚龙骨应选用优质轻质轻钢龙骨。
6.3.3 吊顶及平顶顶棚做法：

<IF>乳胶漆平顶做法：
- 白色乳胶漆二度
- 16厚1:1.4混合砂浆粉光
- 基层板底

某会所餐厅室内装修图

建设单位：
Client

项目名称：
Project   某会所室内装修改造项目

图名：
Drawing Title   建筑室内装修总说明04

专业：装饰
Discipline

图别：施工图
Drawing Type

图号：说明04
Drafting NO

设计编号：S 20XX-XX
Job NO

比例：
Scale

日期：20XX.XX
Date

首席设计师/日期
Principal By/Date

校对/日期
Check By/Date

设计/日期
Design By/Date

审定/日期
Authorized By/Date

审核/日期
Verified By/Date

项目负责人/日期
Supervised By/Date

建筑室内装修一览表

XXXX花园会所

编号	区域名	地面	防火等级	踢脚	防火等级	墙面/柱面	防火等级	顶棚	防火等级
1	一楼区域	第凡内/西班牙米黄	A	黑色镀钛拉丝不锈钢踢脚	A	木化石	A/B1	亚光乳胶漆	A
2	二楼区域	地毯/木地板	B1	镜面不锈钢踢脚	A	乳胶漆/墙纸/木皮	B1/B1/B1	亚光乳胶漆	A
3	泳池、更衣区	第凡内/马赛克	B1	镜面不锈钢踢脚	A	木化石/美国木纹	A/B1	无机乳胶漆	A

			某会所餐厅室内装修图			

某会所餐厅室内装修图

建筑室内装修总说明05

说明05

图示图例说明表

某会所餐厅室内装修图

[电源开关制]

地面	图例	安装高度见机电图纸
		[单控点灭]
		[双控双开关]
		[单极三开关]
		[单控单开关]
		[双控单开关]
		[双控双开关]
		[二位双开关]
		[声控调节分灯开关]
		[调光双控调光开关]
		[双控可控降水式开关]
		[防水插座]
		[门铃按钮]
		[插声器]
		[音乐调节厂门声开关]
		[防水声式开关]

[空调抽风系统]

地面	图例	注解
		[空调出风口]
		[空调回风口]
		[空气调节风口]
		[地面下送风]
		[抽出上回风]
		[空调风口风件(圆口)]
		[空调风口风件(圆口)]
		[温度调节器]
		[温度调节器(1350 高度)]

[灯光装置]

地面	顶面	注解
		[日光灯管]
		[映射灯管]
		[壁灯]
		[可调射灯]
		[嵌入式入射灯]
		[射灯]
		[吸顶灯]
		[隐藏灯管]
		[电制灯]

[消防、报警装置]

地面	顶面	注解
		[出风路指示灯]
		[紧急出路灯]
		[紧急走廊指示灯(600mm高)]
		[消防洒水头]
		[火警掣]

[其他事项]

符号	地面	顶面	详解
AA			ART [ARTIFACTS] [画、艺术品]
T.V.			TV [电视]
L.R.			LUGGAGE RACK [行李架]
F			FRIDGE [冰箱]
S			SAFE [保险箱]
KES			KITCHEN EQUIPMENT SUPPLIER [厨房设备供应商]

[电话、资料、电视、通讯]

地面	顶身	详解	安装高度见机电图纸
			[中电源二孔插座板]
			[中电源二孔插座]
			[单电源五孔插座]
			[剃须器电源插座]
			[吹气器电源插座]
			[电视天线接插座]
			[电话插座]
			[电话接线插座]
			[数字/卫电视视频线]
			[电视存翻输出插座]
			[互联网插座]
			[喇叭电源及互联线插座]
			[音乐音响插座]
			[灯门接口插座]
			[地面插座盒]
			[无线网络出入点]
			[红外控制器]

[给排水装置]

地面	顶身	详解
		[废管出口]
		[冷给水]
		[污漏]
		[冷、热给水及排水]
		[冷、热给水]

[符号图表]

符号	详解
	[标轴号例]
	[入样参考/剖面] [图纸编号]
	[立面参考编号] [图纸编号]
	[空间/剖面参考编号] [图纸编号]
	[商艺术品、家私及系统代码]
	[曲/艺品、家私及系统代码]
	[物料类别]
	[饰面物料标记] [饰物/饰面标记]
	[大样参考编号] [图纸编号]
	[顶棚入样索引范围图]
	[区域] [图纸编号]
	[剖切方向]
	[刀切号] [图纸编号]
	[水平向标记]
	[标高标记]
	[中心线标记]
	[水平剖面标记]
	[坡度标记]

[饰面类别]

符号	详解
CP	CARPET [地毯]
CT	CERAMIC TILE [瓷砖]
GL	GLASS [玻璃]
LP	LAMINATE PLASTIC [防火胶板饰面]
MR	MIRROR [波璃镜]
MT	METAL [金属]
PT	PAINT FINISH [油漆饰面]
ST	STONE [石材]
SF	SPECIAL FINISH [特殊饰面]
VT	UPHOLSTERY [家具皮革/布料/家具布料]
VL	VINYL [塑料制品]
WC	WALL COVERING [墙纸材料]
WD	WOOD FINISH [木皮饰面]
PL	Plastic/Rubber/Linoleum Floors/Sheet [制胶/橡胶/油毡底面]
IF	Loose Furniture 可活动的风格家具 and Accessories Fixed Furniture 固定（订做）家具 固定家具、卫生间设施和配件
IA	Loose Lights—Table/Floor Lamps 活动灯具-台灯和座地灯
CL	Ceiling Lights 顶棚灯具

[填充图例]

符号	详解
	[原木/工板]
	[实木]
	[石岗]
	[石膏板]
	[马赛克]
	[石材]
	[木间夹层板]
	[玻璃、镜子/立面]
	[波璃、镜子/平面]
	[防火砖/填充砌体物]
	[水泥砂浆]
	[地板/空心或实心包]
	[铁钉]
	[玻璃]
	[承重墙-砼墙、梁、柱]
	[防火建筑墙体]
	[新建砖砌]
	[轻钢龙骨间墙]
	[防水、防潮物]
	[木饰面/立面]
	[窗形]

[图纸类别]

	注解
FF	FIXTURE & FURNISHING PLAN [平面布置图]
RC	REFLECTED CEILING PLAN [天花平面图]
EM	ELECTRICAL & MECHANICAL PLAN [机电平面图]
AP	ARCHITECTURAL INFORMATION PLAN [建筑底系示面图]
FC	FLOOR COVERING PLAN [地台饰面平面图]
BA	BATHROOM FIXTURE & FURNISHING PLAN [卫生间家私平面图]
IE	INTERIOR ELEVATION [室内立面图]
FD	FIXTURE DETAIL SHEET [固定装置及大样详图]
RN	REFERENCE NOTATION [图例及符号说明表]
MS	MATERIAL SCHEDULE [饰面物料]
DS	DOOR SCHEDULE & SCHEDULE DETAILS [门表及门表大样图]

图名 图示图例说明表
项目名称 某会所餐厅室内装修
专业 装饰
图别 施工图
图号 RN
设计编号 S 20XX-XX
比例 Scale
日期 20XX.XX
A3 图幅框 420×297 日

A3 图框420x297 H （此图未经设计师书面批准，不得复印）

某会所餐厅室内装修图

材料符号表

项目	符号	说明	区域	供应厂商
（一）石材	ST-01	木化石（镜面）	大堂墙面	
	ST-02	第凡内（皮革面）	淋浴房地面	
	ST-02a	第凡内（镜池面）	游泳池地面	
	ST-02b	第凡内（皮革面）	大堂地面	
	ST-03	西班牙米黄（镜面）	大堂地面	
	ST-04	银白龙（镜面）	大堂木地板	
	ST-05	中国黑（镜面）	台面	
	ST-06	中国黑（镜面）	接待台及吧台台面	
	ST-07	美国白麻	台面	
	ST-08	美国白麻	接待台及吧台台面	
	ST-09	葡玉王	游泳池柱子	
	ST-09a	米黄洞石（亚光面）	更衣室墙面	
	ST-10	米黄洞石（切割面）	更衣室墙面	
		霜土白	艺术品	
（二）木材	WD-01	黑胡桃木（三分光）	详见图纸	
	WD-02	橡木（三分光）	详见图纸	
	WD-03	胡桃木地板	详见图纸	
	WD-04	橡木地板	详见图纸	
	WD-05	干蒸木	详见图纸	
（三）玻璃、镜子	GL-01	12mm钢化玻璃	详见图纸	
	GL-02	5mm镜子	详见图纸	
	GL-03	12mm钢化磨砂玻璃	KTV	
	GL-04	灰镜	KTV	
	GL-05	灰丝玻璃镜子	中餐厅	
	GL-06	茶色玻璃镜子	KTV	
	GL-07	油漆陶瓷玻璃	聚合沙龙	
	GL-07a	蚀刻玻璃镜	KTV	
	GL-08	透明水晶	KTV	
（四）油漆	PT-01	详见顶棚图	餐球室会议室 才艺室聚合沙龙 KTV 中餐厅 大堂吧	
	PT-02	详见图纸	健身房	
	PT-03	米白色的潮乳胶漆	健身房	
	PT-04	白色乳胶漆（亮光）	动感单车、私教室	
	PT-05	黑色乳胶漆	儿童游戏室	
	PT-06	绿色乳胶漆	健身房	
		黑色乳胶漆	施工方提供小样，设计确认	
（五）地毯	CP-01	地毯	健身房	
	CP-02	地毯	健身房	
	CP-03	地毯	健身房	
	CP-03a	地毯	动感单车、私教室	
	CP-03b	地毯	儿童游戏室	
	CP-03c	地毯	儿童乐室	
	CP-04	地毯	健身房	
	CP-05	地毯	影音室、办公室	

材料符号表

项目	符号	说明	区域	供应厂商
（六）壁纸	WC-01	壁纸	公共区、季房、私教室、电子高尔夫球室	
	WC-02	壁纸	大棋牌室	
	WC-03	壁纸	大棋牌室、会议室、才艺室	
	WC-04	壁纸	小棋牌室	
	WC-04a	壁纸	小棋牌室	
	WC-05	壁纸	桌球室	
	WC-06	壁纸	KTV	
	WC-07	壁纸	聚合沙龙、中餐厅	
	WC-07a	壁纸	中餐厅包间	
	WC-07b	壁纸	中餐厅包间	
（七）硬包	UP-01	布饰面	棋牌室	
	UP-02	皮饰面	电子高尔夫球室	
（八）金属	MT-01	镜面不锈钢	游泳池底	
	MT-02	不锈钢镀钛拉丝	详见图纸	
	MT-03	黑色不锈钢镀钛拉丝	详见图纸	
（九）砖	CT-01	马赛克	游泳池底、儿童池地底	
	CT-02	木纹砖	详见图纸	
	CT-03	白色墙面砖		
	CT-04	白色防滑地面砖		
（十）其他		艺术拉手		

建设单位 Client

项目名称 Project　某会所餐厅室内装修

图名 Drawing Name　材料符号表

项目编号 Job NO.　S 20XX-XX

日期 Date　20XX.XX

图号 Drawing NO.　MS-01

专业　装饰　施工图

审定/日期　Authorited By/Date
审核/日期　Verified By/Date
项目负责人/日期　Supervised By/Date
专业负责人/日期　Principal/Date
校对/日期　Check By/Date
设计/日期　Design By/Date

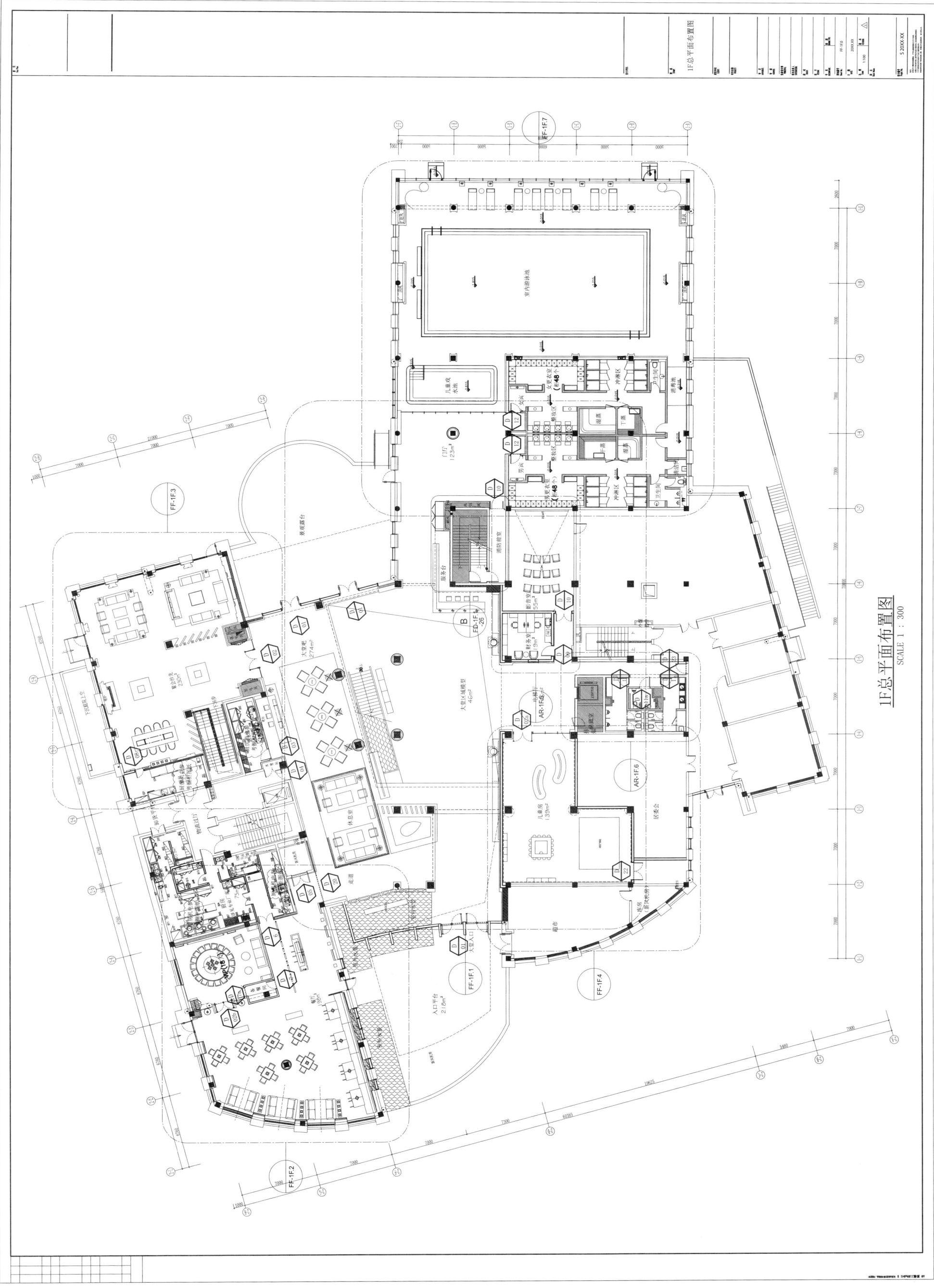

1F总平面布置图

SCALE 1 : 300

室内游泳池

儿童戏水池

门厅

消防控制室

服务台

AR-1F6

儿童区

S 20XX-XX

1F总平面布置图

1F顶棚总平面布置图

SCALE 1：300

符号	注解	高度
	空调出风百叶（底出）	
	空调回风百叶（底回）	
	空调出风百叶（侧出）	
	空调回风百叶（侧回）	
	空调新风百叶	
	检修板	
	顶棚消防喷淋头	
	烟雾感应器	
	无线网络接入点	
	背景音乐喇叭（可切换消防喇叭）	

注：1. 灯槽线照明藏于天花上。
2. 顶棚高度以地台台上±0.000设计。
3. 消防喷淋及烟感器之数量及位置。
4. 所有顶棚之灯具尺寸以实际采购为准。
5. 紧急照明之灯光藏以实际灯光电池。
6. 顶棚做法以顶棚大样图为准。

符号	注解	高度
	地嵌灯	
	可调向射灯	
	紧急照明灯	
	吊灯	
	单头射灯	
	双头射灯	
	嵌入式可调角度射灯	
	筒灯	
	嵌入式可调角度射灯	
	单头射灯	
	双头射灯	
	格栅灯	
	地灯	
	节能光源	
	LED灯带	
	白炽灯泡 色温2700K	

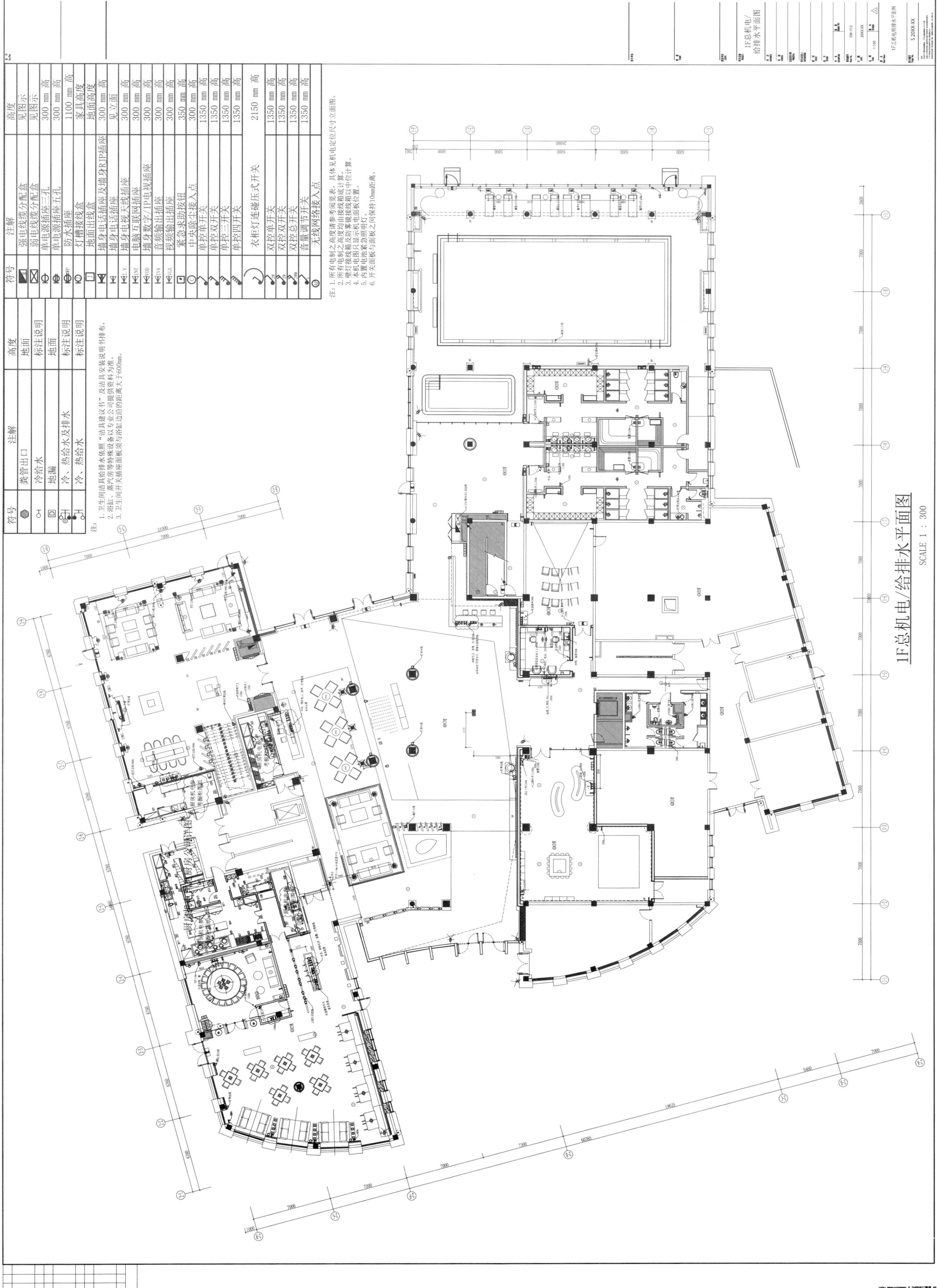

符号	注解	高度
⬡	粪管出口	地面
⊖	冷给水	标注说明
⊡	地漏	地面
	冷、热给水及排水	标注说明
	冷、热给水	标注说明

注: 1. 卫生间洁具给排水依照"洁具建议书"及洁具安装说明书排布。
2. 本品排污给排水详图由专业公司提供资料为准。
3. 卫生间开关插座面板与浴缸之间的距离大于600mm。

符号	注解	高度
	强电线缆分配盒	见图示
✕	单电源插座二孔	300 mm 高
⊕	单电源插座三孔	300 mm 高
⊕	防水插座	1100 mm 高
⊤	灯槽接线盒	家具高度
○	地面出线盒	地面高度
▽	墙身电话插座及墙身RJ电插座	300 mm 高
▽TV	墙身电话插座	见立面
TST	墙身电视天线插座	300 mm 高
HST	墙身互联网络插座	300 mm 高
	电脑整数字/IP电视插座	300 mm 高
	音频输出插座	300 mm 高
VGA	视频输出插座	350 mm 高
⊙	紧急求助按钮	350 mm 高
	中央除尘接入点	350 mm 高
⌁	单控单开关	1350 mm 高
⌁	单控双开关	1350 mm 高
⌁	单控三开关	1350 mm 高
⌁	单控四开关	1350 mm 高
⟳	衣柜灯连锁压式开关	2150 mm 高
⌁	双控单开关	1350 mm 高
⌁	双控双开关	1350 mm 高
⌁	双控总开关	1350 mm 高
○	音量调节开关	1350 mm 高
○	无线网络接入点	

注: 1. 所有电制之高度请参考高度表。具体另见机电定位尺寸立面图。
2. 所有电线线盒高度均由接线箱配计算。
3. 墙上灯线线箱及防水雾等线设备以安全为准接线箱以中位计算。
4. 本机图只安装机电面板以中位计算。
5. 内置图只安排机电面板配位置。
6. 开关面板之间间保持10mm距离。

1F总机电/给排水平面图

SCALE 1 : 300

1F总地坪布置图
SCALE 1 : 300

某会所餐厅室内装修图

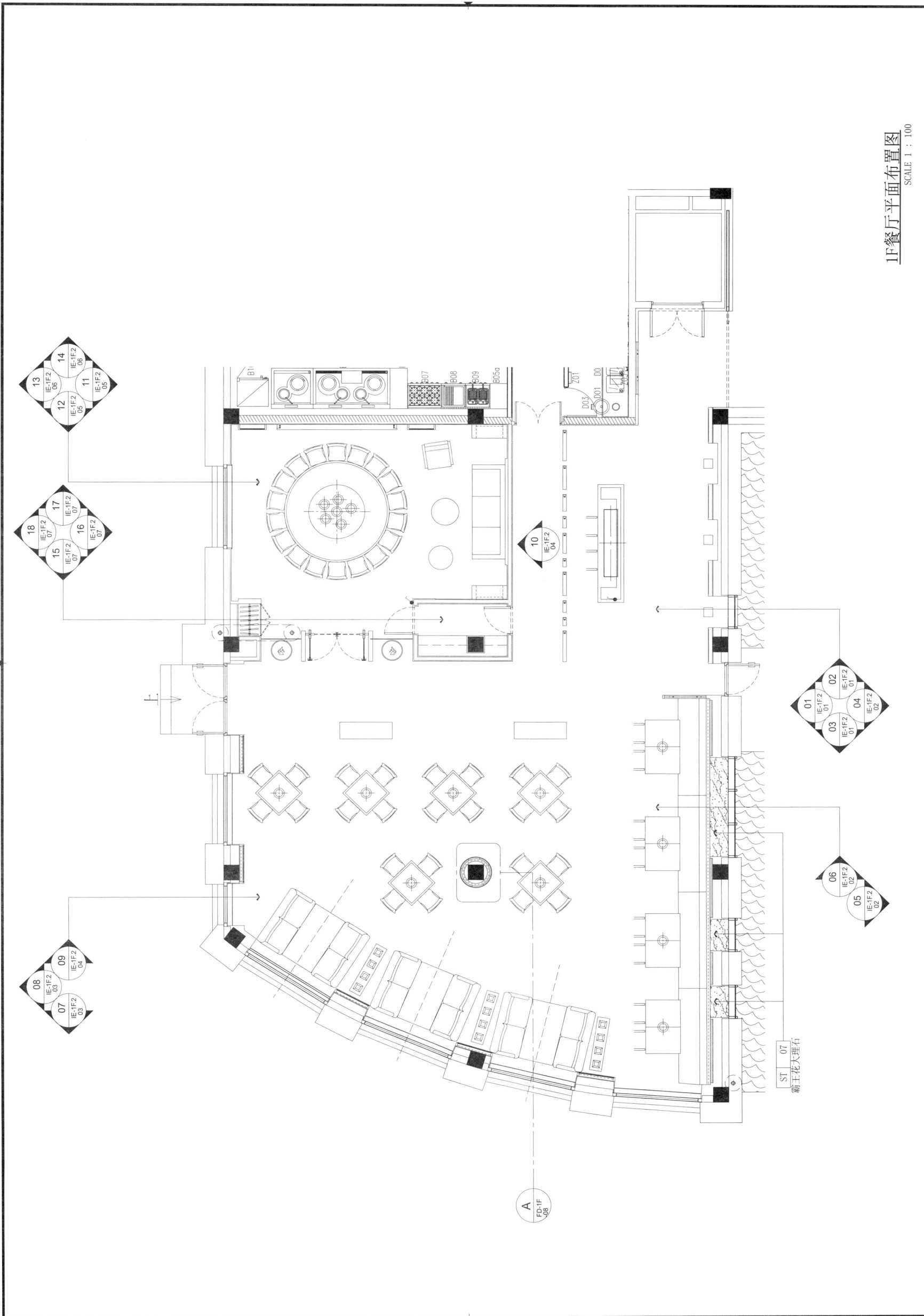

1F餐厅平面布置图
SCALE 1 : 100

专 业 Discipline:	装饰
图 别 Drawing Type:	施工图
图 号 Drafting NO.:	FF-1F2

设计编号 Job NO.: S 20XXXX
比 例 Scale: 1:100
日 期 Date: 20XX.XX

图 名 Drawing Title: 1F餐厅平面布置图

建设单位 Client:

项目名称 Project: 某会所餐厅室内装修

首席设计师/日期 Principal By/Date
校 对/日 期 Check By/Date
设 计/日 期 Design By/Date

审 定/日 期 Authorize By/Date
审 核/日 期 Verified By/Date
项目负责人/日期 Superintend By/Date

A3 图幅 420×297 H

A3 图框420x297 H （此图未经设计师书面批准，不得复印）

专业	人员	日期	专业	人员	日期	专业	人员	日期

某会所餐厅室内装修图

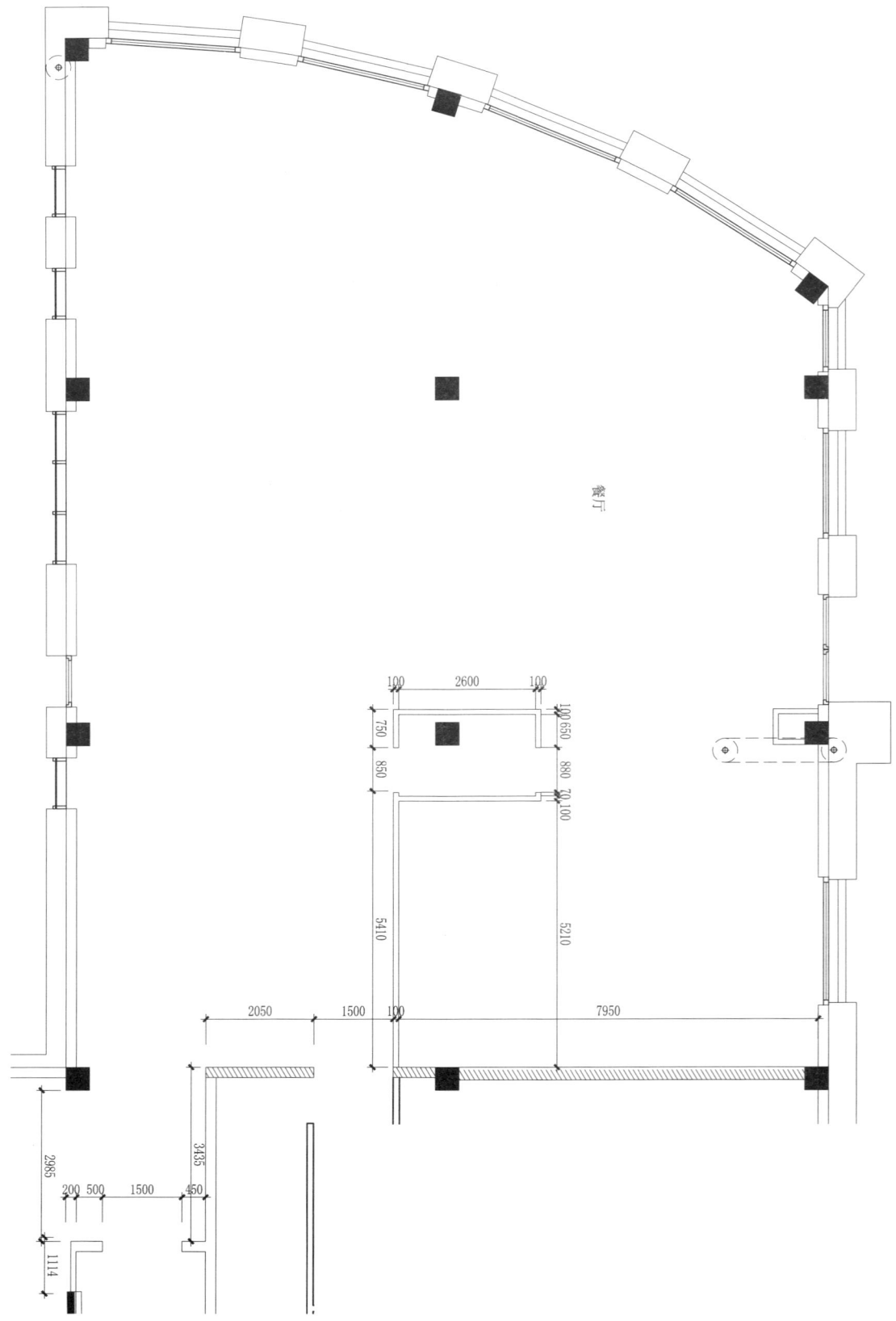

1F餐厅砌墙尺寸平面图
SCALE 1 : 100

餐厅

2600
100 100
750
850 880
5410
5210
7950
2050 1500 100
2985
3435
200 500 1500 450
1114

审定/日期
Authorize/Date

审核/日期
Verified By/Date

项目负责人/日期
Superintend By/Date

项目设计/日期
Principal/Date

校对/日期
Check By/Date

设计/日期
Design By/Date

建设单位：
Client:

项目名称：
Project:

图名：
Drawing Title:

某会所餐厅室内装修

1F餐厅砌墙尺寸平面图

设计编号：
Job NO: S-20XX-XX

比例：
Scale: 1:100

日期：
Date: 20XX.XX

专业：
Discipline: 装饰

图别：
Drawing Type: 施工图

图号：
Drafting NO: AR-1F2-01

专业	人员	日期	专业	人员	日期	专业	人员	日期

米滚枕参考图片

白色透光亚克力

某会所餐厅室内装修图

A 1F餐厅详图
SCALE 1:8

UP 01 软包
WD 01 华砣
明藏T5灯带
胡桃木饰面
胡桃木饰面
900
740
200
100
150
190
190
400
60
50
100

楼木饰面
透明亚克力
明藏T5灯带

B 1F餐厅详图
SCALE 1:8

UP 01 软包
WD 01 华砣
UP 01
WD 02
滚枕(由硬装施工)
明藏T5灯带
胡桃木饰面
胡桃木饰面
楼木饰面
200
100
120
150
190
740
400
190
60
50
100

明藏T5灯带
ST 07 新王花岗材台面
530
楼木饰面
10×10凹缝
WD 02
770
800

某会所餐厅室内装修图

设定/日期 Authorize By/Date		客户 Client:	
审核/日期 Verified By/Date			
项目负责人/日期 Supervisor By/Date		项目名称 Project:	某会所餐厅室内装修
首席设计师 Principal Date		图名 Drawing Title:	
校对/日期 Check By/Date			1F餐厅大样图八
设计/日期 Design By/Date			

彩色编号 Job NO.:	S 20XX-XX	专业 Discipline:	装饰
比例 Scale:		类别	施工图
日期 Date:	20XX-XX	图别 Drawing Type:	
		图号 Drawing NO.:	FD-1F2-08

A

某会所餐厅室内装修图

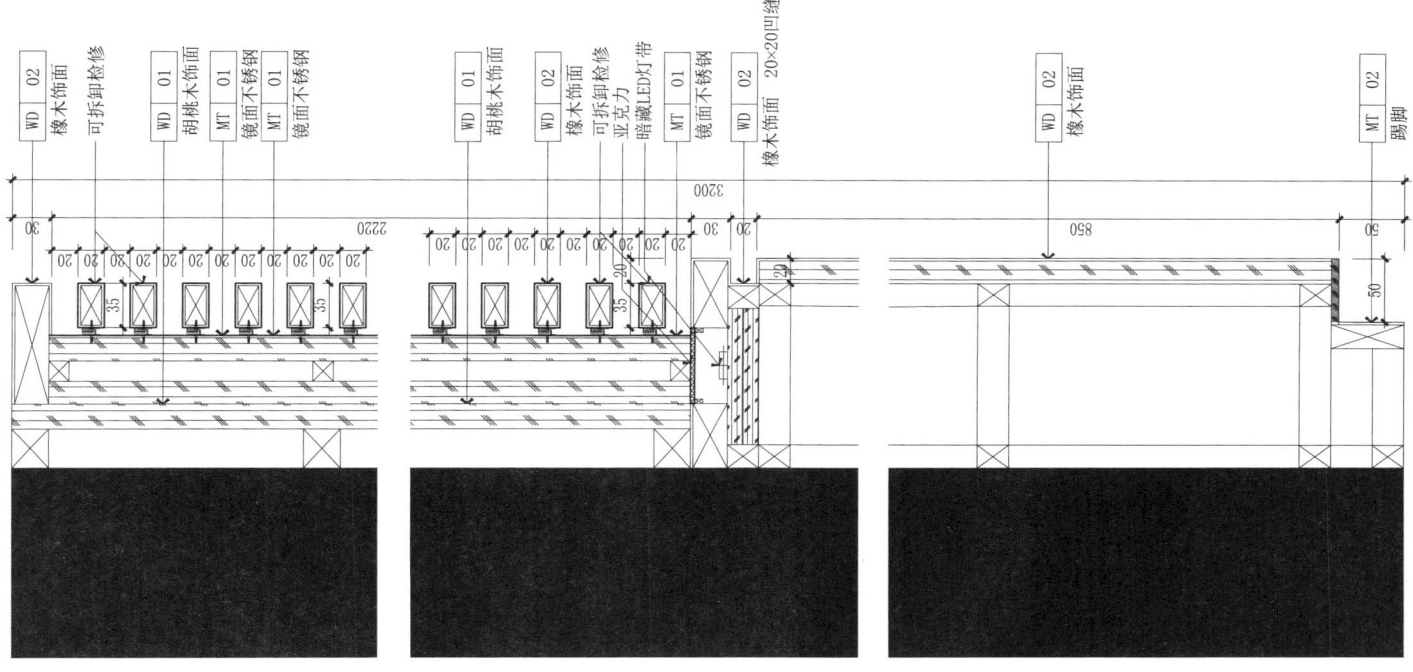

1F餐厅柱剖面 SCALE 1:5

1F餐厅大样图七

1F餐厅柱展开面 SCALE 1:20

1F餐厅柱立面 SCALE 1:20

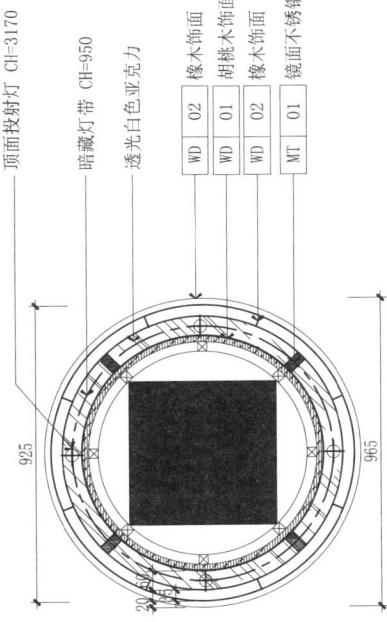

1F餐厅柱平面 SCALE 1:20

WD 橡木饰面 02
可拆卸检修
WD 胡桃木饰面 01
MT 镜面不锈钢 01
镜面不锈钢
WD 胡桃木饰面 01
WD 橡木饰面 02
可拆卸检修
亚克力
暗藏LED灯带
MT 镜面不锈钢 01
镜面不锈钢
WD 橡木饰面 02
橡木饰面 20×20凹缝
WD 橡木饰面 02
MT 踢脚 02

3200
2220
850
2810
2910

顶面投射灯 CH-3170
暗藏灯带 CH-950
透光白色亚克力
WD 橡木饰面 02
WD 胡桃木饰面 01
WD 橡木饰面 02
MT 镜面不锈钢 01

两排木条
可拆卸检修
WD 橡木饰面 02
WD 橡木饰面 02
MT 镜面不锈钢 01
镜面不锈钢
WD 胡桃木饰面 01
胡桃木饰面
两排木条
可拆卸检修
WD 橡木饰面 02
暗藏灯带
WD 橡木饰面 02
橡木饰面
MT 踢脚 02

925
965

专业 Discipline 装饰
图别 Drawing Type 施工图
图号 Drawing NO FD-1F2-07
设计编号 Job NO. S 20XXXX
比例 Scale
日期 Date 20XX.XX

建设单位 Client
项目名称 Project 某会所餐厅室内装修

专业设计/日期 Principal/Date
校对/日期 Check By/Date
设计/日期 Design By/Date

审定/日期 Authorize By/Date
审核/日期 Verified By/Date
项目负责人/日期 Superintend By/Date

A3 图幅 420×297

某会所餐厅室内装修图

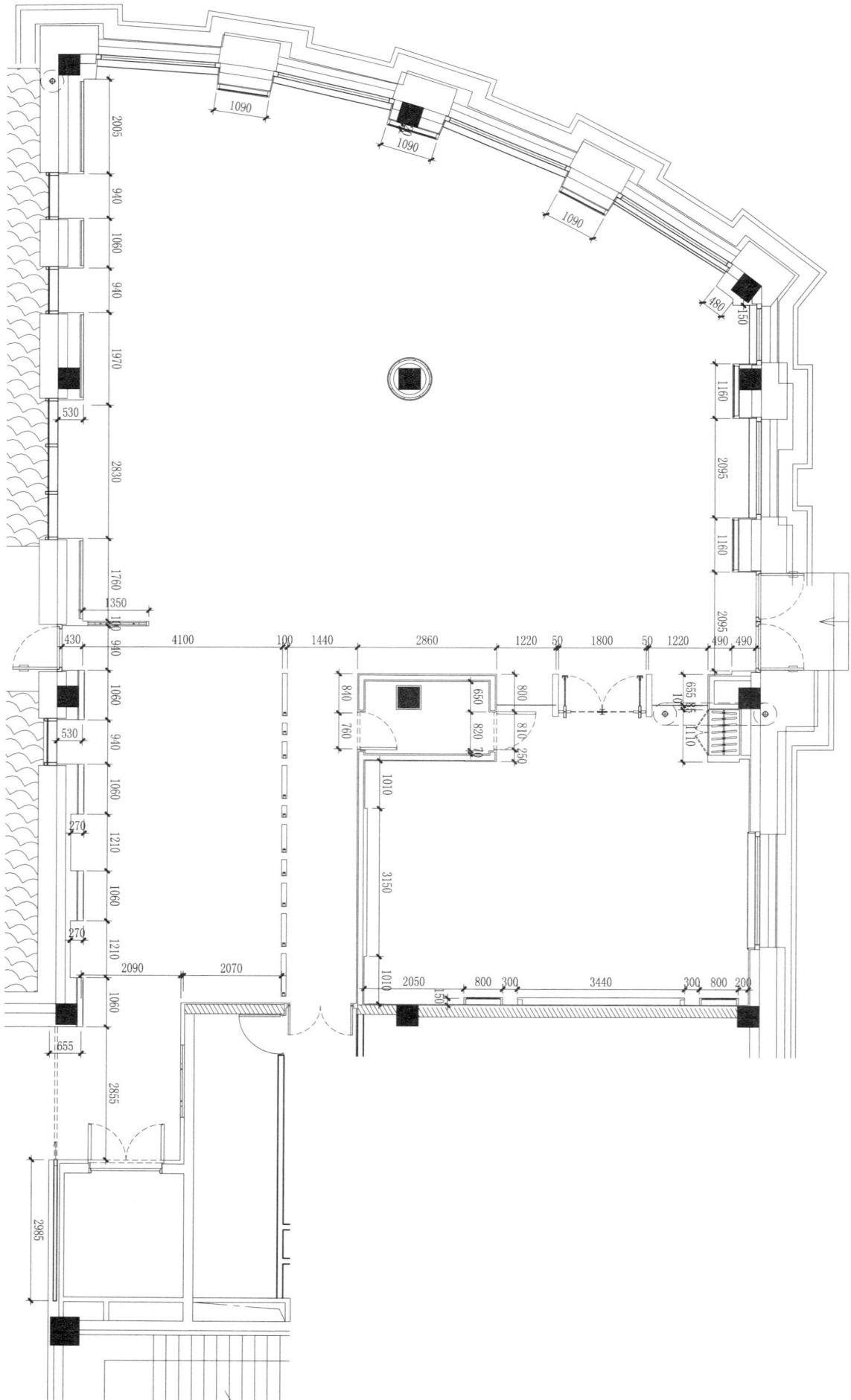

1F餐厅饰面尺寸平面图
SCALE 1：100

2005
1090
1090
1090
480
150
940
1060
940
1970
530
2830
1160
2095
1160
1760
1350
2095
490 490

430 940 4100 100 1440 2860 1220 50 1800 50 1220
840
760
650
800
820 20
810 250
1010
3150
1060
940
530
1060
1210
270
1060
1210
270
2090 2070
1010 2050 800 300 3440 300 800 200
1060
655
655 655
1110

2855

2985

2985

审定/日期
Authorize By/Date
审核/日期
Verified By/Date
项目经理人/日期
Superintend By/Date

目录对接
Principal/Date
校 核/日期
Check By/Date
设 计/日期
Design By/Date

建设单位
Client

项目名称
Project

某会所餐厅室内装修

图 名
Drawing Title

1F餐厅饰面尺寸平面图

设计编号
Job No: S-20XX-XX
比 例
Scale: 1:100
日 期
Date: 20XX.XX

专 业
Discipline   装饰
图 别
Drawing Type   施工图
图 号
Drafting NO.   AR-1F2-02

45

某会所餐厅室内装修图

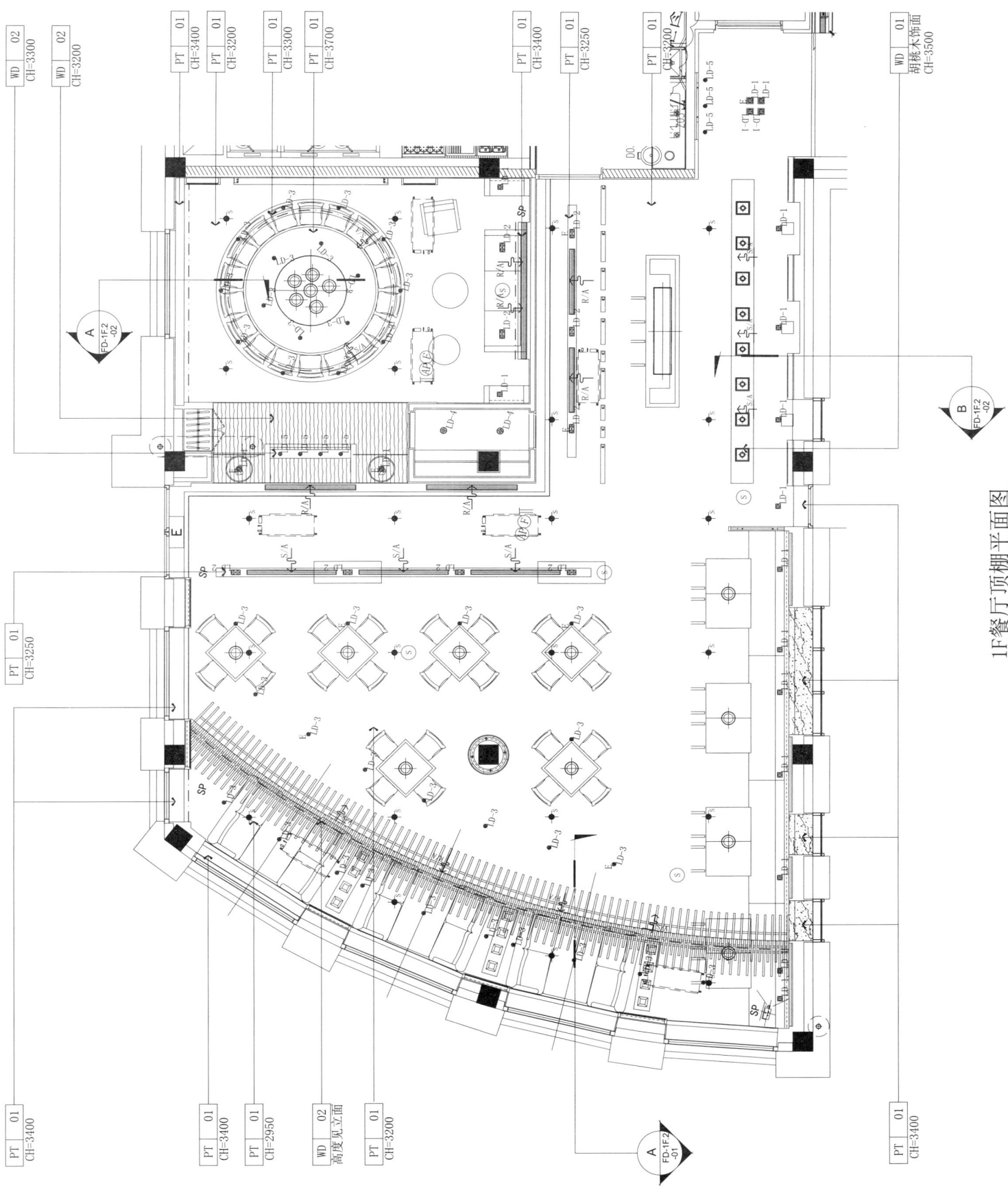

1F餐厅顶棚平面图
SCALE 1:100

图例/注解表

符号	注解	高度
	地嵌灯	
	可调向射灯	
	紧急照明灯	紧急照明灯
	吊灯	
	单头射灯	
	双头射灯	
	嵌入式可调角度射灯	
	简灯	节能光源
	嵌入式可调角度射灯	
	单头式射灯	
	双头射灯	
	格栅灯	
	地灯	白炽灯泡
	壁灯	色温2700K
	LED灯带	
	空调出风百叶（底出）	
	空调回风百叶（底回）	
	空调新风百叶（底出）	
	空调出风百叶（侧出）	
	空调回风百叶（侧回）	
	检修板	
	顶棚消防喷淋头	
	烟雾感应器	
	无线网络接入点	
	背景音乐喇叭，可切换消防喇叭	

注：1. 灯槽接线隐藏于顶棚上。
2. 顶棚高度以地台±0.000设计。
3. 消防淋头及烟感器之安装以实际为准。
4. 所有灯具安装之位置以实测以实际采购为准。
5. 紧急照明灯以消电图为准。
6. 顶棚做法以饰面大样图为准。

标注（顶棚标高标注）：
WD 02 CH-3300
WD 02 CH-3200
PT 01 CH-3400
PT 01 CH-3200
PT 01 CH-3300
PT 01 CH-3700
PT 01 CH-3400
PT 01 CH-3250
CH-3200
WD 02 胡桃木饰面 CH-3500
PT 01 CH-3250
PT 01 CH-3400
PT 01 CH-3400
PT 01 CH-2950
WD 02 高度复古面
PT 01 CH-3200
PT 01 CH-3400

设计编号 S 20XXXX
比例 1:100
日期 20XX.XX
专业 装饰
图别 施工图
图号 RC-1F-2-01

首席设计师/日期
校对/日期
设计/日期
审定/日期
审核/日期
项目负责人/日期
专业负责人/日期

建设单位
项目名称 某会所餐厅室内装修

图名 1F餐厅顶棚平面图

A3 图幅 420×297 H

专业	人员	日期	专业	人员	日期	专业	人员	日期

某会所餐厅室内装修图

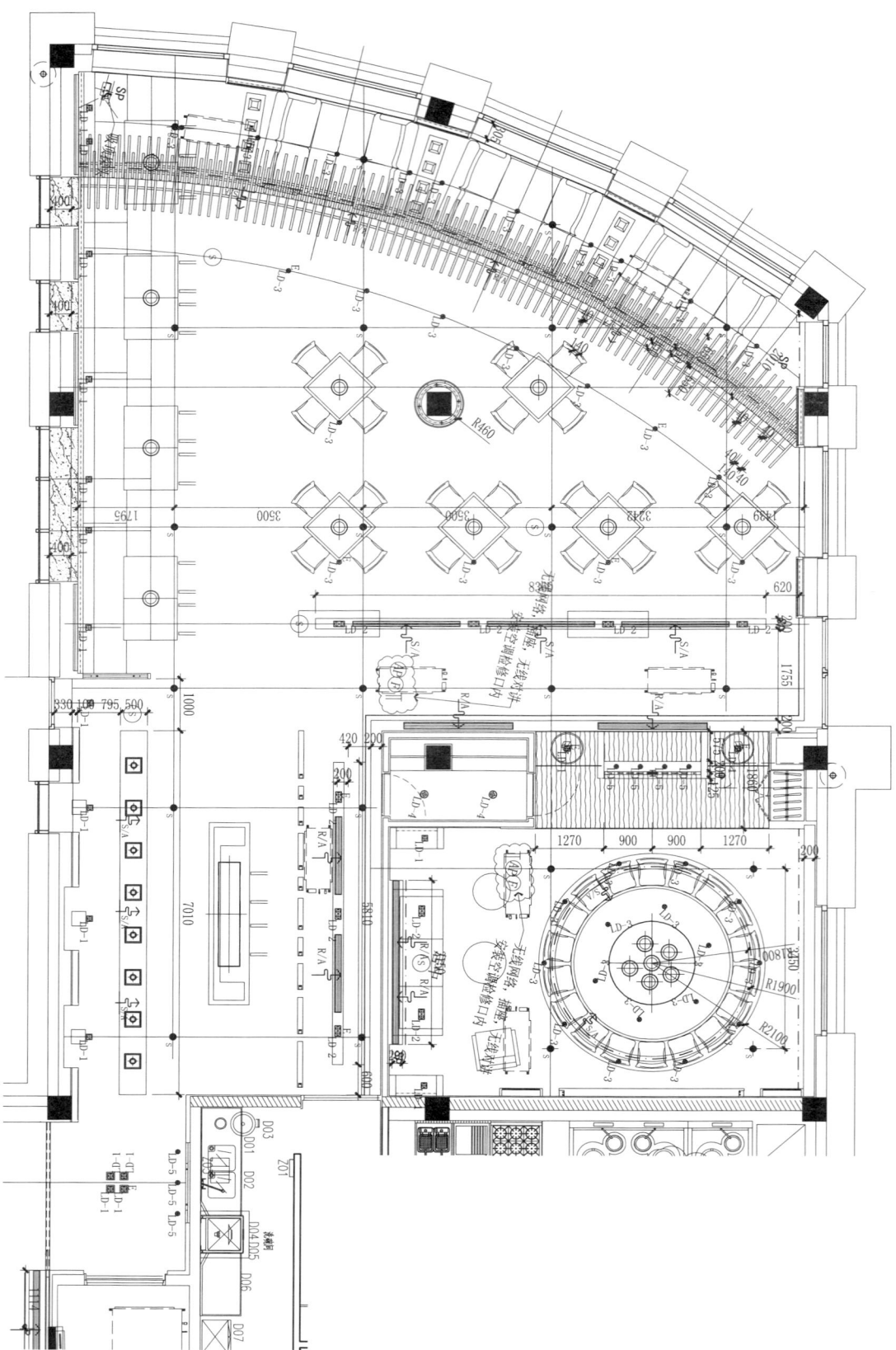

1F餐厅顶棚尺寸平面图
SCALE 1：100

设计/日期　Design By/Date
核对/日期　Check By/Date
景观/日期　Principal/Date
项目设计师　Authorize By/Date
审核/日期　Verified By/Date
相关负责人/日期　Superintend By/Date

客户单位：
Client:

项目名称：
Project:

某会所餐厅室内装修

图名：
Drawing Title:

1F餐厅顶棚尺寸平面图

设计编号：S 20XX-XX　Job NO:
比例：1:100　Scale
日期：20XX.XX　Date
专业：装饰　Discipline
图类：施工图　Drawing Type
图号：RC-1F-2-02　Drawing NO:

厨房机电参考橱柜图纸

背景音乐喇叭可切换消防喇叭

符号	注解	高度
	地嵌灯	
	可调向射灯	
	紧急照明灯	
	吊灯	
	单头射灯	
	双头射灯	
	嵌入式可调向度射灯	
	筒灯	
	嵌入式可调向度射灯	
	双头射灯	
	单头式射灯	
	嵌入式射灯	
	格栅灯	
	地嵌灯	
	格栅灯	
	螺旋灯	
	LED灯带	
	白炽灯泡 色温2700K	
	节能光源	
	无线网络接入点	
	烟雾感应器	
	顶棚消防喷淋头	
	检修板	
	空调出风百叶（侧出）	
	空调新风百叶（侧回）	
	空调回风百叶（底回）	
	空调出风百叶（底出）	

注：1. 灯具排线依照施工顶棚图。
2. 顶棚高度以建筑标高±0.000起计。
3. 消防喷淋及烟感器之数量及位置，
　按与现场之灯具避免碰撞。
4. 所有照明之灯具光源以实际采购为准。
5. 紧急照明以内置电池为准。
6. 顶棚做法以顶棚大样图为准。

47

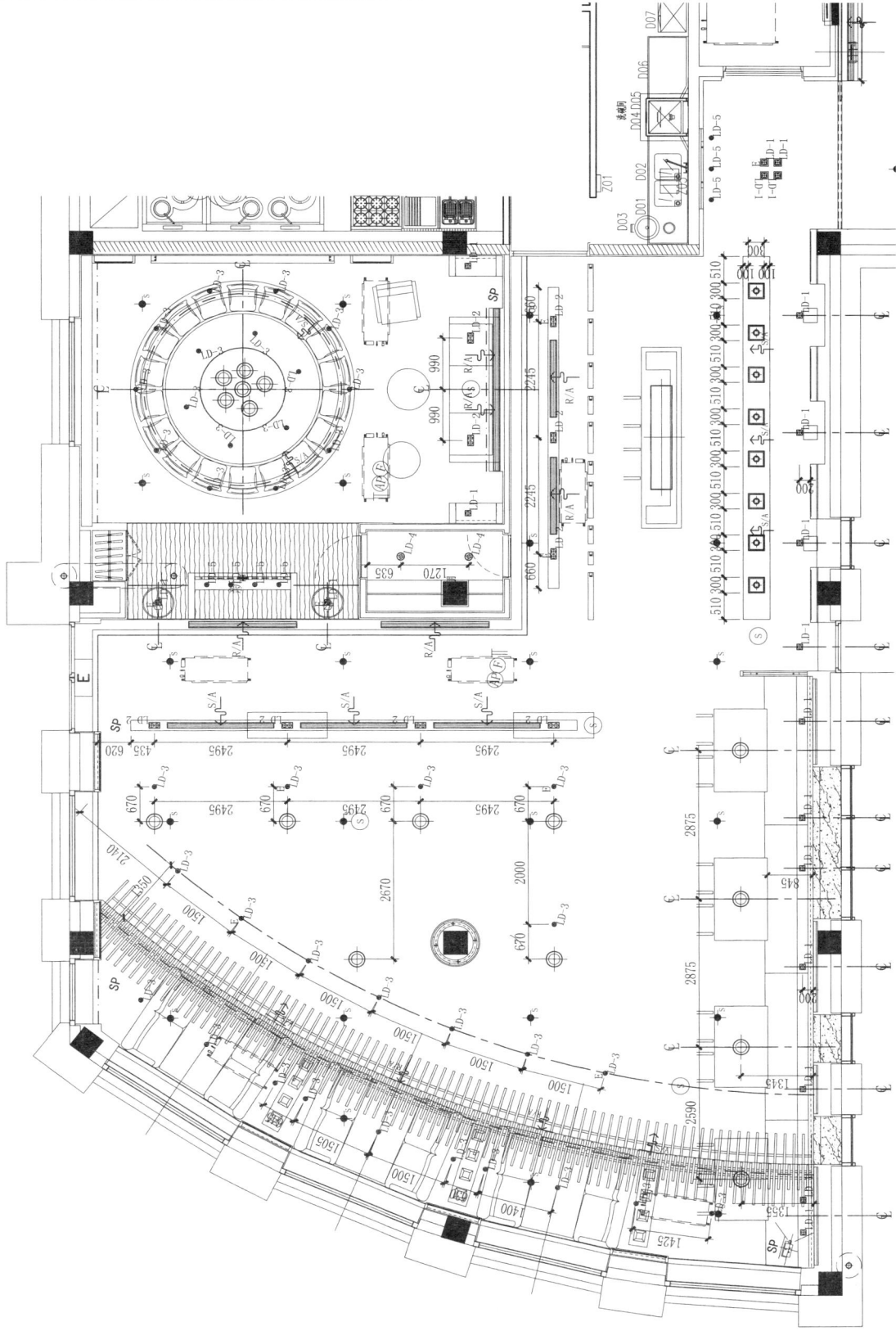

某会所餐厅室内装修图

1F餐厅灯具尺寸平面图
SCALE 1 : 100

厨房机电参
考橱柜图纸

A3 图幅 420×297 H

48

符号	注解	高度
	地嵌灯	
	可调向射灯	
	紧急照明灯	紧急照明灯
	吊灯	
	单头射灯	
	双头射灯	
	嵌入式可调角度射灯	
	筒灯	节能光源
	嵌入式可调角度射灯	
	单头式射灯	
	单头射灯	
	双头射灯	
	格栅灯	
	地灯	白炽灯泡
	壁灯	色温2700K
	LED灯带	
	空调出风百叶（底出）	
	空调回风百叶（底回）	
	空调新风百叶（底出）	
	空调出风百叶（侧出）	
	空调回风百叶（侧回）	
	检修板	
	顶棚消防喷淋头	
	烟雾感应器	
	无线网络接入点	
		背景音乐喇叭（可切换消防喇叭）

注：1. 灯槽收线隐藏于顶棚上。
2. 顶棚高度以标高±0.000设计。
3. 消防喷淋及烟感器之数量及位置。
须与有关单位确认。
4. 所有照明灯具光源以标采购为准。
5. 紧急照明灯内置电池。
6. 顶棚做法以现购大样图为准。

建设单位：
Client

项目名称：
Project 某会所餐厅室内装修

图 名：
Drawing Title 1F餐厅灯具尺寸平面图

资料编号：S 20XXXX		专 业：装饰
Job NO.		Discipline
比 例：1:100		图 别：施工图
Scale		Drawing Type
日 期：20XX.XX		图 号：RC-1F2-03
Date		Drafting NO

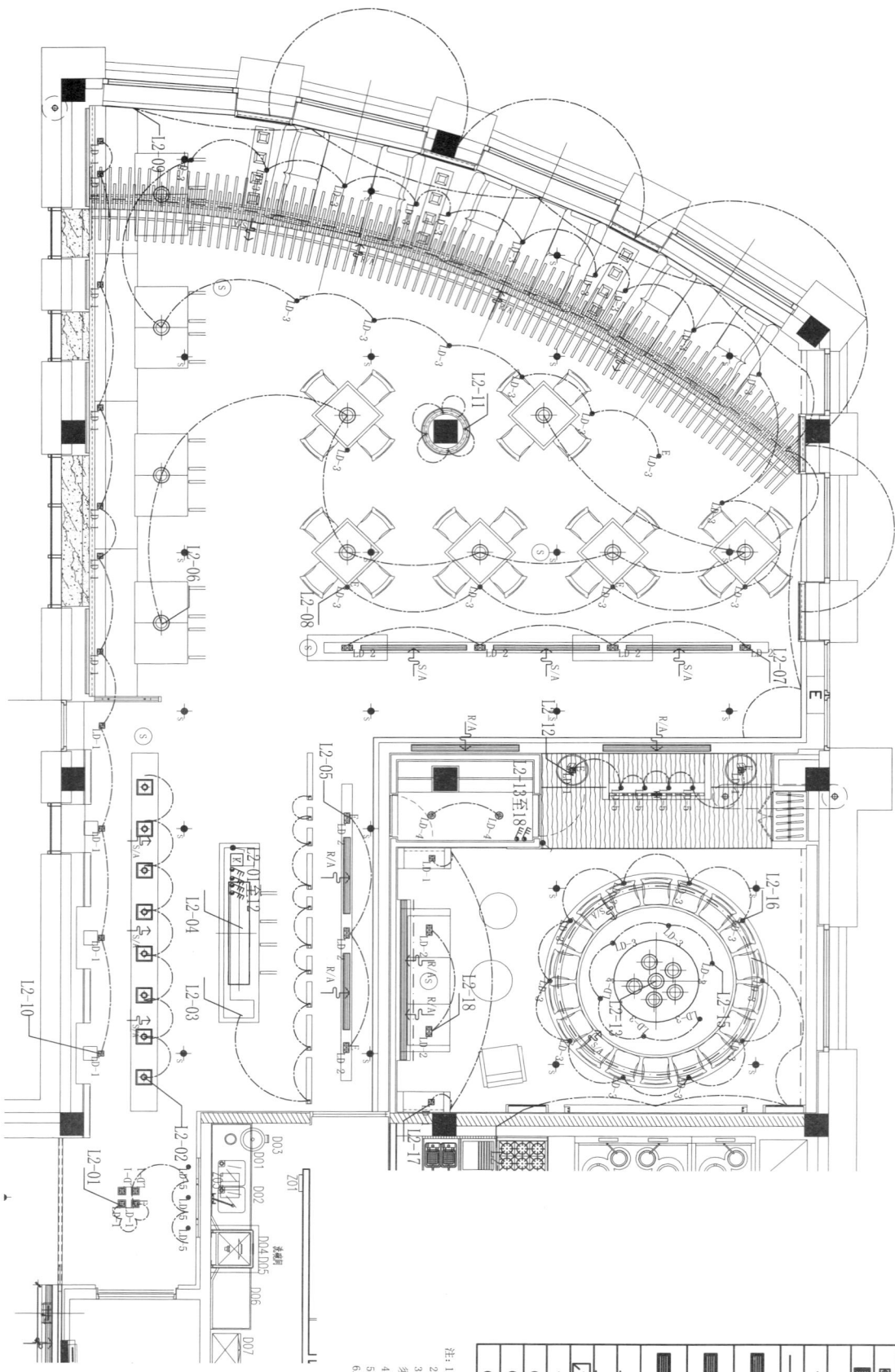

某会所餐厅室内装修图

1F餐厅灯具控制平面图
SCALE 1:100

某会所餐厅室内装修图

图例/注解表

符号	注解	高度
	强电线缆分配盘	见图示
	强电线缆分配盒	300 mm 高
	单电源插座三孔	300 mm 高
	单电源插座五孔	1100 mm 高
	防水插座	家具高度
	灯槽接线盒	地面高度
	地面出线盒	300 mm 高
	墙身电话插座及墙身R门插座	见立面
	墙身电视插座及墙身通插座	300 mm 高
	墙身互联网插座	300 mm 高
	墙身数字/门电话插插座	300 mm 高
	音频输出插座	300 mm 高
	视频输出插座	350 mm 高
	紧急呼叫按钮	300 mm 高
	无线网络接入点	
	中央除尘接入点	1350 mm 高
	衣柜灯连碰压式开关	2150 mm 高
	双控单开关	1350 mm 高
	单控双开关	1350 mm 高
	双控三开关	1350 mm 高
	双控总开关	1350 mm 高
	亮度调节开关	1350 mm 高
	单控四开关	1350 mm 高

符号	注解	高度
	类龙出口	地面
	冷给水	标注说明
	地漏	地面
	冷、热给水及排水	标注说明
	冷、热给水	标注说明

厨房机电参 考橱柜图纸

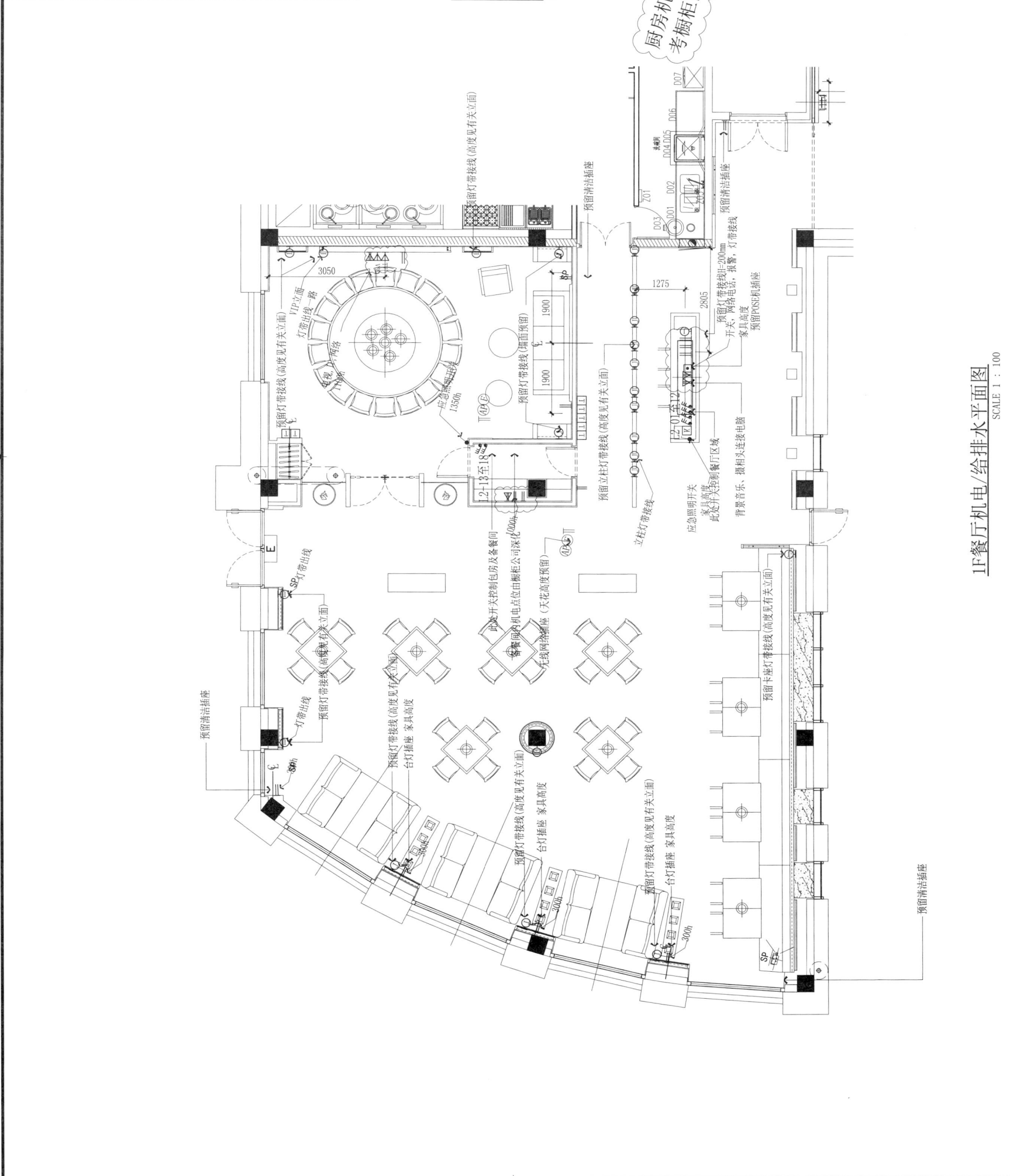

1F餐厅机电/给排水平面图
SCALE 1 : 100

1F餐厅机电/给排水平面图

某会所餐厅室内装修

专业: 装饰
图别: 施工图
图号: EM-1F2

设计层 S 20XX.XX
比例 1:100
日期 20XX.XX

（此图未经设计师书面批准，不得复印）

某会所餐厅室内装修图

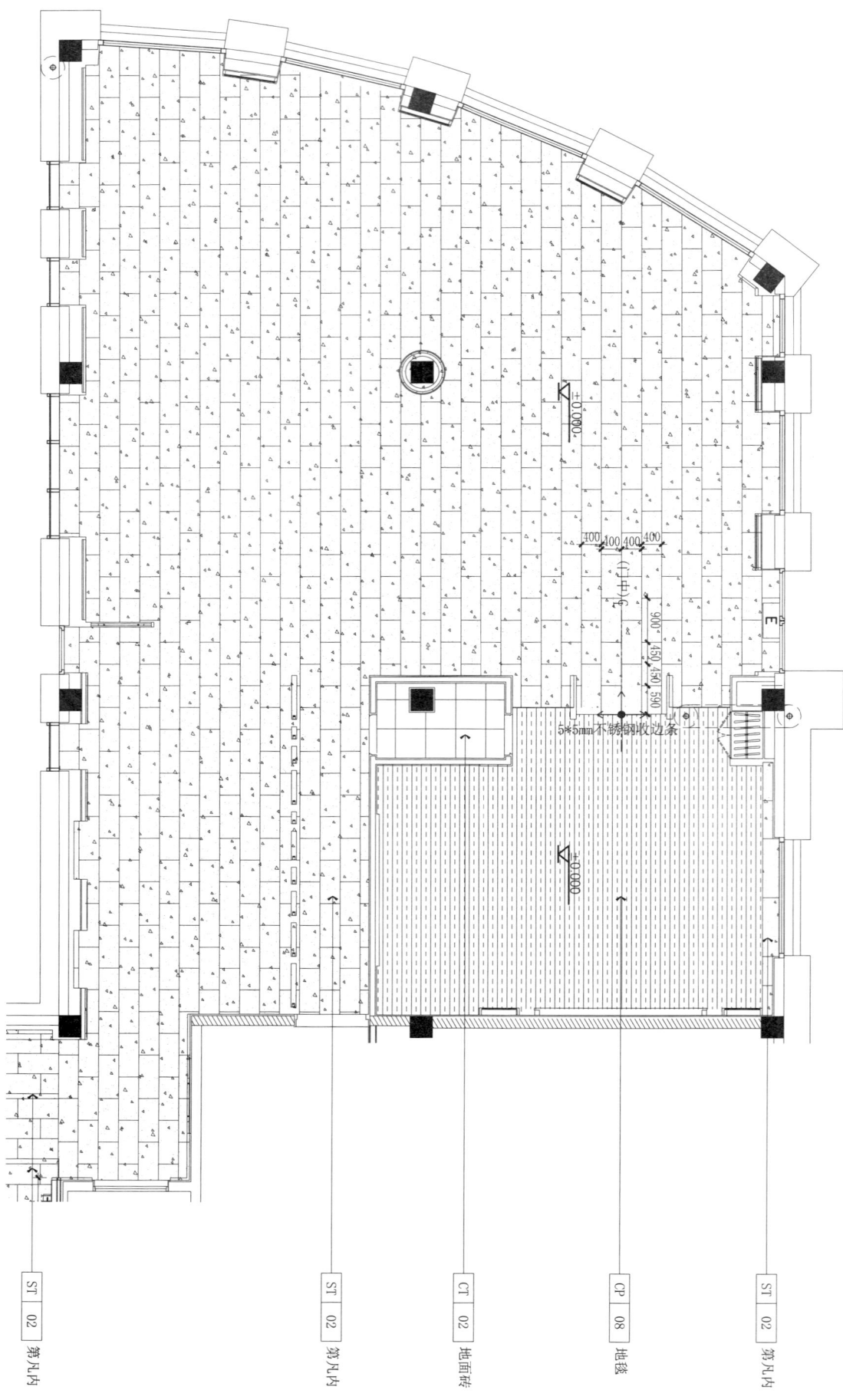

IF餐厅地坪平面图
SCALE 1：100

100 100 100 100

±0.000

900 450 590

5×5mm不锈钢收边条

±0.000

ST 02 邻凡内

ST 02 邻凡内

CT 02 地面砖

CP 08 地毯

ST 02 邻凡内

某会所餐厅室内装修

51

某会所餐厅室内装修图

某会所餐厅室内装修

1F餐厅立面图一

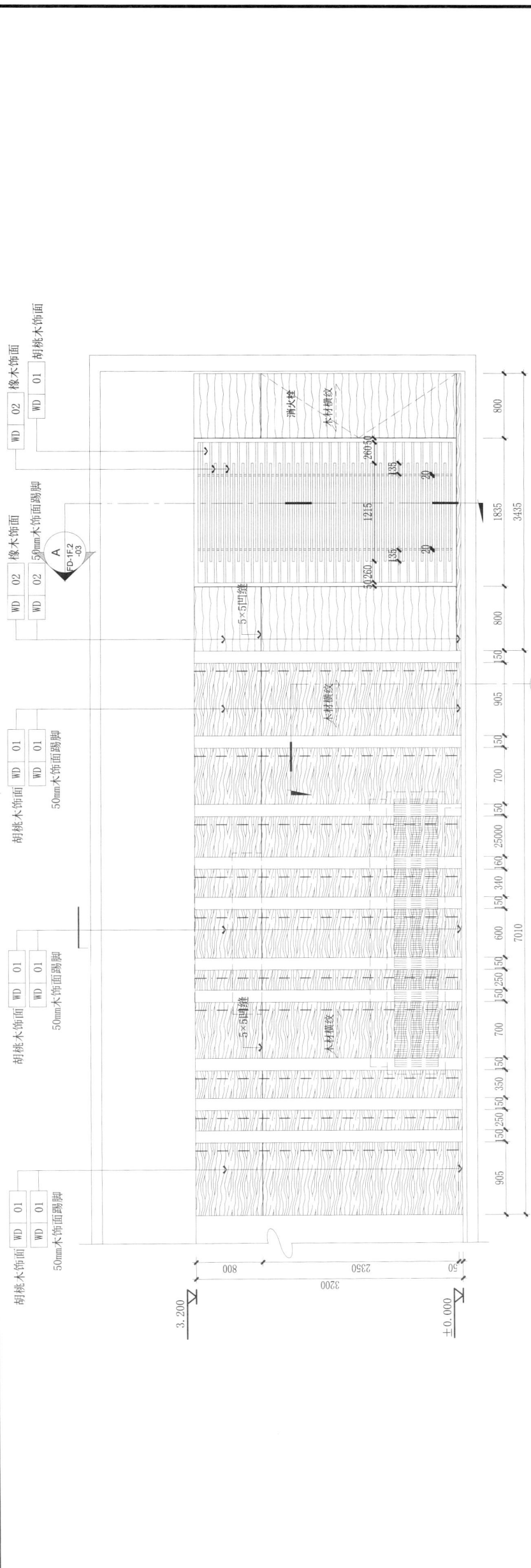

01 1F餐厅立面图 SCALE 1:50

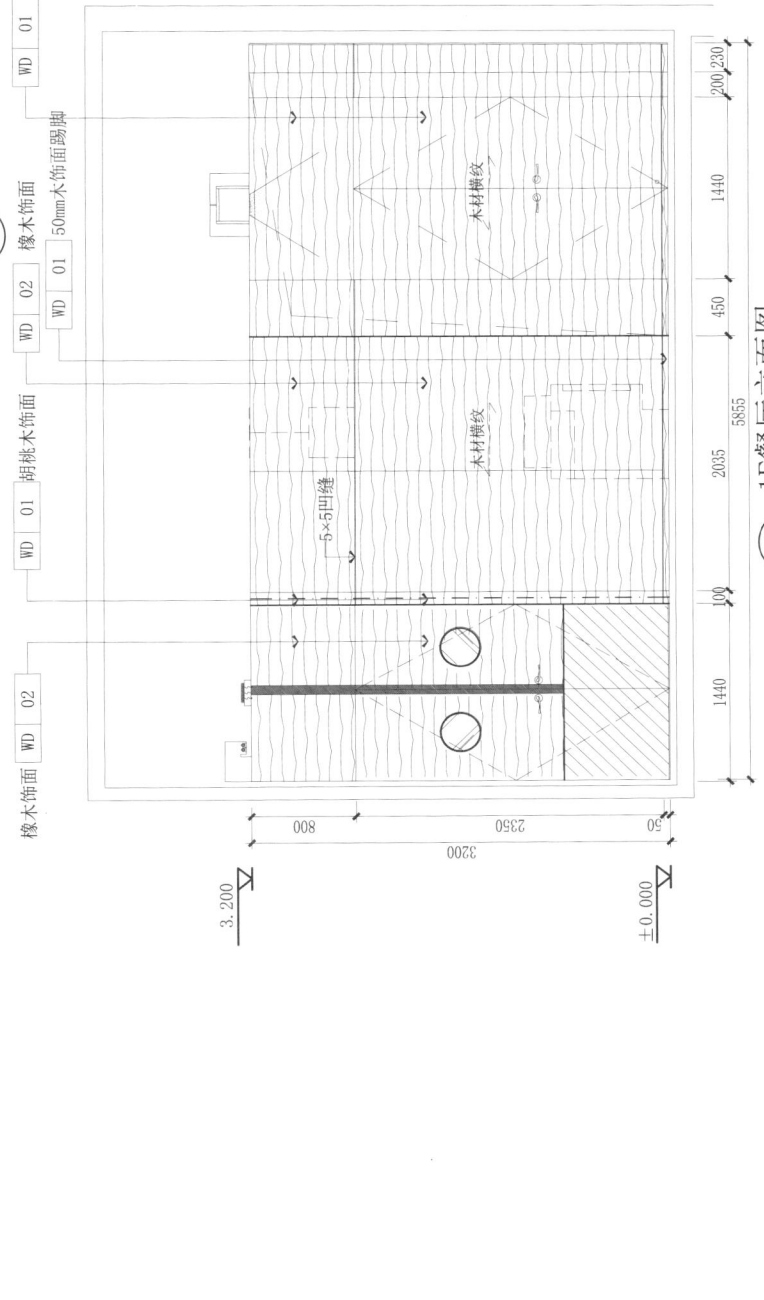

02 1F餐厅立面图 SCALE 1:50

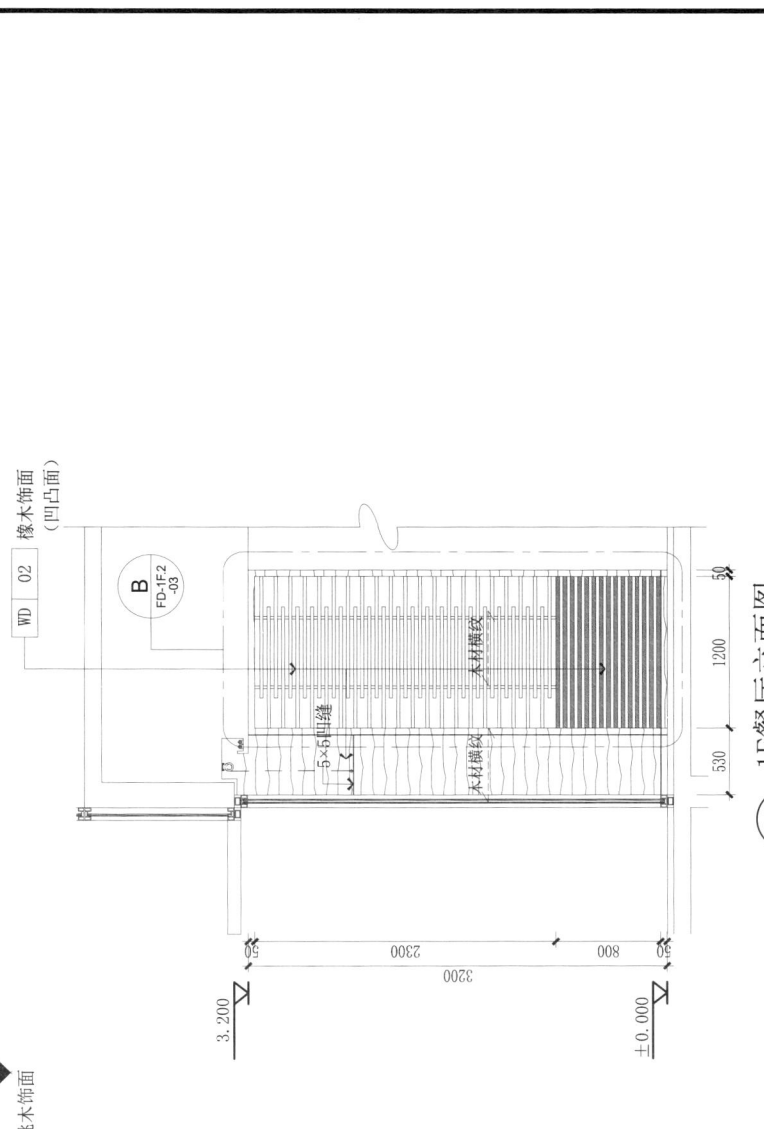

03 1F餐厅立面图 SCALE 1:50

WD 01 胡桃木饰面
WD 02 橡木饰面
50mm木饰面踢脚

专 业: 装饰
Discipline

图 别: 施工图
Drawing Type

图 号: IE-1F2-01
Drafting NO.

设计编号: S 20XX-XX
Job NO.

比 例: 1:50
Scale

日 期: 20XX.XX
Date

A3 图幅 420×297 H
52

某会所餐厅室内装修图

04 1F餐厅立面图 SCALE 1:50
05 1F餐厅立面图 SCALE 1:50
06 1F餐厅立面图一 SCALE 1:50
A 木格栅吊顶 SCALE 1:25

某会所餐厅室内装修

1F餐厅室内装修

施工图

IE-1F2-02

某会所餐厅室内装修图

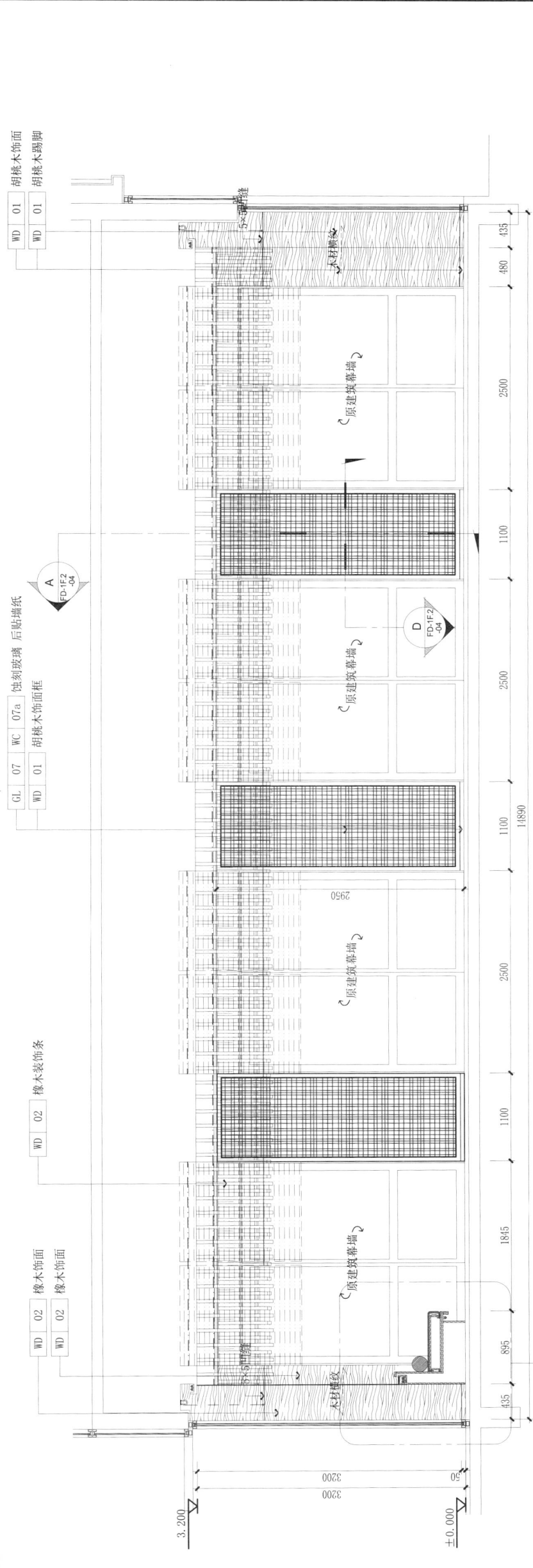

07 1F餐厅立面图
SCALE 1:50

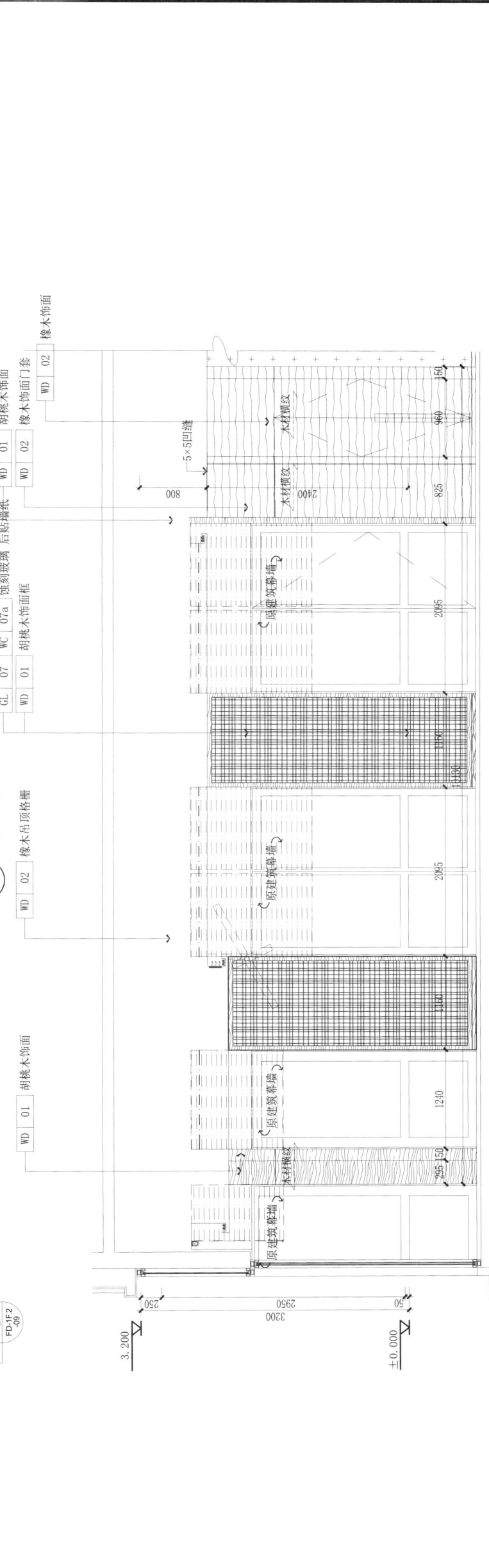

08 1F餐厅立面图
SCALE 1:50

1F餐厅立面图三

某会所餐厅室内装修

胡桃木饰面
胡桃木踢脚
WD 01
WD 01

胡桃木饰面
后贴墙纸
蚀刻玻璃
胡桃木饰面框
GL 07 WC 07a
WD 01

橡木装饰条
橡木饰面
WD 02
WD 02

原建筑幕墙

原建筑幕墙

原建筑幕墙

原建筑幕墙

胡桃木饰面
橡木饰面
WD 01
WD 02

橡木吊顶格栅
WD 02

胡桃木饰面
后贴墙纸
蚀刻玻璃
胡桃木饰面框
GL 07 WC 07a
WD 01

胡桃木饰面门套
橡木饰面
WD 01
WD 02

原建筑幕墙

原建筑幕墙

原建筑幕墙

木纹理
5×5凹缝

A3 图纸 420×297

专业 装饰
Discipline
图别 施工图
Drawing Type
图号 IE-1F2-03
Drawing NO.

设计编号 S 20XXXX
Job NO.
比例 1:50
Scale
日期 20XX.XX
Date

图名 1F餐厅立面图三
Drawing Title

建设单位 Client
项目名称 某会所餐厅室内装修
Project

主任设计师/日期 Principal By/Date
校对/日期 Check By/Date
设计/日期 Design By/Date

审定/日期 Authorize By/Date
审核/日期 Verified By/Date
项目负责人/日期 Superintend By/Date

54

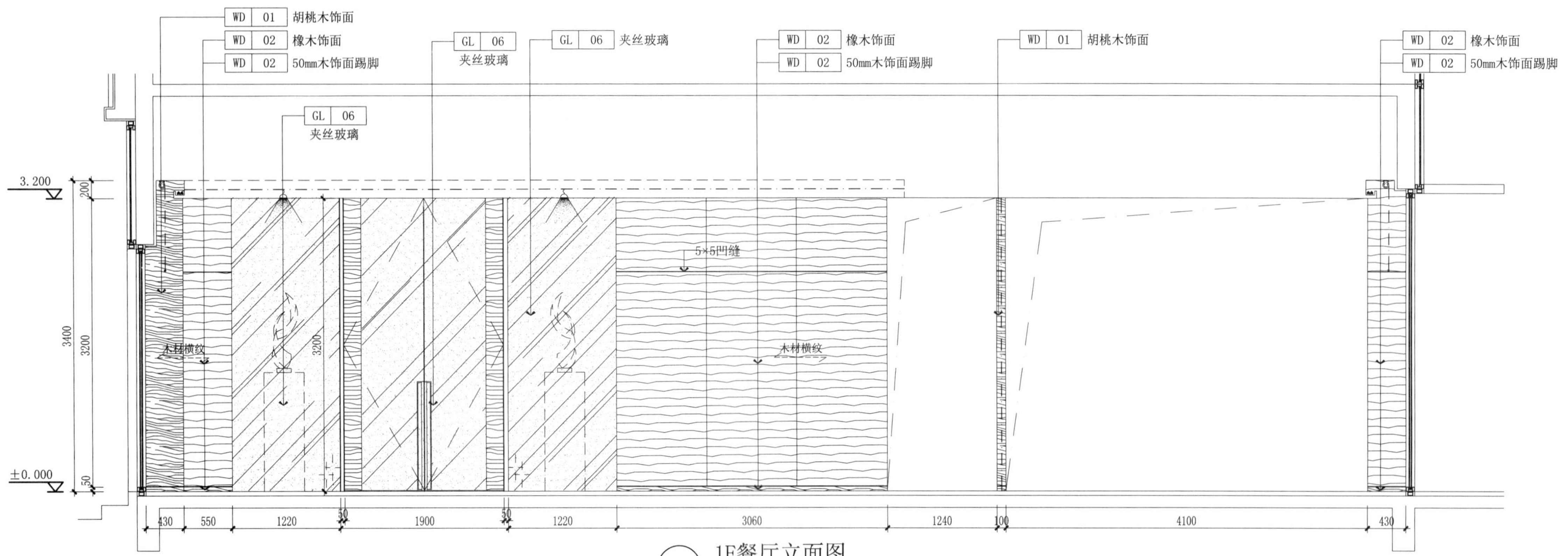

专业	人员	日期	专业	人员	日期	专业	人员	日期

某会所餐厅室内装修图

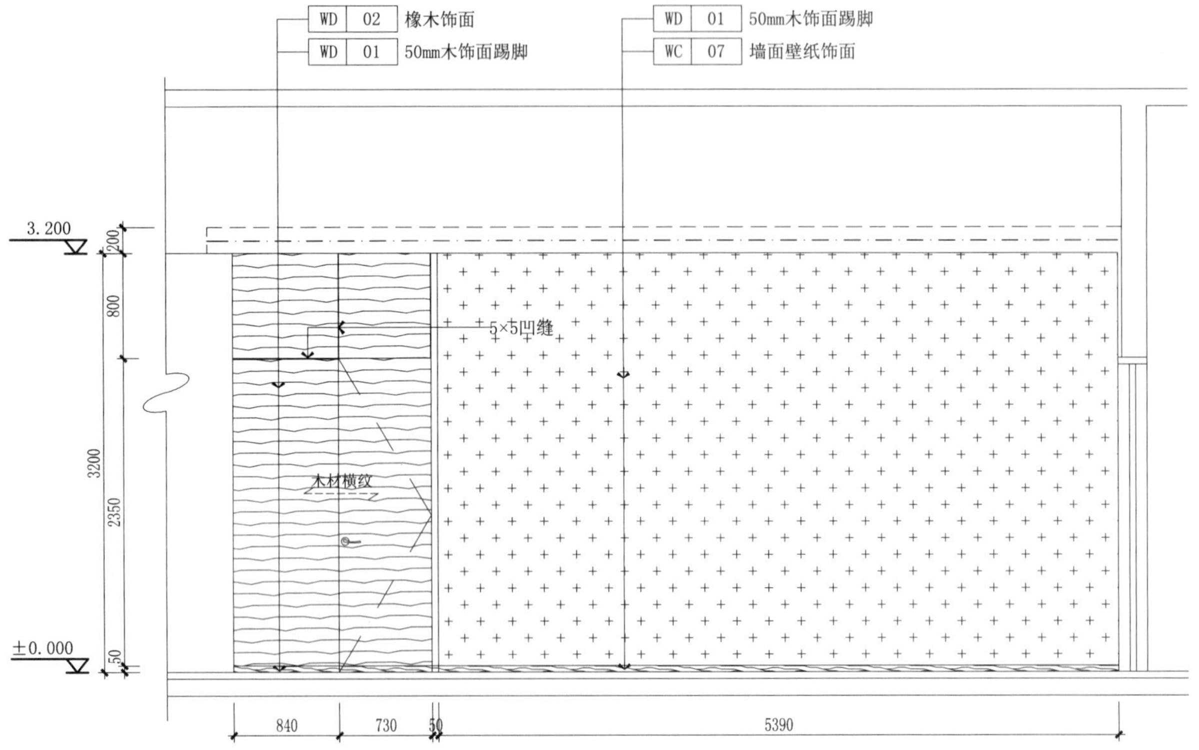

⑩ 1F餐厅立面图　SCALE 1:50

⑨ 1F餐厅立面图　SCALE 1:50

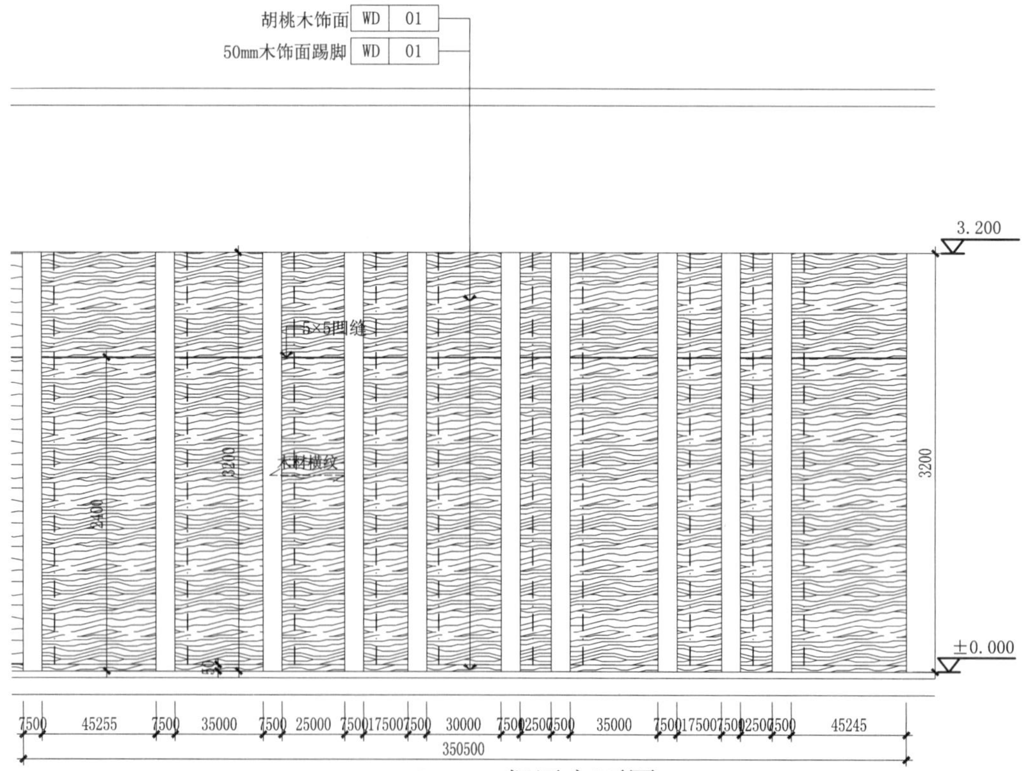

⑩a 1F餐厅立面图　SCALE 1:50

WD 01 胡桃木饰面
WD 02 橡木饰面
WD 02 50mm木饰面踢脚
WD 01 50mm木饰面踢脚
WD 01 墙面壁纸饰面
WC 07
GL 06 夹丝玻璃

木材纹理

±0.000
3.200

设计单位：
Client:
项目名称：
Project: 某会所餐厅室内装修
图名：
Drawing Title: 1F餐厅立面图
设计编号：S-20XX-XX　Job NO.:
比例：1:50　Scale:
日期：20XX.XX　Date:
图号：IE-1F2-04　Drawing NO.:
专业：装饰　Discipline:
图别：施工图　Drawing Type:
1F餐厅立面图四

55

某会所餐厅室内装修图

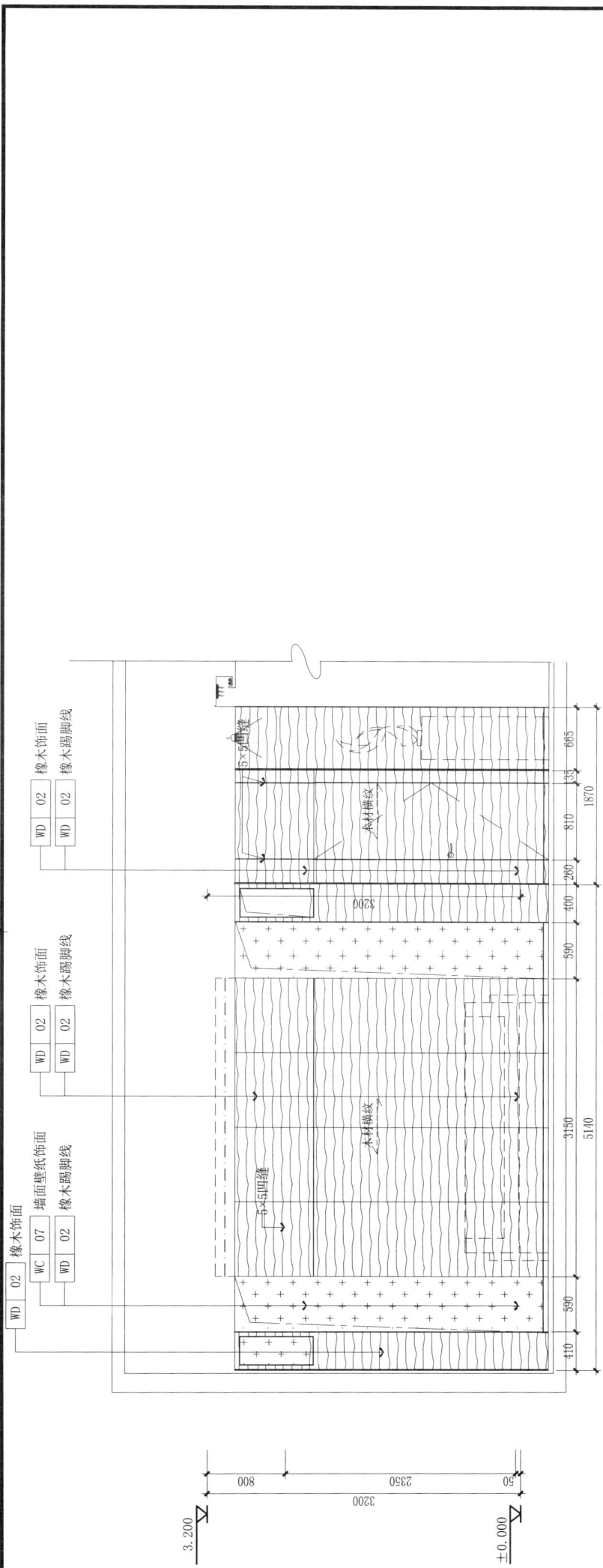

⑪ 1F餐厅包房立面图
SCALE 1:50

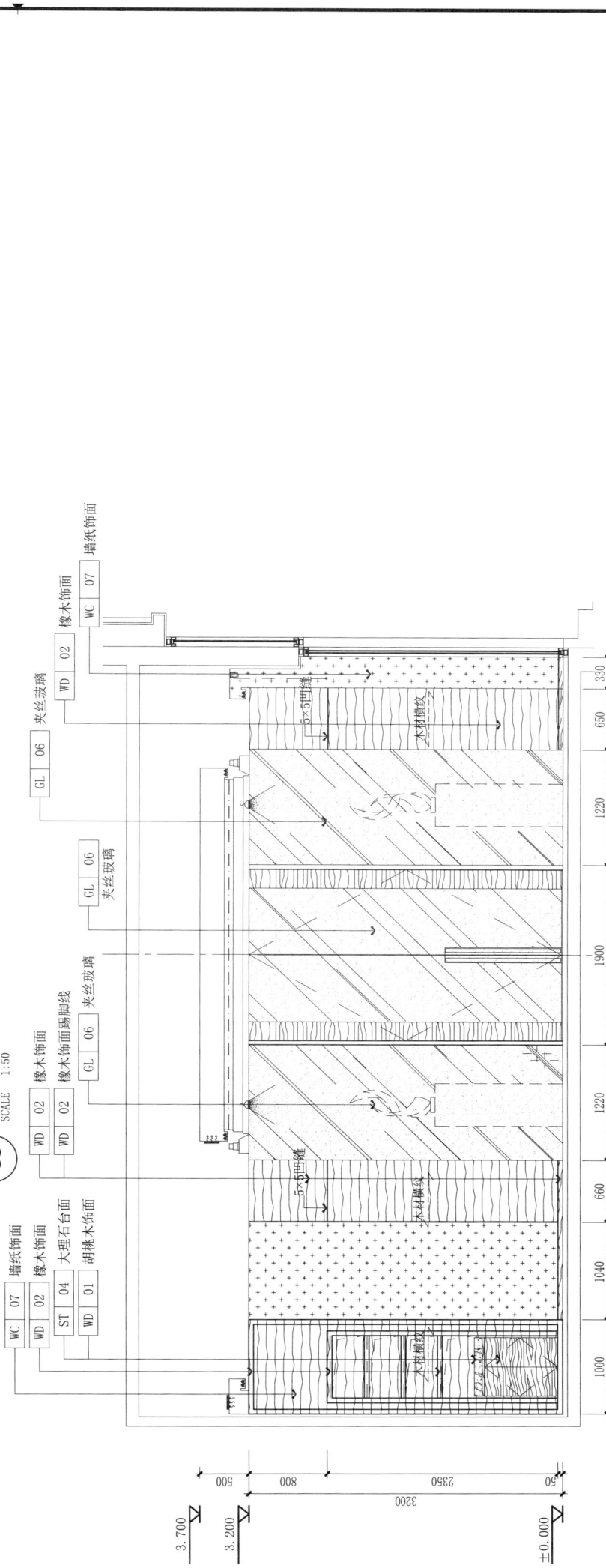

⑫ 1F餐厅包房立面图
SCALE 1:50

专 业：装饰
Discipline

图 别：施工图
Drawing Type

图 号：IE-1F-2-05
Drafting NO.

设计编号：S 20XX-XX
Job NO.

比 例：1:50
Scale

日 期：20XX.XX
Date

图 名：1F餐厅包房立面图一
Drawing Title

建设单位：
Client

项目名称：某会所餐厅室内装修
Project

专业	人员	日期	专业	人员	日期	专业	人员	日期

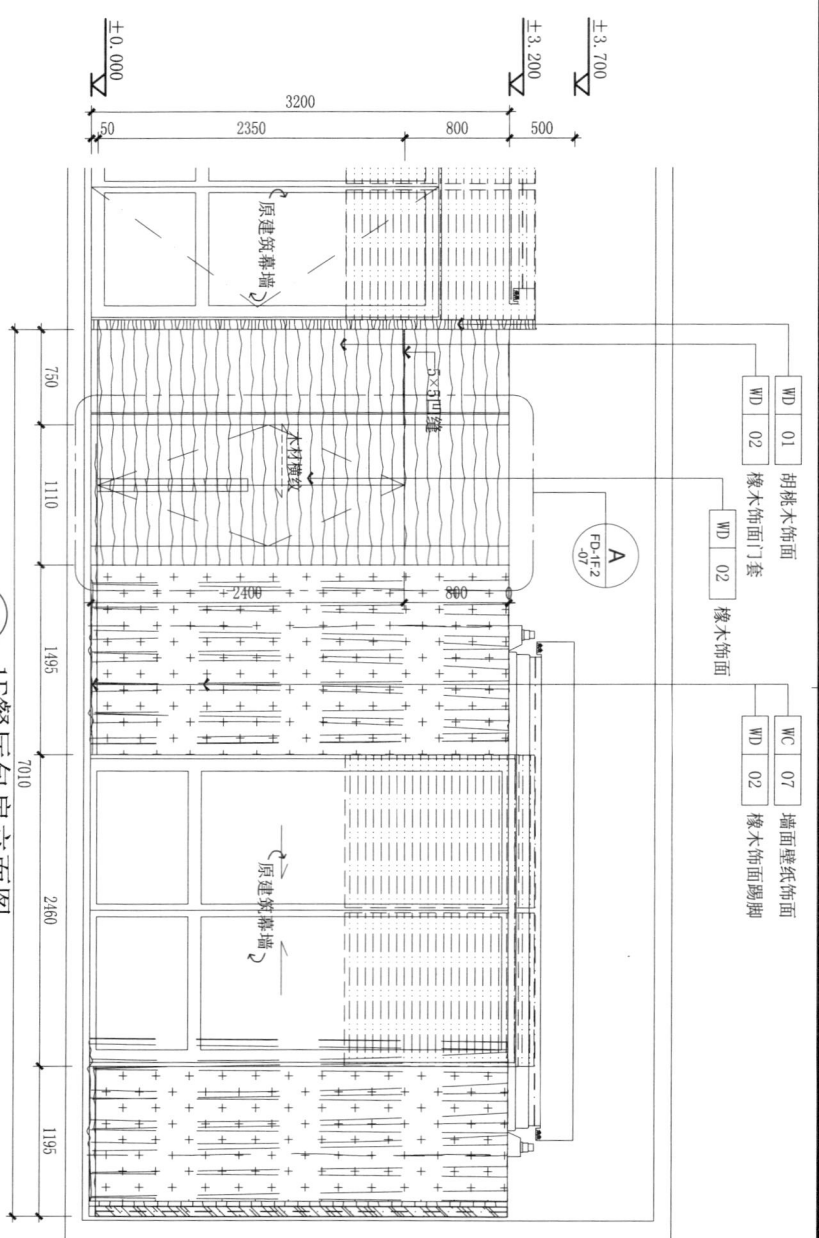

某会所餐厅室内装修图

13 1F餐厅包房立面图　SCALE 1:50

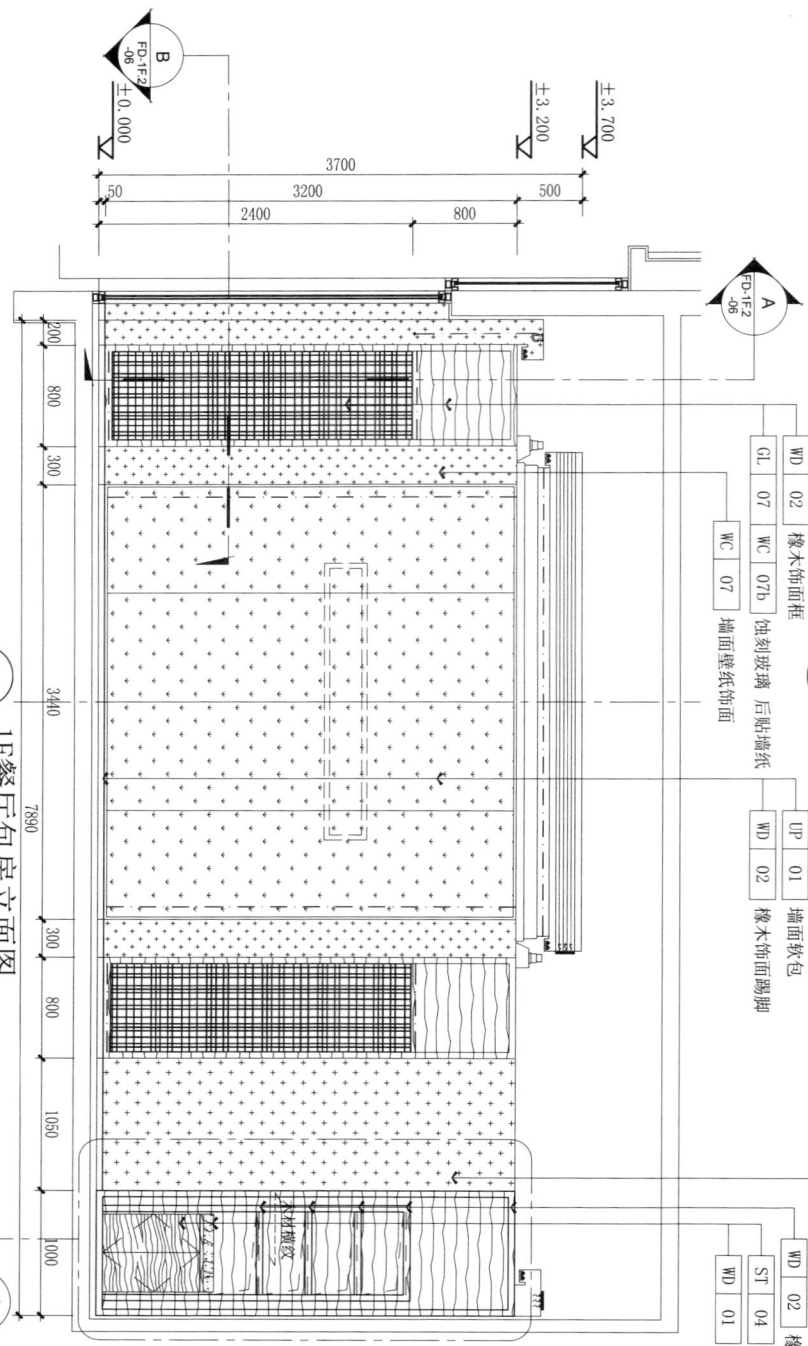

14 1F餐厅包房立面图　SCALE 1:50

胡桃木饰面
墙面壁纸饰面
橡木饰面门套
橡木饰面
橡木饰面踢脚
大理石台面
墙纸饰面
大材展示区
蚀刻玻璃后贴墙纸
墙面壁纸饰面
墙面软包
橡木饰面踢脚
原建筑砖墙

WD 01　WD 02　WC 07　GL 07　ST 04　UP 01

±0.000　±3.200　±3.700

3700　3200　2400　800　500　50

审定/日期 Authorize By/Date
审核/日期 Verified By/Date
项目负责人/日期 Superintend By/Date
专业对标/日期 Principal By/Date
校对/日期 Check By/Date
设计/日期 Design By/Date

建设单位 Client:
项目名称 Project:
某会所餐厅室内装修
1F餐厅包房立面图二

图名 Drawing Title:
设计编号 Job NO: S 20XX.XX
比例 Scale: 1:50
日期 Date: 20XX.XX
专业 Discipline: 装饰
图别 Drawing Type: 施工图
图号 Drafting NO: IE-1F2-06

57

*备餐间由橱柜公司深化

CT 03 墙面砖
WD 02 橡木饰面
白色高光板·厨房深化

2450
50
2450
2.450
±0.000

D
FD-1F2-05

⑮ 1F餐厅包房立面图
SCALE 1:50

WD 02 橡木饰面门
CT 03
由橱柜公司深化

2400
50
2450
2.450
±0.000

⑯ 1F餐厅包房立面图
SCALE 1:50

ct 03
白色高光板·厨房深化

600
650
800
50

2.450
2450
±0.000

⑰ 1F餐厅包房立面图
SCALE 1:50

WD 02 橡木饰面门
ct 03
由橱柜公司深化

2450
50
2.450
2450
±0.000

⑱ 1F餐厅包房立面图三
SCALE 1:50

某会所餐厅室内装修图

某会所餐厅室内装修

专 业 Discipline 装饰
图 别 Drawing Type 施工图
图 号 Drafting NO. IE-1F2-07

资计编号 Job NO. S 20XXXX
比 例 Scale 1:50
日 期 Date 20XX.XX

建设单位 Client
项目名称 Project

主持设计师／日期 Principal/Date
校 对／日 期 Check By/Date
设 计／日 期 Design By/Date

审 定／日 期 Authorize By/Date
审 核／日 期 Verified By/Date
项目负责人／日期 Superintend By/Date

图 名: Drawing Title
1F餐厅包房立面图三

某会所餐厅室内装修图

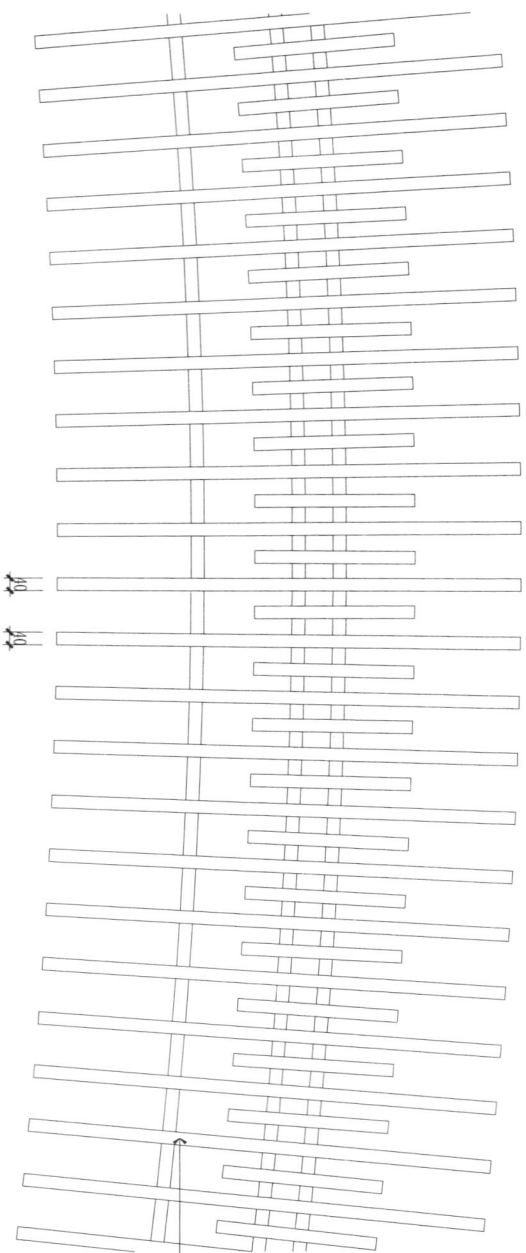

餐厅橡木格栅吊顶平面
SCALE 1:20

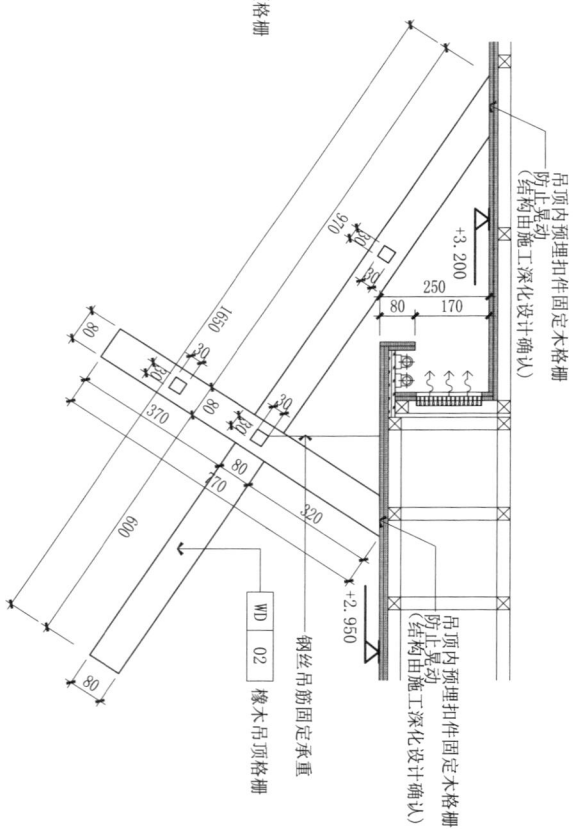

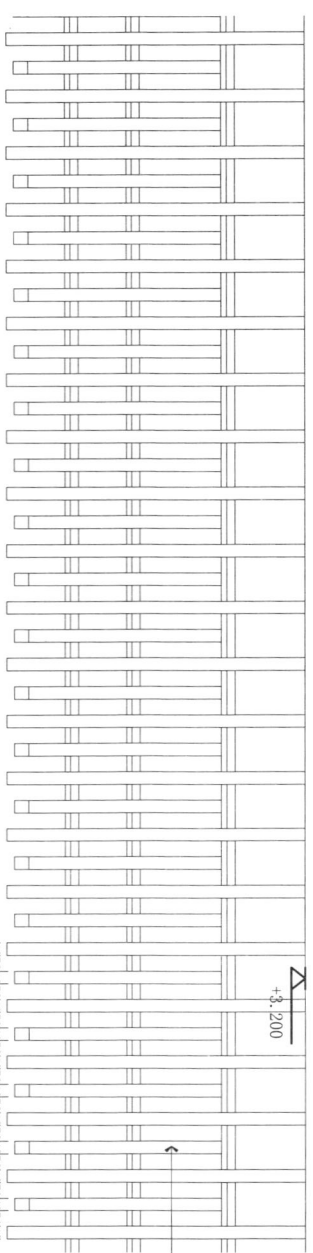

WD 02 橡木吊顶格栅

WD 02 橡木吊顶格栅

+3.200

橡木格栅立面图
SCALE 1:20

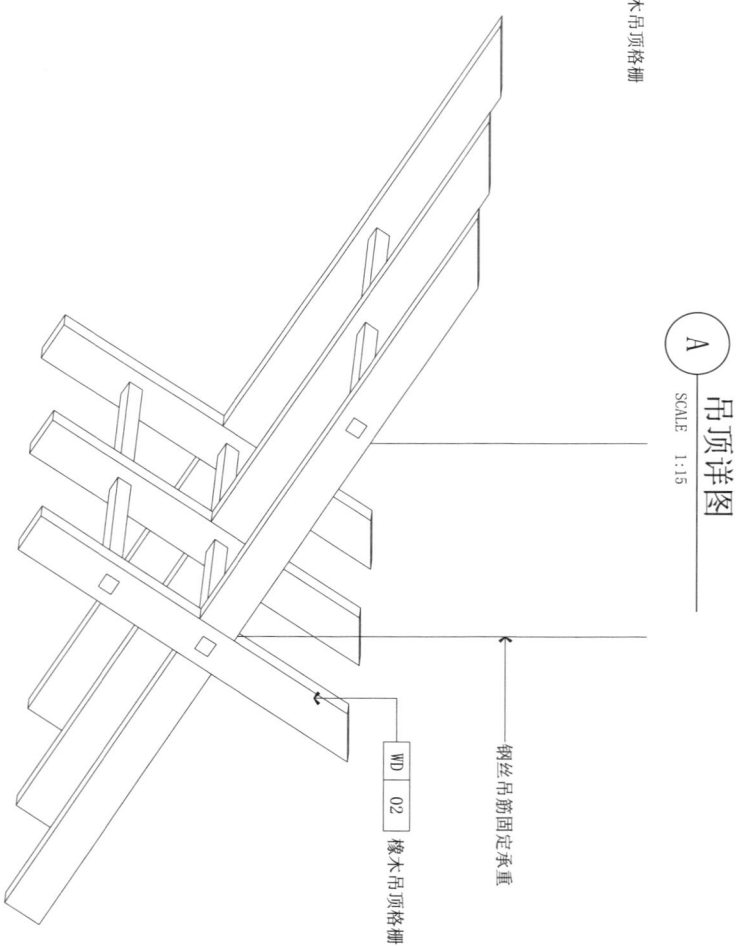

橡木格栅效果图
SCALE 1:15

B

*此顶面造型结构及安装方式需由厂商深化，设计确认方可施工

吊顶详图
SCALE 1:15

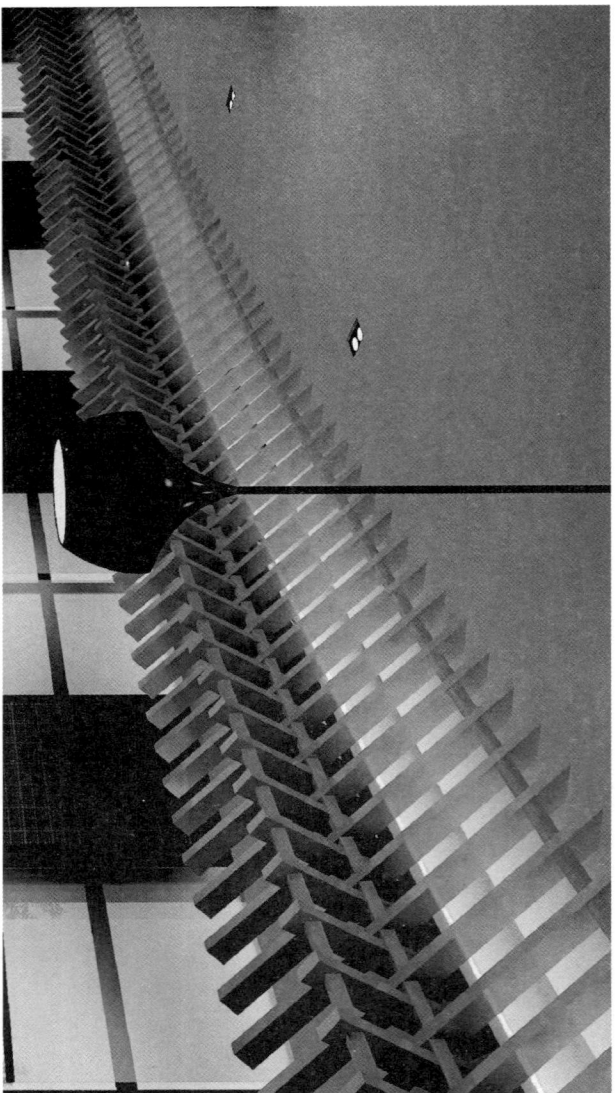

A

吊顶内预埋扣件固定木格栅
（防止晃动，结构由施工深化设计确认）

+3.200

钢丝吊筋固定承框

+2.950

WD 02 橡木吊顶格栅

吊顶内预埋扣件固定木格栅
（防止晃动，结构由施工深化设计确认）

橡木格栅透视图
SCALE 1:15

钢丝吊筋固定承框

WD 02 橡木吊顶格栅

专业	人员	日期	专业	人员	日期	专业	人员	日期

建设单位：
Client

项目名称：
Project

某会所餐厅室内装修

图名：
Drawing Title

1F餐厅大样图一

审定/日期
Authorized By/Date

审核/日期
Verified By/Date

项目负责人/日期
Supervisor By/Date

专业负责人/日期
Principal By/Date

校对/日期
Check By/Date

设计/日期
Design By/Date

设计编号：S 20XX-XX
Job NO.

比例：
Scale

日期：20XX.XX
Date

专业：装饰
Discipline

图别：施工图
Drawing Type

图号：FD-1F-2-01
Drafting NO.

59

某会所餐厅室内装修图

顶棚详图
A SCALE 1:5

PT 01 白色乳胶漆
暗藏灯带
PT 01 白色乳胶漆
+3.700
暗藏T5灯带
+3.200

餐厅背景详图
C SCALE 1:2

WD 01 胡桃木饰面
GL 06 夹丝玻璃背面磨砂
WD 01 胡桃木饰面

顶棚详图
B SCALE 1:8

PT 01 白色乳胶漆
WD 01 胡桃木饰面
PT 01 白色乳胶漆

顶棚背景详图
D SCALE 1:2

GL 06 夹丝玻璃背面磨砂
WD 01 胡桃木饰面
WD 01 胡桃木饰面 5×5凹缝
WD 01 胡桃木饰面

设计编号 Job NO.: S 20XX.XX
比例 Scale:
日期 Date: 20XX.XX
专业 Discipline: 装饰
图别 Discipline: 施工图
图号 Drafting NO.: FD-1F-2-02

图名 Drawing Title: 1F餐厅大样图一

建设单位 Client:
项目名称 Project: 某会所餐厅室内装修

首席设计师/日期 Principal/Date
校对/日期 Check By/Date
设计/日期 Design By/Date

审定/日期 Authorize By/Date
审核/日期 Verified By/Date
项目负责人/日期 Supervise By/Date

某会所餐厅室内装修图

Ⓐ 1F餐厅详图
SCALE: 1:3

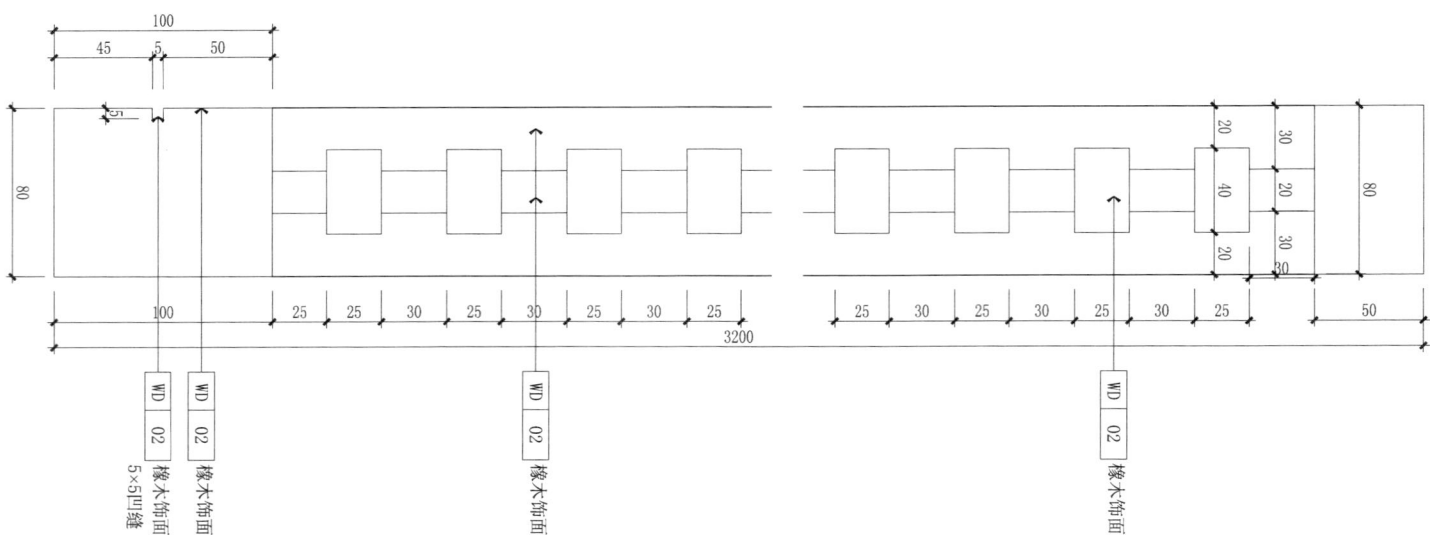

WD 02 楼木饰面
WD 02 楼木饰面
5×5门缝
WD 02 楼木饰面
WD 02 楼木饰面

Ⓑ 1F餐厅详图
SCALE: 1:15

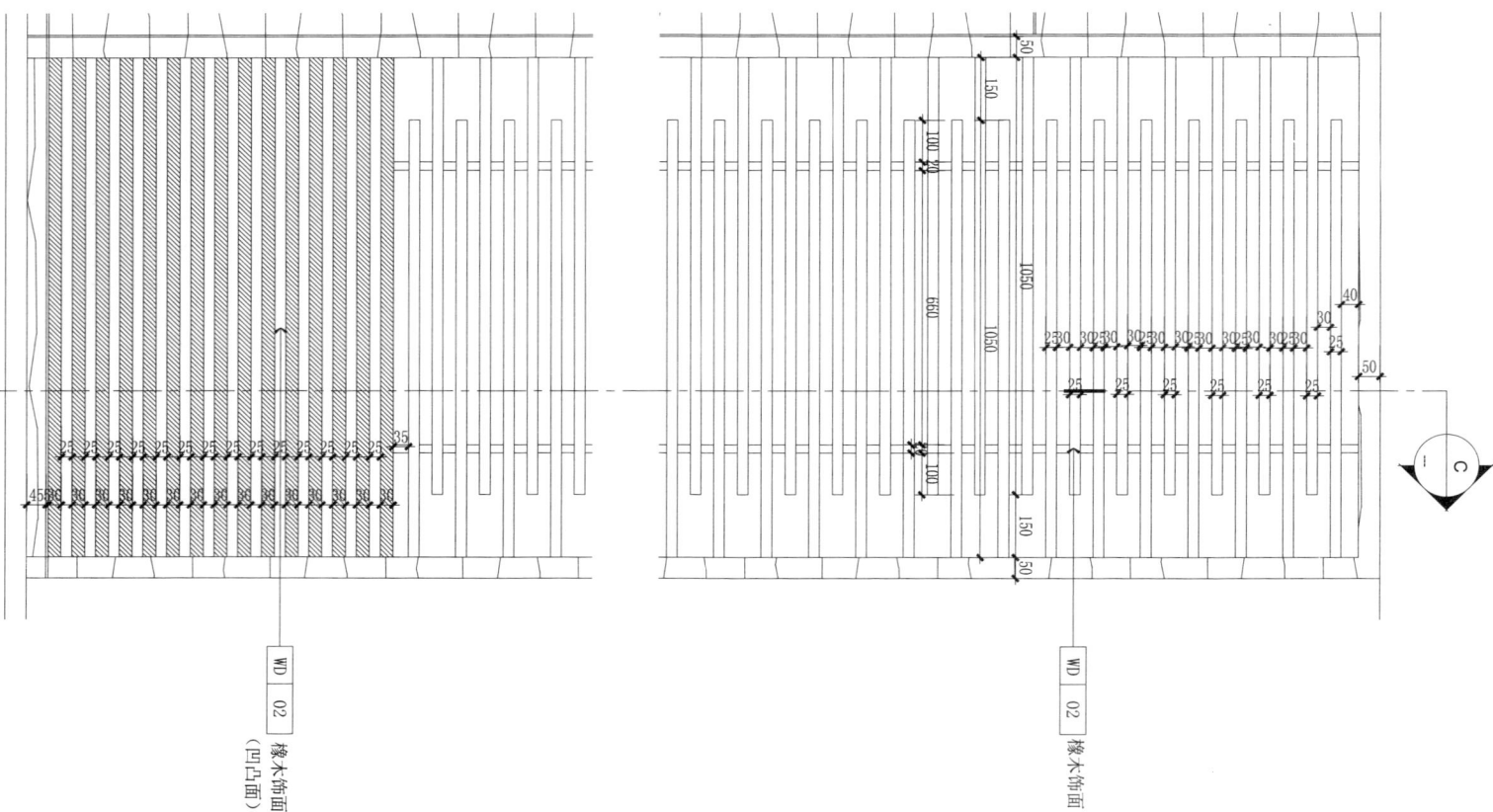

WD 02 楼木饰面
（凹凸面）
WD 02 楼木饰面

Ⓒ 1F餐厅详图
SCALE: 1:3

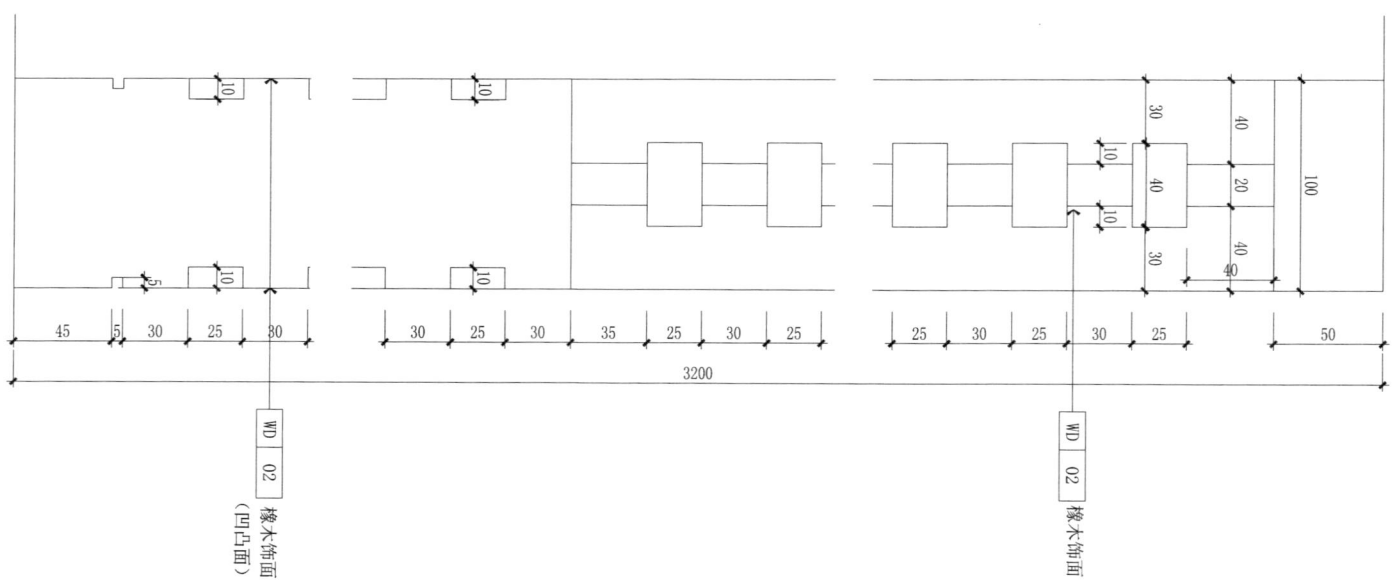

WD 02 楼木饰面
（凹凸面）
WD 02 楼木饰面

专业 人员 日期 专业 人员 日期 专业 人员 日期

审定/日期
Authorize By/Date
审核/日期
Verified By/Date
审核人/日期
项目负责人/日期
Superintend By/Date

首席设计师/日期
Principal By/Date
校对/日期
Check By/Date
设计/日期
Design By/Date

委托单位:
Client:
项目名称:
Project:

图名:
Drawing Title:
1F餐厅大样图三

设计编号: S 20XX-XX
Job NO.
比 例:
Scale:
日 期: 20XX-XX
Date:

某会所餐厅室内装修

专业: 装饰
Discipline:
图别: 施工图
Drawing Type:
图号: FD-1F2-03
Drafting NO.

某会所餐厅室内装修图

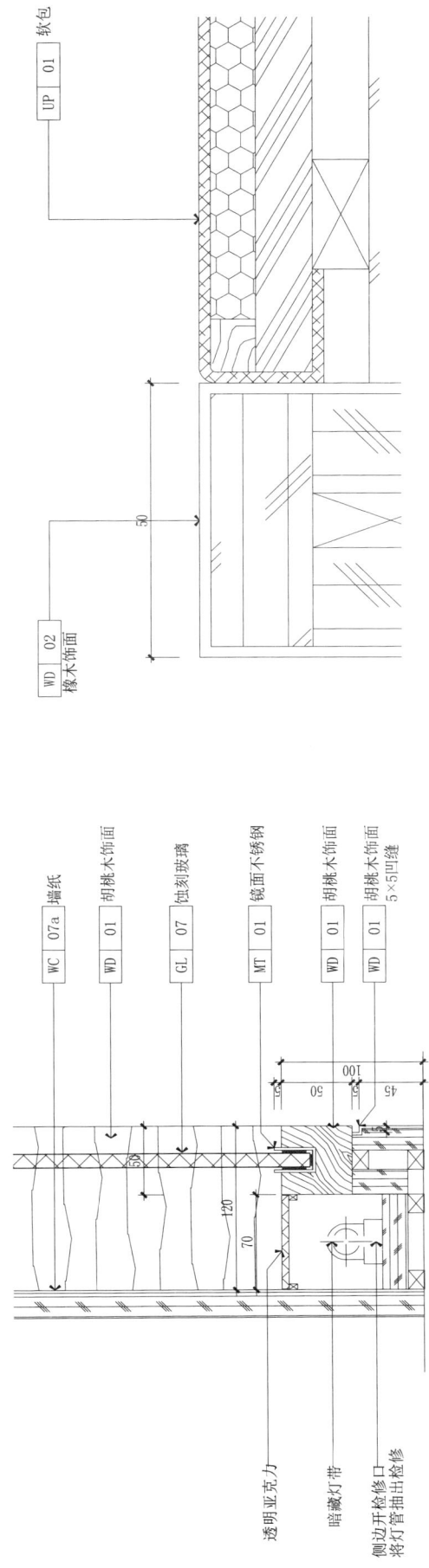

A 1F餐厅详图
SCALE 1:4

- WC 07a 墙纸
- WD 01 胡桃木饰面
- GL 07 蚀刻玻璃
- MT 01 镜面不锈钢
- WD 01 胡桃木饰面
- WD 01 胡桃木饰面 5×5凹凸缝

- 透明亚克力
- 暗藏灯带
- 侧边开检修口
将灯管抽出检修

100
50
45
120
70

B 1F餐厅详图
SCALE 1:1

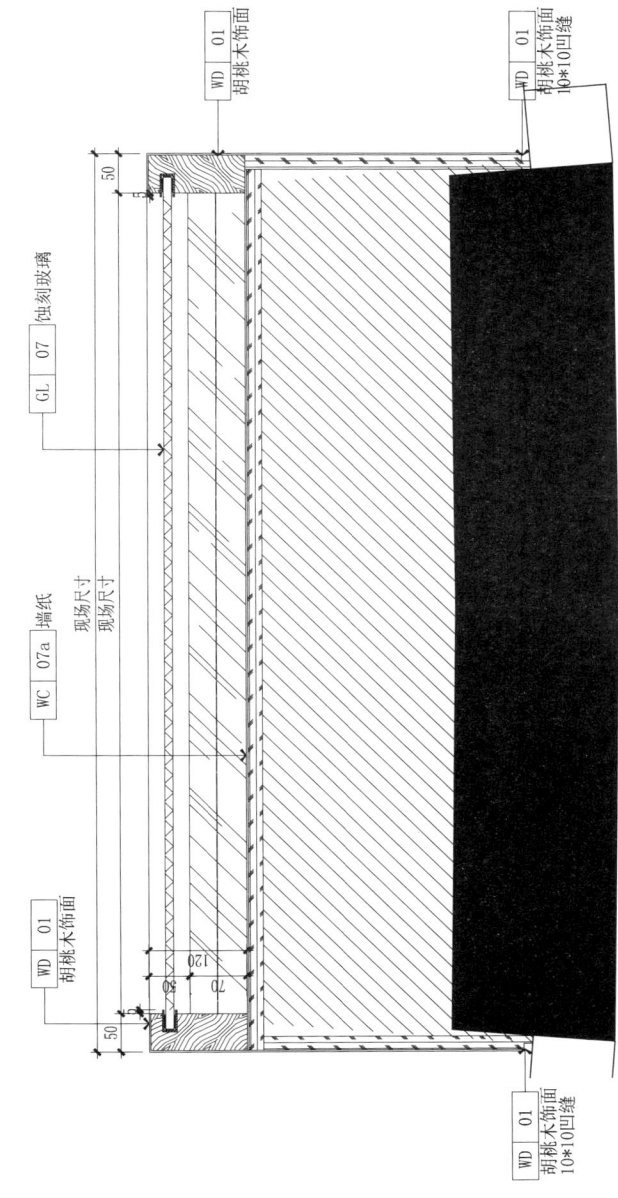

- UP 01 软包
- WD 02 橡木饰面

50

D 1F餐厅详图
SCALE 1:8

- WC 07a 墙纸
- GL 07 蚀刻玻璃
- WD 01 胡桃木饰面
- WD 01 胡桃木饰面
- WD 01 胡桃木饰面 10*10凹凸缝
- WD 01 胡桃木饰面 10*10凹凸缝

现场尺寸
现场尺寸

50
120
75
50

提资单位：Client

首席设计师／日期 Principal/Date
校 对／日 期 Check By/Date
设 计／日 期 Design By/Date

审 定／日 期 Authorized By/Date
审 核／日 期 Verified By/Date
项目负责人／日期 Supervised By/Date

图 名： Drawing Title 1F餐厅大样图四

项目名称： Project 某会所餐厅室内装修

资料编号： Job NO. S 20XX-XX
比 例： Scale
日 期： Date 20XX.XX

专 业： Discipline 装饰
图 别： Drawing Type 施工图
图 号： Drafting NO. FD-1F2-04

A3 图框420x297 H　(此图未经设计师书面批准，不得复印)

专业	人员	日期	专业	人员	日期	专业	人员	日期

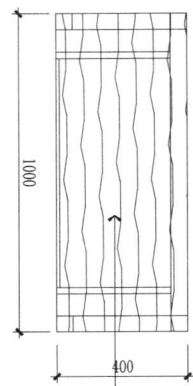

某会所餐厅室内装修图

B　1F包房立柜立面　SCALE 1:20

A　1F包房立柜立面　SCALE 1:20

C　1F包房立柜剖面　SCALE 1:20

D　1F包房立柜剖面　SCALE 1:15

C　1F包房立柜平面　SCALE 1:20

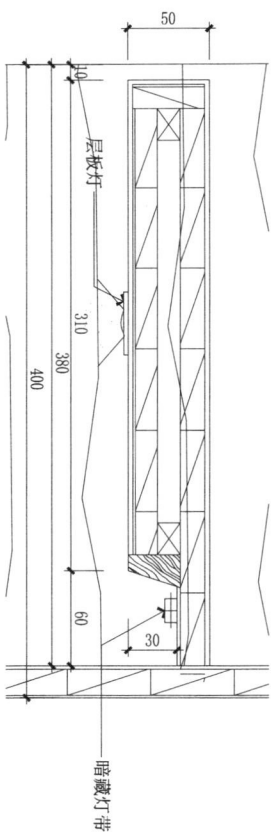

a　立柜层板详图　SCALE 1:4

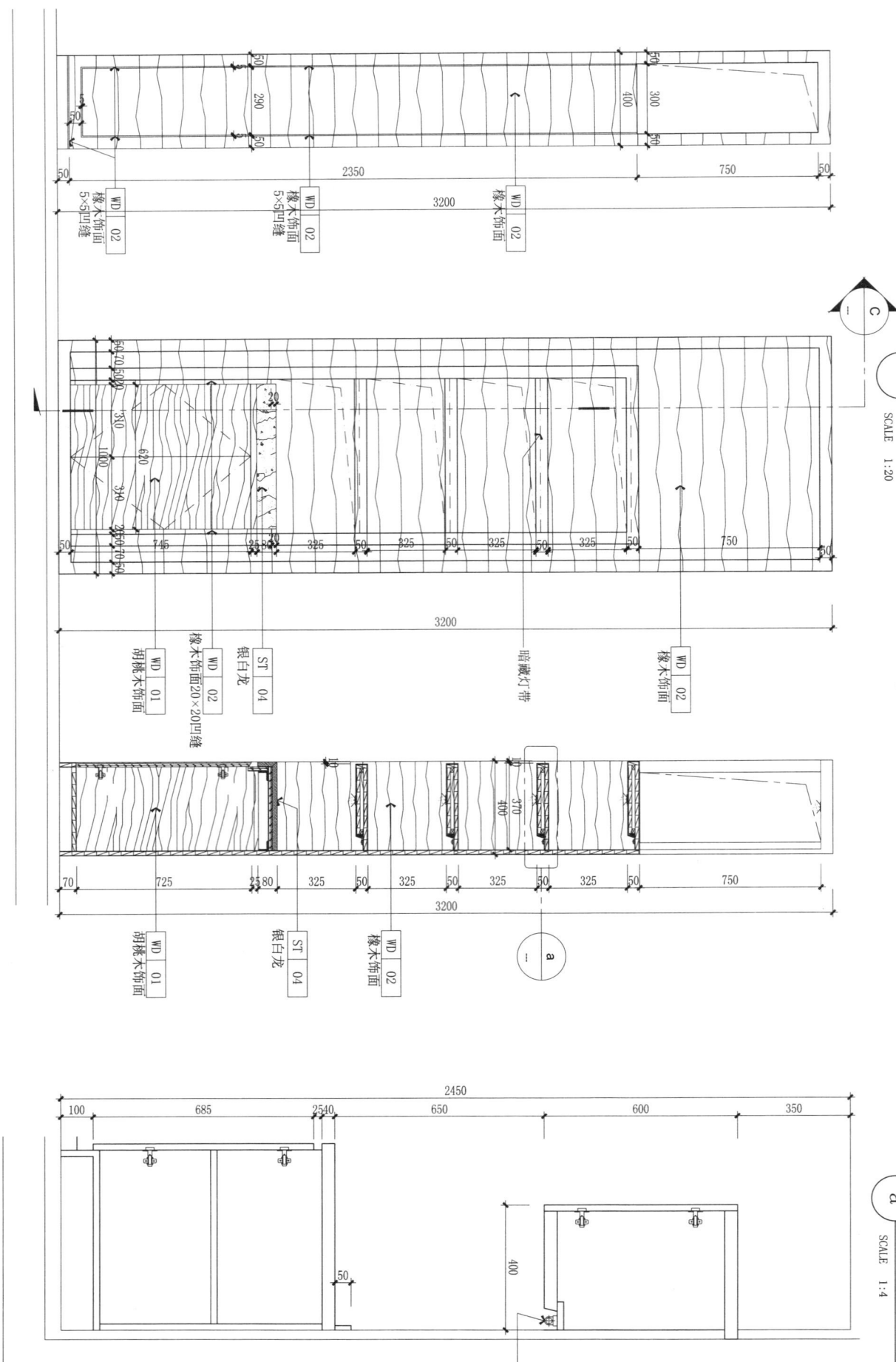

WD 02 橡木饰面 5×5平缝

WD 02 橡木饰面 5×5平缝

橡木饰面

橡木饰面

胡桃木饰面

WD 02 橡木饰面20×20平缝

ST 04 银白龙

暗藏灯带

WD 01 胡桃木饰面

WD 02 橡木饰面

WD 01 胡桃木饰面

ST 04 银白龙

WD 02 橡木饰面

层板灯

暗藏灯带

暗藏灯带

某会所餐厅室内装修

1F餐厅大样图五

S 20XXXX

20XX.XX

FD-1F2-05

装饰

施工图

63

某会所餐厅室内装修图

1F包房衣柜平面
SCALE 1:20

650
1110
960

镀钛木不锈钢
MT 03

10
15
30
40
45
80
15
5

WD 02
橡木饰面

1F包房衣柜立面
SCALE 1:20 A

800
2350
800
1110
960
150
150
1150

WD 02
橡木饰面

1F包房衣柜内视图
SCALE 1:20 B

3200
480 50 1250 460 50
960

WD 02
橡木饰面

1F包房衣柜剖面
SCALE 1:20 C

2400
460 50 1250 480 50
650
600
610
40
40

审 定/日 期
Authorize By/Date
会 签
审 核/日 期
Verified By/Date
项目负责人/日期
Superintend By/Date

审定设计师/日期
Principal/Date
校 对/日 期
Check By/Date
设 计/日 期
Design By/Date

建设单位:
Client
项目名称:
Project

某会所餐厅室内装修

图 名:
Drawing Title

1F餐厅大样图六

专 业:
Discipline
装饰

照 图:
Drawing Type
施工图

图 号:
Drafting NO.
FD-1F2-06

设计编号: S 20XXXX
JOB NO.

比 例:
Scale

日 期:
Date
20XX.XX

A